2. Auflage: © 2007 Verlag J. Neumann-Neudamm AG, Melsungen
Schwalbenweg 1, 34212 Melsungen
Tel. 05661/9262-26
Fax 05661/9262-19
www.neumann-neudamm.de

Hinweis:
Alle in diesem Buch enthaltenen Angaben, Daten, Ergebnisse etc. wurden von den Autoren nach bestem Wissen erstellt und von ihnen und dem Verlag mit größtmöglicher Sorgfalt überprüft. Eine Verantwortung und Haftung für etwaige inhaltliche Unrichtigkeiten kann jedoch nicht übernommen werden. Der Haftungsausschluss gilt nicht, soweit nach dem Produkthaftungsgesetz für Personen- und Sachschäden gehaftet wird. Jeder Leser muss beim Umgang mit den genannten Stoffen, Materialien, Geräten usw. Vorsicht walten lassen, Gebrauchsanweisungen und Herstellungshinweise beachten sowie den Zugang für Unbefugte verhindern.

Printed in the European Community
Satz/Layout: J. Neumann-Neudamm AG, Melsungen
Lektorat: SilvaText, Juliane Goerke, Mainz
Fotos: Olaf Bergmann, Torsten Hennig
Titelbilder: Olaf Bergmann, großes Bild von Karl-Heinz Volkmar
Druck und Weiterverarbeitung: Gutenberg Riemann GmbH, Kassel

ISBN 978-3-7888-1034-4

Frank Setzer
Karsten Spinner

Waldbesitzerhandbuch

Mit besonderen Hinweisen für Brandenburger Waldbesitzer

NEUMANN-NEUDAMM
FORSTFACHVERLAG SEIT 1872

Inhaltsverzeichnis

Vorwort

Brandenburg ist eines der waldreichsten Bundesländer Deutschlands. Dieser Reichtum verteilt sich auf beinahe 100 000 Eigentümer.

Der Wald hat als Lieferant des umweltfreundlichen Rohstoffs und Energieträgers Holz eine erhebliche wirtschaftliche Bedeutung. Ebenso gewinnen die Schutz- und Erholungsfunktion in unserer immer mehr verstädterten Gesellschaft an Bedeutung. Sie als Waldbesitzer werden mit umfänglichen Forderungen der Gesellschaft konfrontiert, die es Ihnen mitunter schwer machen, Entscheidungen zu treffen.

In Brandenburg wurden, wie auch in den anderen neuen Bundesländern, die Beziehungen der Eigentümer zu ihrem Wald aufgrund der jahrzehntelangen staatlichen Bewirtschaftung des Waldes nachhaltig gestört. Das hat zu erheblichen Verlusten beim Eigentümerbewusstsein, beim Wissen über den Wald und seine Nutzung, aber auch bei den Fertigkeiten zum Arbeiten im Wald geführt.

Das vorliegende Buch, speziell für die Bedingungen des Landes Brandenburg verfasst, möchte forstliches Grundwissen vermitteln und Sie über die ökonomischen und rechtlichen Rahmenbedingungen der Waldbewirtschaftung informieren.

Ich meine, die Autoren haben es verstanden, forstlich relevante Themen auch für den Laien anschaulich und verständlich aufzubereiten. Aber auch für forstlich gebildete Leserinnen und Leser wird das Buch ein Gewinn sein, da es aktuelle Entwicklungen ihres Fachgebietes berücksichtigt.

Weiterhin möchte ich die Lektüre all jenen empfehlen, die sich für den Wald interessieren und entsprechendes Hintergrundwissen erwerben wollen.

Ich wünsche diesem Handbuch eine weite Verbreitung in Brandenburg, vielleicht auch darüber hinaus, und hoffe, dass es zur nachhaltigen „Belebung“ der Waldbewirtschaftung beitragen wird.

Potsdam, im März 2005
Dr. Dietmar Woidke
Minister für Ländliche Entwicklung,
Umwelt und Verbraucherschutz

Einleitung

In Brandenburg sind ca. 654 000 ha (entspricht ca. 60 %) der Gesamtwaldfläche in privatem Besitz. Sie als Waldbesitzer haben deshalb eine große Verantwortung für die nachhaltige Bewirtschaftung der Wälder.

Ziel des Buches ist es, Waldbesitzern grundlegende Zusammenhänge zu erläutern, die für eine erfolgreiche Bewirtschaftung des Waldes erforderlich sind. Natürlich ist es nicht möglich, den Inhalt eines forstwirtschaftlichen Studiums vollständig darzubieten. Aus diesem Grund konzentrierte man sich auf die Themen, die für einen Einstieg in eine erfolgreiche Waldbewirtschaftung für Sie als Waldbesitzer wichtig sind. Das Buch soll Sie motivieren, Ihren Wald so zu bewirtschaften, damit Sie ihre Ziele erreichen können. Es gibt einen Überblick über die häufig verwendeten Fachbegriffe. So können Sie mit Ihrem forstlichen Berater eine Sprache sprechen und werden nicht durch die Fachsprache abgeschreckt.

Das Buch sollte deshalb als Hilfe zur Selbsthilfe verstanden werden. Es soll viele Ihrer Fragen beantworten und neue Fragen entstehen lassen. Jeder Waldbesitzer soll in die Lage versetzt werden, den Wald in Zukunft selbstständiger zu bewirtschaften, so dass Freude an seinem Besitz entsteht und der Wald nicht als Belastung angesehen wird.

Wenn im vorliegenden Buch vom Förster gesprochen wird, so ist damit jeder forstliche Fachmann gemeint, der Ihnen forstfachliche Unterstützung und Hilfe geben kann. Dies kann der Förster ebenso sein, wie der Vorsitzende einer Forstbetriebsgemeinschaft, der freie Forstsachverständige oder andere forstliche Berater.

Wir danken den Mitgliedern der projektbegleitenden Arbeitsgruppe, allen voran dem Leiter des Amtes für Forstwirtschaft Kyritz, Herrn Ralf Rüthnick, den Revierleitern Olaf Bergmann und Torsten Hennig, Herrn Jörg Dunger vom Amt für Forstwirtschaft Lübben sowie Herrn Leßner. Ihre fachlichen und redaktionellen Hinweise haben wesentlich zum Gelingen des Buches beigetragen. Besonders hilfreich waren auch ihre Erfahrungen aus der forstlichen Praxis.

Aber auch Frau Korth aus dem Ministerium für Ländliche Entwicklung, Umwelt und Verbraucherschutz sei herzlich für ihre Hinweise gedankt. Als Mitarbeiter der Landesforstanstalt Eberswalde haben Frau Steinmeyer (zum Thema „Potenziell natürliche Vegetation") und Herr Grüll (Standortfaktoren) zum Gelingen der Arbeit beigetragen.

Möge dieses Buch allen Waldbesitzern verdeutlichen, dass die Bewirtschaftung des Waldes sehr vielseitig sein kann, von jedermann möglich ist und es eigentlich nur ein offenes Auge für die Gaben der Natur bedarf. Wir wünschen deshalb allen Lesern interessante Stunden beim Lesen dieses Buches. Anregungen, Hinweise, Lob und Kritik sind uns jederzeit willkommen.

Frank Setzer

Karsten Spinner

1 Ziele der Waldbewirtschaftung

Der Untertitel dieses Buches könnte lauten: „Grundlagen für eine erfolgreiche Waldbewirtschaftung“, wobei die Betonung auf dem Wort „erfolgreich“ läge. Doch wann bezeichnet ein Waldbesitzer seine Waldbewirtschaftung als erfolgreich? So könnte der eine Waldbesitzer bereits darin einen Erfolg sehen, dass er aus seinem Wald ein beachtliches Nebeneinkommen erzielen kann, der andere hingegen, dass er regelmäßig Brennholz aus seinem Wald erhält. Die Antwort auf die Frage, wann eine Waldbewirtschaftung erfolgreich ist, ist deshalb unmittelbar mit den individuellen Zielsetzungen des Waldbesitzers verknüpft. Untersuchungen zeigen zudem, dass die Waldbesitzer in Brandenburg sehr verschiedene Ziele mit ihrer Waldbewirtschaftung verfolgen:

- Einkommenserzielung: Durch den Verkauf des Holzes soll ein Einkommen erzielt werden, das manchmal sogar das Haupteinkommen ist.
- Jagd: Personen kaufen Wald, um jederzeit eine Gelegenheit zur Jagd zu haben und gleichzeitig den steigenden Pachtpreisen in ihrer Region zu entgehen.
- Beschäftigung: Der Wald dient dazu, Mitarbeiter aus der Landwirtschaft in den Wintermonaten zu beschäftigen.
- Familientradition: Der Wald gehört der Familie schon seit mehreren Generationen, so dass heute ein Vermächtnis zur weiteren Bewirtschaftung besteht.
- Geldanlage: Wald ist Vermögen, das zwar nur eine geringe Rentabilität, jedoch eine hohe Sicherheit aufweist.
- Besitzerstolz: Der Wald wurde gekauft, um Wald zu besitzen.
- Arrondierung: Der Wald grenzt an ein bestehendes Grundstück an.

Die Vielzahl unterschiedlicher Ziele könnte darin begründet sein, wie jemand zu seinem Wald gekommen ist. Im Allgemeinen lassen sich mindestens zwei verschiedene Gruppen von Waldbesitzern identifizieren:

1. Gruppe: Waldbesitzer, die sich aktiv bemüht haben, Waldeigentum zu erlangen. Dazu zählen z. B. die Waldbesitzer, die ihren Wald von der BVVG oder von privaten Waldbesitzern gekauft oder die nach der politischen

Wende in Deutschland einen Restitutionsanspruch geltend gemacht haben. Diese Waldbesitzergruppe hatte ein eindeutiges Motiv oder Ziel, warum sie den Wald erwerben wollte.

2. Gruppe: Waldbesitzer, die ohne eigene aktive Bemühungen ihren heutigen Waldbesitz erhalten haben. Dazu zählen z. B. Erben, Bodenreformeigentümer oder die nicht enteigneten Waldbesitzer (aus dem Gebiet der DDR), die ihren Wald nach der politischen Wende in Deutschland zurückerhalten haben. Dieser Waldbesitzergruppe fehlt häufig ein Motiv oder Ziel, weil sie ihren heutigen Besitz nicht aktiv angestrebt haben.

Merke:
Jeder Waldbesitzer sollte sich Klarheit darüber verschaffen, welche Ziele er mit dem Wald erreichen möchte. Nur wenn der Waldbesitzer dieses Ziel klar formulieren kann ist es möglich, Hilfe bei der Waldbewirtschaftung zu geben!

Das manchmal fehlende Motiv oder Ziel eines Waldbesitzers der II. Gruppe führt häufig dazu, dass diese Waldbesitzer ihren Wald nicht bewirtschaften. Oft sagen sie: „Ja, ich habe 1,3 ha Kiefernwald, bewirtschafte diesen aber nicht. Was soll ich denn da machen, das lohnt sich doch alles nicht.“ Genau in dieser Aussage liegt aber ein schwer wiegender Trugschluss! Nur wenn ein Waldbesitzer genau formuliert was er vom Wald erwartet, kann er entscheiden, „ob es sich lohnt“. Sicher scheint das Ziel, aus dem 1,3 ha Kiefernwald ein Einkommen zu erzielen, nicht realistisch. Doch das Ziel, Brennholz zu beziehen, ist durchaus realisierbar. Folglich kann auch mit einem sehr kleinen Wald eine erfolgreiche Waldbewirtschaftung durchgeführt werden.

Im Übrigen sollte man nicht vergessen, dass der heute existierende Wald das Ergebnis der Waldbewirtschaftung vorheriger Generationen ist und heutiges Handeln oder Unterlassen einen Einfluss auf die weitere Entwicklung der Wälder hat. Besonders eindrucksvoll wird die Relevanz und Notwendigkeit dieser Überlegungen aus der Tatsache, dass forstliche Maßnahmen in der Regel nicht umkehrbar sind. Ein Baum der 100 Jahre und älter ist, kann nur einmal gefällt werden. Man überlege sich einmal, welche Verantwortung ein Waldbesitzer übernimmt, wenn er entscheidet, dass eine 140-jährige Kiefer geerntet werden soll: Zur Zeit ihrer Begründung gegen Ende des 19. Jahrhunderts wurde gerade das Deutsche Reich in Versailles ausgerufen und Bismarck zum ersten deutschen Reichskanzler ernannt. Jetzt, im 21. Jahrhundert, wird entschieden, dass der Baum geerntet und der Waldbesitzer das

Produkt verkauft, das mehrere Generationen vor ihm geschaffen haben. Was wäre es für ein Verlust, wenn dieser Baum ohne eine gründliche Vorüberlegung gefällt oder aufgrund von Unkenntnis nicht genutzt wird? Ist es nicht im Sinne unserer Vorfahren, den Wald als Geschenk vorheriger Generationen für zukünftige Generationen zu betrachten? Vor dem Hintergrund der langen Zeit, die ein Baum von seiner Pflanzung bis zur Ernte benötigt, scheint es geradezu eine Pflicht zu sein, ihn sorgsam und zielgerichtet zu bewirtschaften. Vorsicht also vor zu schnellen, unüberlegten oder gar modischen Entscheidungen. Künftige Generationen müssen mit den Folgen leben!

Begreifen wir den Wald folglich als eine natürliche Ressource, deren nachhaltige Bewirtschaftung u. a. den Waldbesitzern obliegt. Jeder Waldbesitzer entscheidet unter Beachtung der rechtlichen Rahmenbedingungen (Gesetze), wie diese natürliche Ressource, die eine herausragende Bedeutung für die gesamte Gesellschaft hat, bewirtschaftet werden soll. So wie ein Landwirt entscheidet, was er auf die Scholle bringt, kann und muss ein Waldbesitzer entscheiden, wie er seinen Wald nutzen möchte.

2 Der Wald in Brandenburg

2.1 Die Bedeutung des Waldes für den Menschen

Der Wald hat schon immer vielfältige Ansprüche der Menschen befriedigt. Obwohl sich die Bedürfnisse im Laufe der Zeit nicht grundsätzlich ändern, verschieben sich, je nach wirtschaftlicher, sozialer und politischer Situation, die Schwerpunkte. Nach der klassischen und weitläufig gebräuchlichen Einteilung erfüllt der Wald die Nutzfunktion, die Erholungsfunktion und die Schutzfunktion. Diese Funktionen sind auch in den Waldgesetzen verankert.

Für den Privatwald nimmt sicher die **Nutzfunktion** die dominierende Rolle ein, auch wenn die anderen Funktionen ebenfalls erfüllt werden. Es ist aber in der Regel allein die Nutzfunktion, mit der der Waldbesitzer Einnahmen erzielt und die dessen Existenz sichert. Der größte Teil des Buches ist somit der Holznutzung gewidmet. Volkswirtschaftlich hat der Wald darüber hinaus eine große Bedeutung als Kohlenstoffspeicher, der durch die Holzproduktion das Kohlendioxyd speichert und somit dem Treibhauseffekt entgegen wirkt.

Merke:
Der Wald erbringt unabhängig von der Eigentumsform vielfältige Leistungen, die sich in Funktionen zusammenfassen lassen. Für den Privatwaldbesitzer hat die Nutzfunktion die herausragende Bedeutung, da damit die Existenz des Betriebes und letztendlich aller Wirkungen des Waldes gesichert ist.

Die **Erholungsfunktion** hat besonders in der Nähe großer Städte eine herausragende Bedeutung. Da das Betreten des Waldes zum Zwecke der Erholung für jedermann gestattet ist, wird von dieser Möglichkeit auch im Privatwald Gebrauch gemacht.

Auch die **Schutzfunktion** des Waldes ist sehr vielfältig. So wirkt er regulierend auf den Wasserbedarf und sichert den Wasserhaushalt. Gleichzeitig kann er erosionsgefährdete Steilhänge schützen und ausgleichend auf das Mikroklima wirken. Besonders in dicht besiedelten Gebieten ist die Wirkung auf den Lärm- und Sichtschutz bedeutungsvoll. Darüber hinaus ist der Wald für den Biotop- und Artenschutz unverzichtbar.

Der Wald hat mit all seinen Wirkungen eine herausragende Bedeutung für die Lebensqualität der Menschen, auch wenn dies meist unabhängig von der Eigentumsform als selbstverständlich angesehen wird.

2.2 Wald- und Forstgeschichte Brandenburgs

Die Waldgeschichte Brandenburgs beginnt nach der letzten Eiszeit vor etwa 15 000 Jahren mit der Entstehung lockerer Kiefern-Birken-Wälder. Diese wurden vor etwa 10 000 Jahren von der ausgedehnten Bestockung von Haselbüschen abgelöst, die allmählich durch Eichen, Linden und Ulmen verdrängt wurden. Ursache für den Baumartenwandel war eine Klimaerwärmung während dieser Periode. Bis zum Beginn der menschlichen Besiedlung vor ca. 5000 Jahren entwickelten sich stabile Eichenmischwälder. Lediglich im Norden Brandenburgs dominierte aufgrund einer zwischenzeitlichen Abkühlung die Buche. Mit dieser Baumartenverteilung endete die vom Menschen unbeeinflusste Entwicklung der Wälder. Es gestaltete sich ein Gleichgewicht zwischen Klima, Boden, Flora und Fauna zu einem natürlichen Waldökosystem.

Merke:
Die derzeitige Baumarten- und Altersklassenverteilung in den Wäldern Brandenburgs ist meist nicht natürlich entstanden. Vielmehr sind sie wirtschaftlichen und gesellschaftlichen Zwängen geschuldet, denen die Forstwirtschaft Rechnung tragen musste.

Die Ausbreitung der menschlichen Besiedlung zwischen dem 10. und 12. Jahrhundert äußerte sich besonders in den umfangreichen Rodungen zum Siedlungs- und Ackerbau. Ursache war auch eine Klimaerwärmung, die eine erfolgreiche ackerbauliche Nutzung der Flächen ermöglichte. Dabei wurden viele große Waldgebiete aufgelöst und in Waldinseln in der freien Landschaft umgewandelt.

Es gab jedoch im Laufe der Zeit immer wieder Ackeraufforstungen und natürliche Wiederbewaldungen. Besonders im 14. und 15. Jahrhundert, als die Ausbreitung der Pest ihren Höhepunkt erreichte und die Bevölkerungszahl auf dem Territorium der heutigen Bundesrepublik um etwa ein Drittel abnahm, stieg der Waldanteil wieder. Das änderte aber nichts an dem stetig rückläufigen Trend der Waldfläche. Indem der Wald auf den guten Standorten zur landwirtschaftlichen Nutzung gerodet wurde, blieb seine Ausbreitung bald nur noch auf die schlechteren Standorte beschränkt. Dies widerspiegelte sich auch in der Veränderung der Baumartenzusammensetzung damaliger Wälder. Der Anteil der anspruchsloseren Kiefern stieg und drängte die Eichen- und vor allem die Edellaubhölzer zurück, die sich auf den schlechteren Standorten nicht durchsetzen konnten.

Mit der Steigerung der Bevölkerungszahl schwand nicht nur die Waldfläche, auch der willkürliche Nutzungsdruck auf die verbliebenen Wälder wuchs. Vor allem der steigende Brennholzbedarf und die ungeregelte Waldweide riesiger Viehherden führten zur Verwüstung und Zerstörung. Deshalb stammte auch aus dieser Zeit (1547) die erste märkische Forstordnung, die jährlich konstante Nutzungsflächen und die Verschonung jungen Holzes vorschrieb. Zu einer nachhaltigen Erholung der Wälder kam es indes nicht. Zusätzlich wurden diese in der zweite Hälfte des 18. Jahrhunderts außerdem durch Sturm und Insekten immer wieder geschädigt.

Erst mit dem Beginn der geregelten Forstwirtschaft wurde ein tief greifender Wandel zu einer nachhaltigen Nutzung der Wälder vollzogen. Ab 1740 wurde unter Friedrich dem Großen eine Schlageinteilung mit einem Nutzungszyklus eingeführt, der eine Ernte der Bäume erst im Alter von 70 bis 80 Jahren zuließ. Außerdem erging 1768 die Weisung, unfruchtbare Sandböden mit Kiefern zu besäen. Diese Baumart war durch ihre Genügsamkeit dem Standort angepasst und ließ sich auf der Kahlfläche gut verjüngen. Es entstanden großflächig, gleichaltrige Kiefernreinbestände, die in regelmäßigen Kahlschlägen genutzt wurden. Aus heutiger Sicht war der Umbau der übernutzten Wälder zu erschlossenen, gut bevorrateten Beständen und die regelmäßige Bereitstellung relativ großer Holzmengen eine große kulturelle und wirtschaftliche Leistung.

In der zweiten Hälfte des 18. Jahrhunderts etablierte sich die klassisch deutsche Forstwirtschaft, mit deren Grundlagen es möglich war, einen stetig wachsenden Holzbedarf zu decken. Holz wurde jetzt in zunehmendem Maße auch aufgrund der Industrialisierung benötigt, und es war Aufgabe der Forstwirtschaft, ertragreiche Nadelwälder als Rohstoffbasis aufzubauen. Allerdings war diese stark menschlich beeinflusste Waldbewirtschaftung mit einem hohen Aufwand verbunden und bereits damals nur als Übergangslösung geplant. Ziel war neben der kontinuierlichen Holzversorgung auch die Entwicklung gesunder und stabiler Mischbestände mit einer natürlichen Baumartenzusammensetzung. Trotz häufiger Initiativen hat sich jedoch seitdem weder die Baumartenzusammensetzung noch die Intension geändert.

Dies gelang auch im vergangenen Jahrhundert nicht. In den ersten Jahren nach dem Zweiten Weltkrieg musste ebenfalls ein hoher Bedarf an Brenn- und Bauholz für den Wiederaufbau gedeckt werden. Zeitgleich war die DDR zu diversen Reparationshieben verpflichtet. All dies führte zu Übernutzungen der Wälder, die hauptsächlich in Form von Kahlschlägen realisiert wurden.

Eine große waldbauliche Aufgabe lag daher in den ersten Jahren nach dem Zweiten Weltkrieg in der schnellen Wiederaufforstung der Kahlflächen. Aus Gründen der Saatgutbeschaffung, des geringen Pflegeaufwandes, der Frosthärte auf der Kahlfläche und der Schnellwüchsigkeit entschied man sich deshalb wieder für Nadelhölzer. Trotz einiger Epochen naturgemäßen Waldbaus, vorratspfleglicher Waldwirtschaft oder standortsgerechter Forstwirtschaft setzten sich seit Mitte der sechziger Jahre des vergangenen Jahrhunderts die Kahlschläge wieder durch. Ursachen waren bei steigendem Holzbedarf die Autarkiebestrebungen der DDR-Volkswirtschaft und der zunehmende Einsatz industrieller Produktionsmethoden.

Erst mit der politischen Wende 1990 zeichnete sich allmählich ein waldbaulicher Wandel zugunsten der Laubhölzer ab. So wurde von 1993 bis 1999 auf ca. 5000 ha Waldumbau staatlich gefördert, indem die Pflanzung von Laubhölzern in Nadelholzaltbeständen finanziert wurde. Diese Maßnahmen wurden auf weiteren 5000 ha Landeswaldfläche im gleichen Zeitraum durchgeführt. Dies kann durchaus als ein Indiz für den ersten Schritt zur Annäherung an die natürliche Baumartenverteilung verstanden werden und sollte bei den richtigen standörtlichen Voraussetzungen und den entsprechenden Zielen (Kapitel 1) von den privaten Waldbesitzern aufgegriffen werden.

2.3 Die Geschichte des privaten Waldeigentums seit 1945

Die Geschichte des privaten Waldeigentums hier in Gänze zu beschreiben, würde weit über den Umfang des Buches hinaus führen und den Zweck nicht erfüllen. Deshalb soll sich in diesem Abschnitt auf die jüngere deutsche und – nach Meinung der Autoren – sehr bewegte Geschichte des Waldeigentums beschränkt werden. Diese ist maßgeblich für die derzeitige Eigentumsstruktur in Ostdeutschland verantwortlich.

Im Zuge der Bodenreform nach dem Zweiten Weltkrieg wurden alle land- und forstwirtschaftlichen Betriebe über 100 ha Größe in der sowjetischen Besatzungszone enteignet. Das Land floss dem staatlichen Bodenfonds zu und wurde nach einem Verteilungsschlüssel ausgewählten Bodenerwerbern (z. B. Landarbeiter,

Flüchtlinge) zugeteilt. Jeder erhielt 5 ha Ackerland, die bei schlechter Bodenqualität auf 10 ha ausgedehnt werden konnten, sowie eine zusätzliche Waldfläche von einem Hektar. Altbauern, deren Besitz nicht größer als 15 ha war, konnten auf eine Zuteilung von 1 bis 3 ha Waldfläche hoffen. Das Eigentum durfte allerdings weder geteilt, verpachtet, verpfändet oder verkauft werden. Es handelte sich demzufolge nicht um Volleigentum, de facto war der Landeigentümer lediglich der Besitzer. Auf diesem Weg wurden zusammen ca. 3,3 Mio. ha land- und forstwirtschaftliche Fläche konfisziert, wovon ca. 2,2 Mio. ha an Bodenerwerber verteilt wurden. Insgesamt wurden über 7000 Betriebe mit einer Größe von über 100 ha enteignet. Die Bestimmungen der Bodenreform wurden in Artikel 24 der Verfassung der DDR aufgenommen.

Erste freiwillige Waldgemeinschaften wurden durch die Vereinigung der gegenseitigen Bauernhilfe (VdgB) vereinnahmt und staatlichen Genossenschaften zugeführt. Mit der Gründung der Landwirtschaftlichen Produktionsgenossenschaften (LPG) 1952 wurden die Landerwerber mehr oder weniger massiv zum Eintritt gedrängt. Für die Grundbucheintragung hatte dies keine Bedeutung, wohl aber für die Verfügungsmacht über ihren Besitz. Der aufstockende Baumbestand ging in den Besitz der LPG über, der Grund und Boden verblieb bei dem Eigentümer. Das eingebrachte Inventar wurde bewertet und mit der Aufnahmesumme verrechnet. Da die Waldflächen der LPGen zu klein für eine effiziente Waldbewirtschaftung waren, wurden die „Zwischengenossenschaftliche Einrichtungen Waldwirtschaft" (ZEW) gegründet. Sie bildeten den Zusammenschluss der Waldflächen mehrerer LPGen und wurden von einem Oberförster des Staatlichen Forstwirtschaftsbetriebes (StFB) geleitet. Die jeweilige ZEW-Fläche betrug 1000 bis 5000 ha. Bis 1974 übernahmen dann endgültig die StFB die Bewirtschaftung des Volks- und Genossenschaftswaldes. Zu dem Zweck wurden zwischen den LPGen und den StFB Bewirtschaftungsverträge geschlossen. Die LPGen brauchten zwar keine Bewirtschaftungskosten zu zahlen, erhielten im Gegenzug aber auch keine Pacht oder Erlösanteile.

Zu Beginn der achtziger Jahre bewirtschafteten die StFB über 94 % des Genossenschaftswaldes auf vertraglicher Grundlage. Bis zur politischen Wende 1990 blieb dieser Zustand konstant. Lediglich der Kirchenwald und einzelne Privatwaldparzellen wurden unter Schwierigkeiten von ihren Eigentümern selbst bewirtschaftet.

Mit dem Stichtag 31.12.1990 mussten die Bewirtschaftungsverträge zwischen den StFB und den LPGen aufgelöst werden und den StFB waren weitere Nutzungsmaßnahmen im Privatwald verboten. Nach § 64a Landwirtschaftsanpassungsgesetz vom 29.6.1990 und der Novellierung vom 3.7.1991 wurden die privaten Waldeigentümer wieder in ihre Rechte eingesetzt und der Waldbestand uneingeschränktes Eigentum. In der Erklärung der beiden deutschen Regierungen vom 15.7.1990 zur Eigentumsfrage wurde festgestellt, dass die Enteignungen auf besetzungsrechtlicher bzw. besatzungshoheitlicher Grundlage von 1945 bis 1949 nicht mehr rückgängig zu machen sind. Eine abschließende Entscheidung über etwaige staatliche Ausgleichsleistungen muss einem künftigen gesamtdeutschen Parlament vorbehalten bleiben. Diese Erklärung wurde Bestandteil des Einigungsvertrages. Das Bundesverfassungsgericht bestätigte in verschiedenen Urteilen grundsätzlich die Verfassungskonformität.

Merke:
Die Waldbesitzerstruktur in Ostdeutschland ist durch verschiedene Gruppen geprägt. Zum einen die Waldeigentümer, die 1990 in ihre Rechte und Pflichten eingesetzt wurden. Zum anderen existiert die Gruppe der Erwerber von Treuhandwald bzw. die Waldbesitzer, deren Anträge auf Restitution positiv beschieden wurden.

Von den verbliebenen ca. 2 Mio. ha Treuhandwaldfläche der neuen Bundesländer werden nach Abzug von mehr als einer Million Hektar Landes- und Bundeswald und 263 000 ha Kommunalwald mehr als 600 000 ha privatisiert. Außerdem standen noch knapp 200 000 ha zur Restitution, d. h. zur Rückübertragung, an private und zum Teil kommunale Alteigentümer an. So hatten Erben von Waldbesitzern, die zum Zeitpunkt des Erbfalls in der Land-, Forst- oder Nahrungsgüterwirtschaft tätig waren, das Recht auf Rückübertragung ihrer Waldflächen. Traf dieser Umstand nicht zu, mussten bzw. müssen die Flächen von der Bodenverwertungs- und -verwaltungsgesellschaft GmbH (BVVG) käuflich erworben werden.

Mit In-Kraft-Treten des Entschädigungs- und Ausgleichsleistungsgesetz (EALG) und dessen Novellierung sind Wiedereinrichter, Neueinrichter, die ortsansässig sind oder dies in den nächsten zwei Jahren werden, und Alteigentümer oder deren Erben berechtigt, Waldflächen bis zu einer Größe von 1000 ha vergünstigt zu erwerben. Die Errechnung des EALG-Kaufpreises, der bei etwa einem Drittel des Wertes nach offizieller Waldwertrichtlinie liegt und die Realisation des Verkaufs findet auf Basis der Flächenerwerbsverordnung (FlErwV) statt.

3 Wichtige gesetzliche Grundlagen

3.1 Das Landeswaldgesetz als wichtiges Regelwerk für den Waldbesitz

Voraussetzung für die Bewirtschaftung des Waldes ist die Kenntnis der gesetzlichen Grundlagen. Wie jede Nutzung von Grundbesitz ist auch der Waldbesitz neben allgemeinen Gesetzen (z. B. Bürgerliches Gesetzbuch) durch Fachgesetze (z. B. Waldgesetze, Naturschutzgesetze) auf Bundes- und Landesebene geregelt. Das wichtigste Fachgesetz bei der Waldbewirtschaftung ist das Landeswaldgesetz (LWaldG).

Hier sind

- Begriffe definiert
- die Bewirtschaftung des Waldes geregelt
- die Nutzung des Waldes durch die Allgemeinheit geregelt
- die Unterstützung des Privat- und Körperschaftswaldes festgelegt und
- die Zuständigkeit der Landesforstverwaltung festgeschrieben.

Bei der Umsetzung der gesetzlichen Rechte und Pflichten bietet die untere Forstbehörde kostenlose Beratungen an.

2004 wurde das LWaldG neu gefasst und trat im April des Jahres in Kraft. Damit wurde das bis dahin gültige Waldgesetz in einigen wichtigen Punkten überarbeitet und in der Anzahl der Regelungen reduziert. Grundsätzlich wurde die Position des privaten Waldbesitzers gegenüber anderen Interessengruppen gestärkt. Die wichtigsten Veränderungen gegenüber den bis dahin geltenden Bestimmungen:

- Kahlschläge sind grundsätzlich verboten, wobei ein Kahlschlag dann vorliegt, wenn kahlschlagähnliche Verhältnisse herbeigeführt werden. Dies ist in der Regel dann gegeben, wenn der Holzvorrat auf einer zusammenhängenden Fläche von über 2 ha auf weniger als 40 % des nach gebräuchlichen Ertragstafeln üblichen Vorrats reduziert wird (→ Abschnitt 5.4).
- Legale Kahlschläge müssen anschließend grundsätzlich mit standortgerechten Baumarten innerhalb von 36 Monaten wieder aufgeforstet werden (→ Abschnitt 5.2).

Erklärung:
Ertragstafeln *sind Wachstums- und Ertragsmodelle bestimmter Baumarten im Reinbestand. Sie simulieren die zeitliche Entwicklung der Bestände bei bestimmter Bestandesbehandlung und werden nach verschiedenen Bonitäten bzw. Ertragsniveaus unterschieden.*

- Anschließende Verjüngungen müssen nicht zwangsläufig durch Aufforstungen geschehen. Das LWaldG weist besonders auf Naturverjüngungen hin.
- Das Betretungsrecht ist detaillierter geregelt und die Bestimmungen zur Verkehrssicherungspflicht wurden präzisiert (→ Abschnitt 3.4.1).
- Das Befahren und Sperren von Wald ist nach dem aktuellen LWaldG detaillierter geregelt (→Abschnitt 3.4.3).
- Bei Waldbrandschäden erhält der Waldbesitzer auf Antrag jetzt 80 % der entstandenen Verjüngungskosten per Gesetz vom Land.
- Es wird ein Waldverzeichnis mit Katasterangaben über alle Waldbesitzarten angelegt.
- Die Ordnungswidrigkeiten sind erheblich detaillierter geregelt.
- Der Waldbesitzer darf entgeltliche Gestattungen u. a. für Wegenutzungen erteilen.

Darüber hinaus wird in Durchführungsverordnungen geregelt, wie einzelne Paragraphen des Gesetzes konkret umgesetzt werden sollen. So existieren derzeit eine Waldbefahrungsverordnung (WaldBefV) und eine Waldsperrungsverordnung (WaldSperrV) vom 3.5.2004. Das verwaltungsinterne Handeln regeln Erlasse, die auch Konsequenzen für den Privatwaldbesitzer haben. So legt z. B. die Entgeltordnung (→Abschnitt 11.1) zur Regelung der Tätigen Mithilfe der Landesforstverwaltung im Privat- und Körperschaftswald vom 19.4.2004 die Kostensätze fest.

In diesem Abschnitt sollen Sachverhalte aufgegriffen und erläutert werden, die nach Erfahrung der Autoren und der Brandenburger Landesforstverwaltung Konfliktpotenzial bieten und kontrovers diskutiert werden.

3.2 Ordnungsgemäße Forstwirtschaft

Die Ordnungsgemäße Forstwirtschaft ist ein unbestimmter Rechtsbegriff, der anhand einzelner Kriterien im § 4 LWaldG beschrieben ist. Diese Kriterien greifen jedoch ihrerseits auf unbestimmte Rechtsbegriffe zurück, die keine konkrete Handlungsanweisung vorgeben, sondern lediglich ein abstraktes Ziel der Waldbewirtschaftung skizzieren, das auf verschiedenen Wegen erreichbar ist. Mit diesem Paragraph soll ein Mindeststandard der Bewirtschaftung festgelegt werden, um eine willkürliche Nutzung auf Kosten des Ökosystems Wald zu verhindern. Für den Forstfachmann bilden diese Forderungen einen Handlungsrahmen, in dem sich zur Realisation der ordnungsgemäßen Forstwirtschaft bewegt werden kann. Ein ausschließliches Vorgehen indes wird es auch bei hohem Sachverstand de facto nicht geben. Der Waldbesitzer ist jedoch bei der Umsetzung der Kriterien auf forstlichen Sachverstand angewiesen, weil ihm teilweise Grundkenntnisse fehlen dürften. So kann davon ausgegangen werden, dass einzelne Inhalte des § 4 Abs. 3 und deren praktische Umsetzung meist nicht bekannt sind, wie z. B.:

- die natürlichen Bodenfunktionen zu erhalten und wieder herzustellen
- stabile Waldökosysteme und deren Artenspektrum, ihre räumliche Struktur sowie ihre Eigendynamik zu erhalten und zu entwickeln
- die standortheimischen und standortgerechten Baum- und Straucharten zu schaffen und zu erhalten
- die naturverträgliche Vorbeugung gegenüber biotischen und abiotischen Schädigungen
- Waldschutz durch integrierten Pflanzenschutz und präventiven Waldbau zu realisieren
- einen hinreichenden Anteil von stehendem und liegendem Totholz zu erhalten.

Merke:
Die ordnungsgemäße Forstwirtschaft ist ein unbestimmter Rechtsbegriff, mit dessen Hilfe ein einheitlicher und hoher Bewirtschaftungsstandard per Gesetz gesichert werden soll. Im Einzelfall kann es für den Waldbesitzer nötig sein, forstlichen Sachverstand einzuholen.

Ein Mindestmaß an forstlichem Sachverstand ist zur Umsetzung der ordnungsgemäßen Forstwirtschaft nötig.

Diesen forstlichen Sachverstand kann sich der Waldbesitzer selbst aneignen oder von der Landesforstverwaltung sowie privaten Sachverständigen einholen (→Kapitel 11). Dabei soll auch dieses Buch ein Beitrag zur Selbstständigkeit der Waldbesitzer leisten.

Erklärung:
*Eine **Kultur** gilt nach landläufigem forstlichem Verständnis dann als gesichert, wenn sie mindestens fünf Jahre alt oder im Durchschnitt auf der Fläche je nach Baumart knie- bis mannshoch ist.*

3.3 Kahlschlagsverbot und anschließende Verjüngung

Kahlschläge sind in Brandenburg grundsätzlich verboten. Dies hat vorwiegend ökologische Ursachen (→Abschnitt 5.4). Im LWaldG § 10 ist der Kahlschlag als Holzerntemaßnahme definiert, die freilandähnliche Verhältnisse herbeiführt, d.h. auf einer zusammenhängenden Fläche von über 2 ha den Holzvorrat auf weniger als 40 % des nach gebräuchlichen Ertragstafeln üblichen Vorrats reduziert.

Das bedeutet, dass Holzeinschläge mit Kahlstellung einer Fläche bis 2 ha Größe laut LWaldG erlaubt sind, wenn sie keine freilandähnlichen Verhältnisse nach sich ziehen. Eine eindeutige Definition für freilandähnliche Verhältnisse bleibt der Gesetzgeber allerdings schuldig. Die Autoren raten jedoch von Kahlstellungen aus ökologischen und wirtschaftlichen Gründen ab (→Abschnitt 5.4). Hiebsmaßnahmen, die mindestens 40 % des Holzvorrates auf der Fläche belassen, sind generell zulässig.

Von einem Kahlschlag spricht der Gesetzgeber auch dann nicht, wenn 40 % des Waldbodens unter dem Altholz durch eine gesicherte Verjüngung abgedeckt sind. Allerdings ist hier nicht geregelt wie alt bzw. hoch die Verjüngung sein muss.

Der Waldbesitzer hat jedoch die Möglichkeit, einen Kahlschlag bei der unteren Forstbehörde zu beantragen. Dabei können folgende Gründe zu einer Bewilligung führen:

- Waldschutzmaßnahmen
- Arten- und Biotopschutz
- Katastrophenereignisse, wie Sturm oder Feuer.

Merke:
Kahlschläge sind nicht erlaubt. Bei vorausgegangenen Schadereignissen ist vor dem Kahlschlag eine Anzeige bei der unteren Forstbehörde erforderlich. Anschließend müssen diese Kahlflächen innerhalb von drei Jahren wieder in Verjüngung gebracht werden. Die Art der Verjüngung bleibt dem Waldbesitzer überlassen.

Im Falle eines vorausgegangenen Schadereignisses muss der Kahlschlag bei der unteren Forstbehörde angezeigt werden. So ist z.B. denkbar, dass nach einem Bodenfeuer der Bestand auch auf einer Fläche größer 2 ha nach Anzeige komplett geräumt werden kann. Bei der Anzeige eines Kahlschlages müssen folgende Punkte berücksichtigt werden:

- Anzeige muss fünf Werktage vor Beginn der Maßnahme gestellt werden
- Anzeige muss bei der unteren Forstbehörde eingehen
- Angabe von Ort und Größe der Fläche
- Begründung der Maßnahme.

Flächen, die zum Kahlschlag bewilligt wurden, müssen aber anschließend nach spätestens drei Jahren wieder in Kultur gebracht werden. Zu diesem Zweck muss nicht zwangsläufig gepflanzt oder gesät werden. Sollte die Fläche durch Naturverjüngung nach dem Zeitraum von drei Jahren durch eine gesicherte Kultur bestockt sein, ist dies dem Gesetzgeber ebenfalls ausreichend. Laut LWaldG muss der Waldbesitzer darüber hinaus auch für die Pflege und den Schutz der Verjüngung, bis diese als gesichert gelten kann, sorgen.

3.4 Betreten und Befahren des Waldes

3.4.1 Allgemeines Betretungsrecht

Grundsätzlich ist es jedermann gestattet, den Wald zu seiner Erholung zu betreten, unabhängig vom Eigentum des Waldes. Dies ist nicht nur im § 15 LWaldG sondern auch im § 14 BWaldG ausdrücklich festgelegt. Waldflächen, die nicht betreten werden dürfen, sind nach LWaldG benannt. Analog gilt das auch für Radfahrer und Fahrer von Krankenfahrstühlen. Waldfrüchte, Pilze und Pflanzen, sofern nicht besonders geschützt, dürfen für den persönlichen Gebrauch gepflückt werden.

Merke:
Der Wald darf zur Erholung von jedermann betreten werden, unabhängig vom Eigentum des Waldes.

Das Reiten ist nur auf Wirtschaftswegen und Waldbrandwundstreifen gestattet, die von zweispurigen Fahrzeugen befahren werden dürfen. Der Waldbesitzer hat die Möglichkeit, mit den verschiedenen Nutzergruppen (z. B. Reitern) einen Vertrag über die Nutzung zu schließen. Die untere Forstbehörde kann allerdings Wege für verschiedene Nutzergruppen sperren. Dies bedarf allerdings mindestens einen Monat vor Ausweisung der Abstimmung mit dem betroffenen Waldbesitzer.

Hunde, ausgenommen Jagdhunde bei Ausübung der Jagd und Polizeihunde, müssen im Wald immer angeleint werden.

3.4.2 Müllablagerung

Selbstredend ist die Ablagerung von Abfall im Wald (§ 24 LWaldG) verboten. Hier gilt das Verursacherprinzip. Das bedeutet, dass derjenige, der für die Verschmutzung verantwortlich ist, diese auch entfernen muss. Anderenfalls kann die untere Forstbehörde die Beseitigung auf Kosten des Verursachers anordnen.

Merke:
Im Falle der Ablagerung von Abfall im Wald muss der Verursacher für die Beseitigung sorgen. Ist der Verursacher nicht bekannt, ist die entsorgungspflichtige Körperschaft zur Beseitigung auf eigene Kosten verpflichtet.

In der Regel ist jedoch der Verursacher nicht bekannt. In diesen Fällen ist die Verschmutzung bei der unteren Forstbehörde anzuzeigen. Diese beauftragt dann die entsorgungspflichtige Körperschaft, die zur Kostenübernahme verpflichtet ist.

3.4.3 Befahren des Waldes mit Kraftfahrzeugen und weitergehende Gestattungen

Ein allgemeines Befahren des Waldes mit Kraftfahrzeugen ist nur zur Ausübung folgender Tätigkeiten gestattet:

- Bewirtschaftung des Waldes
- Ausübung der Jagd
- Wahrnehmung hoheitlicher Tätigkeiten.

Damit wird deutlich, dass der Waldbesitzer, die untere Forstbehörde und andere Hoheitsbehörden (z.B. Polizei), ein forstlicher Berater im Auftrag des Waldbesitzers und der Jagdausübungsberechtigte den Wald befahren dürfen. Andere Personen sind davon grundsätzlich ausgeschlossen, sofern keine Gestattungsbefugnis vom Waldbesitzer vorliegt.

Der Waldbesitzer darf das Fahren im Wald weiteren Personen gestatten und dafür ein Entgelt verlangen, sofern der Weg tatsächlich im Eigentum des Waldbesitzers steht. Voraussetzung sind wichtige Gründe für den Gestattungsnehmer und die Absicherung, dass der Wald nicht gefährdet wird. Zur detaillierten Regelung existiert die Waldbefahrungsverordnung (WaldBefV). Wichtige Gründe für eine Gestattung können die Unterhaltung infrastruktureller Einrichtungen (z.B. Bahn-, Telekommunikations-, Gas- oder Stromversorgungsanlagen) sein, sofern es keine alternative Zuwegung gibt.

Merke:
Das Befahren des Waldes mit Kraftfahrzeugen ist grundsätzlich dem Waldbesitzer, Hoheitsbehörden, dem Bewirtschafter und dem Jagdausübungsberechtigten erlaubt. Der Waldbesitzer kann in begründeten Ausnahmefällen Gestattungsbefugnisse erteilen, die der unteren Forstbehörde anzuzeigen sind.

Darüber hinaus kann der Waldbesitzer weitergehende Gestattungen erteilen, für:

- gelegentliches, auf einen Tag begrenztes Zelten
- Entnahme weiterer Bestandteile des Waldes (z.B. Früchte, Pilze, Brennholz usw.) über den Hausgebrauch hinaus
- Aufstellen von Bienenstöcken
- die Zufahrt eines Gewässers für Angelberechtigte
- allgemein erweiterte Betretungsbefugnisse.

Für alle Gestattungen bedarf es einer formellen Befugnis, die der Gestattungsnehmer mitzuführen hat und die bei der unteren Forstbehörde durch den Gestattungsnehmer anzuzeigen ist. Diese Gestattungsbefugnis kann allerdings von der unteren Forstbehörde innerhalb von zehn Tagen untersagt werden.

3.4.4 Sperren des Waldes

Das Sperren des Waldes schränkt jegliches Betreten des Waldes ein und muss deshalb von der unteren Forstbehörde genehmigt werden. Allerdings kann eine Sperrung auch von Amts wegen veranlasst werden. Zur detaillierten Regelung existiert die Waldsperrungsverordnung (WaldSperrV). Einzäunungen, die der ordnungsgemäßen Waldwirtschaft dienen (z. B. Kulturzäune, Weisergatter) gelten im Sinne dieses Gesetzes nicht als Sperrung und sind nicht genehmigungspflichtig.

Die Sperrung ist nur zulässig, um Gefahren oder Beeinträchtigungen von

- dem Wald
- dem Waldbesucher und/oder
- dem Waldbesitzer abzuwenden.

Merke:
Die Sperrung des Waldes durch den Waldbesitzer muss von der unteren Forstbehörde genehmigt werden. Das Aufstellen einer Schranke wird allerdings erst genehmigungspflichtig, wenn sie verschlossen wird.

Zum Schutz vor gesetzeswidrigem Befahren des Waldes können unverschlossene Schranken aufgestellt werden. Diese sind nicht genehmigungspflichtig, solange das allgemeine Betretungsrecht (→Abschnitt 3.4.1) bzw. die legitime Befahrung (→Abschnitt 3.4.3) weiterhin gewährleistet wird. Ist dies bei unverschlossener Schranke nicht möglich oder unzumutbar aufwändig, muss auch diese von der unteren Forstbehörde genehmigt werden. Unverschlossene Schranken stellen keine Sperrung im Sinne dieses Gesetzes dar. Allerdings bedarf es immer eines deutlichen Hinweises auf die Schranke (→Abschnitt 3.4.5).

3.4.5 Verkehrssicherungspflicht

Aufgrund des allgemeinen Betretungsrechts regelt der Gesetzgeber im Landeswaldgesetz, dass der Waldbesitzer für natur- und waldtypische Gefahren durch Bäume, Wege und die eigentliche Bewirtschaftung nicht haftbar gemacht werden kann. Allerdings ist der Waldbesitzer damit nicht völlig aus der Verkehrssicherungspflicht entbunden. Diese Tatsache geht ursächlich auf § 823 Bürgerliches Gesetzbuch (BGB) zurück, in dem die vorsätzliche oder fahrlässige Verletzung anderer zu Schadensersatz verpflichtet.

Grundsätzlich haftet der Grundstückseigentümer im Rahmen des Zumutbaren, wenn auf seinem Grundstück Verkehr eröffnet wird oder er diesen zulässt. Dabei ist es unerheblich, ob von ihm die Initiative ausgeht oder ob er den Verkehr nur duldet. Im Zweifelsfall geschieht dies schon bei der Instandsetzung oder dem Bau eines Weges, da dieser anschließend häufiger genutzt wird. Die Formulierung des Gesetzgebers im Bundeswaldgesetz „auf eigene Gefahr" soll den Waldbesitzer lediglich vor der Haftung bei Schäden durch typische Gefahren des Waldes bewahren. Denn ein Waldbesucher muss sich über waldspezifische Gefahren (z. B. herabhängende Äste oder unebene Wege) im Klaren sein und sich entsprechend umsichtig verhalten. So genannte atypische Gefahren im Wald sind keine durch die Natur oder Waldbewirtschaftung hervorgerufene Zustände, sondern insbesondere auch vom Waldbesitzer hervorgerufene Gefahrenquellen. Dazu zählen auch Wegeschranken. Auf diese muss z. B. durch Schilder für jedermann ersichtlich hingewiesen werden. Die hierfür zulässigen Schilder werden durch eine Verwaltungsvorschrift bekannt gemacht und von der unteren Forstbehörde aufgestellt.

Ferner hängt die Verkehrssicherungspflicht vom Gefährdungspotenzial ab. Wann und in welchem Maß eine Verkehrssicherungspflicht für den Waldbesitzer besteht, hängt von verschiedenen Punkten ab:

- Zustand des Baumes
- Standort des Baumes
- Frequentierung durch Verkehr.

Merke:
Der Waldbesitzer hat eine Verkehrssicherungspflicht, die stark davon abhängig ist, ob es sich um eine untypische Gefahr im Wald handelt und vom eigentlichen Gefährdungspotenzial. In Bereichen mit hohem Gefährdungspotenzial empfiehlt sich eine regelmäßige Baumkontrolle mit einem ausgewiesenen Fachmann, der die Schadlosigkeit der Bäume dokumentiert. Bei Feststellung einer Gefährdung muss diese umgehend beseitigt werden.

So muss der Waldbesitzer erheblich mehr Sorgfalt bei Bäumen an einer öffentlichen Straße oder an hoch frequentierten ausgewiesenen Wanderwegen walten lassen, als an Rückewegen oder im Bestand. Das gleiche gilt für Pappeln oder Weiden, die naturgemäß instabiler als andere Laubhölzer, wie z.B. Buchen oder Eichen, sind.

Der Waldbesitzer muss also je nach Gefährdungspotenzial im Rahmen des Zumutbaren für die Verkehrssicherung Sorge tragen. Dies kann anhand regelmäßiger Baumkontrollen geschehen. Die

Häufigkeit der Kontrollen ist ebenfalls von oben genannten drei Punkten abhängig, die maßgeblich das Gefährdungspotenzial bestimmen. Während die Baumkontrollen im Bestand nicht nötig sind, nimmt die Notwendigkeit entlang der Wege im Wald mit der Häufigkeit des Verkehrs zu. Entlang der Waldaußenränder zu öffentlichen Straßen ist die größte Obacht walten zu lassen. In dem Zusammenhang muss beachtet werden, dass Bäume, die direkt an der Straße stehen, sich aber nicht vom Waldsaum abheben oder solitär stehen, nicht als Straßenbäume gelten. Das bedeutet, dass die Verkehrssicherungspflicht für diese Randbäume immer den Waldbesitzer und nicht die Straßenbauverwaltung trifft.

Abbildung 1:
Ein Trockenast kann zur Gefahr werden, vor allem an stark frequentierten Wanderwegen.
(Foto: Bergmann)

Es kann davon ausgegangen werden, dass die derzeit gängige Praxis von zwei Baumkontrollen im Jahr (im belaubten und unbelaubten Zustand) zur visuellen Kontrolle der Bäume auf Gefährdungspotenzial in jedem Fall ausreichend ist. Nach Ansicht von Juristen genügt an Wander-, Reit- und Lehrpfaden auch eine 15-monatige Baumkontrolle. Eine Sichtkontrolle vom Boden ist dazu völlig ausreichend. Der private Waldbesitzer kann sich im Zweifelsfall nicht darauf berufen, forstlicher Laie zu sein. Er hat in Bezug auf den Wald spezielle Pflichten und muss sich bei fehlender Qualifikation eines Forstfachmanns bedienen. Diese Notwendigkeit steigt mit dem Gefährdungspotenzial, das von den Bäumen ausgeht oder durch den Verkehr besteht.

Deshalb sollte auf das Angebot der Landesforstverwaltung oder Forstsachverständiger zurückgegriffen werden. Dabei werden die gefährdeten Bereiche kontrolliert, das Gefährdungspotenzial festgestellt und wenn nötig Maßnahmen zur Abhilfe festgelegt. Darüber wird ein Protokoll erstellt, das im Streitfall die notwendige Sorgfalt des Waldbesitzers dokumentiert und Fahrlässigkeit ausschließt. Sollte im Rahmen der Baumschau festgestellt werden, dass von Bäumen eine Gefahr ausgeht, so muss diese unverzüglich vom Waldbesitzer beseitigt werden.

Beispiel 1:
Ein Waldbesitzer kann in der Regel nicht zur Verantwortung gezogen werden, wenn einem Pilzsucher im Bestand ein Ast auf den Kopf fällt und er dadurch Schaden erleidet.
Allerdings hat ein Waldbesitzer seine Sorgfaltspflicht verletzt, wenn ein offensichtlich trockener Ast an einer Bundesstraße auf ein Auto fällt und Schaden verursacht. In diesem Fall kann der Waldbesitzer haftbar gemacht werden.
Anders verhält es sich, wenn der Ast nicht offensichtlich schadhaft war und bei einer protokollarisch dokumentierten Baumkontrolle mit einem Fachmann keine Gefährdung an diesem Baum sichtbar war.

3.5 Waldbrandschutz und Waldbrandschäden

Da die Waldbrandgefährdung in Brandenburg ein herausragendes Thema ist, regelt der Gesetzgeber durch die Paragraphen 20 bis 23 im LWaldG den Waldbrandschutz und die Zuschüsse für den Waldbesitzer im Falle von Schäden (→Abschnitt 10.1). So obliegt der vorbeugende Waldbrandschutz (z. B. Anlage und Unterhaltung Waldbrandschutzstreifen oder Löschwasserentnahmestellen) dem Waldbesitzer. Dies betrifft auch den Bau oder Ausbau von Waldwegen zum Zwecke des Waldbrandschutzes. Bei entsprechender Notwendigkeit kann die Maßnahme von der Landesforstverwaltung gefördert werden (→Abschnitt 12.2). Wegen der herausragenden Bedeutung von Wegen für die Waldbrandbekämpfung ist in vielen Regionen Brandenburgs vor einem Rückbau der Wege abzuraten, auch wenn der Waldbesitzer tatsächlich dazu befugt ist.

Merke:
Für den vorbeugenden Waldbrandschutz ist der Waldbesitzer verantwortlich. Vorbeugende Maßnahmen der unteren Forstbehörde muss der Waldbesitzer dulden.

Ein unmittelbarer Zwang zur Durchführung von Wegebaumaßnahmen besteht allerdings nicht. Die Landesforstverwaltung ist jedoch berechtigt, vorbeugende Maßnahmen in Abstimmung mit dem Waldbesitzer durchzuführen sowie das Waldbrandfrühwarnsystem zu unterhalten. Derartige Maßnahmen muss der Waldbesitzer unentgeltlich dulden.

Der Umgang mit Feuer, einschließlich des Rauchens, ist im Wald bis Waldbrandwarnstufe II lediglich

- dem Waldbesitzer
- vom Waldbesitzer befugten Personen
- Mitarbeitern der Landesforstverwaltung und
- von der Landesforstverwaltung mit behördlichen Arbeiten instruierten Personen erlaubt.

Für alle anderen Personen besteht generelles Rauchverbot und das Verbot, mit offenem Feuer umzugehen.

4 Einführung in die forstliche Bewirtschaftung des Waldes in Brandenburg

4.1 Die natürliche Verbreitung der Baumarten in Brandenburg

4.1.1 Allgemeine Überlegungen

Die aktuelle Verbreitung der Baumarten in Brandenburg ist durch die seit mehreren Jahrhunderten andauernde Beeinflussung des Menschen entstanden. Der Mensch ist es, der Bäume pflanzt, sät oder fördert und dadurch Einfluss auf die Verteilung der Baumarten in Brandenburg hat.

Nun ist es für ein Grundverständnis natürlicher Wachstumsprozesse aber erforderlich zu wissen, wie sich die Baumarten ohne jegliche Aktivitäten der Menschen und in Abhängigkeit von den Standorten verbreiten würden. Man kann sich dazu ein Stück Land vorstellen, das ab sofort nicht mehr bewirtschaftet und beachtet wird. Was wird passieren?

Zunächst werden sich auf der Fläche Wildkräuter ansiedeln, in wenigen Jahren sogar Bäume. In der forstlichen Fachsprache wird dieser Prozess auch als Sukzession und die ersten Baumarten, die den Boden besiedeln, werden als Pionierbaumarten bezeichnet. Typische Pionierbaumarten sind Birke, Weide, Kiefer und Pappel. Den Abschluss der Sukzession bilden die Klimaxbaumarten, wie z. B. Buche oder Bergahorn (weitere Ausführungen dazu im Abschnitt 4.1.3).

Erklärung:
Sukzession
(=Aufeinanderfolge):
Unter dem Begriff Sukzession wird die natürliche Ansiedlung von Pflanzen auf einer Fläche verstanden, ohne jegliche Aktivitäten des Menschen. Die Abfolge der Pflanzen, die nacheinander die Fläche besiedeln, ist ausschließlich von natürlichen Bedingungen wie z. B. der Bodengüte, der Wasserversorgung oder den Licht- und Windverhältnissen abhängig.

Die Abfolge von Pflanzen, die die vom Menschen unbeeinflusste Fläche nacheinander besiedeln, hängt entscheidend von den natürlichen Standortsbedingungen ab. So sind die Standortsbedingungen auf einer Sanddüne in der Niederlausitz anders als auf einer waldumschlossenen Ackerfläche mit der Bodenwertzahl 40 in der Uckermark.

Der Prozess der Bewaldung ist in der Natur überall zu sehen. Besonders auf ehemaligen Truppenübungsplätzen kann beobachtet werden, wie sich erst Gräser, dann Birken und Kiefern und schließlich weitere Baumarten ansiedeln. Um jedoch zu verstehen, warum der natürliche Prozess der Bewaldung in einer ganz bestimmten Abfolge verläuft und warum bestimmte Baumarten einander folgen, ist es erforderlich, die Faktoren, die einen Standort charakterisieren (sog. Standortsfaktoren), näher zu betrachten. Im Folgenden werden deshalb drei dieser Ursachen genauer erläutert und die in der brandenburgischen Forstwirtschaft gebräuchlichen Fachbegriffe erwähnt.

4.1.2 Wichtige Standortsmerkmale in Brandenburg

Die Klimastufe

Einen bedeutenden Einfluss auf die Standorte und mithin auf die Wuchsbedingungen der Bäume hat das Klima, das durch die Nähe zur Ostsee bzw. die Entfernung zum Atlantischen Ozean geprägt wird. Die ozeanischen Einflüsse bewirken, dass die kontinentalen Temperaturextreme (also extrem kalte Winter oder heiße Sommer) gemildert werden. Doch aufgrund der geographischen Ausbreitung Brandenburgs sind diese Auswirkungen nicht in ganz Brandenburg gleichermaßen ausgeprägt. So kann beobachtet werden, dass sich die Jahresschwankung der Lufttemperatur und das langjährige Jahresmittel der Niederschläge im Raum Neuruppin deutlich von denen aus dem Raum Cottbus unterscheiden. Die Brandenburger Förster berücksichtigen diese Tatsache bei ihren Planungen. So haben sie das Land Brandenburg in drei Klimastufen aufgeteilt, wobei innerhalb einer Klimastufe annähernd homogene Klimabedingungen vorherrschen. Innerhalb jeder der Klimastufen werden wiederum Großklimabereiche unterschieden, um damit die regionale Schwankung des Jahresniederschlages einzubeziehen. Diese Unterscheidung ist für Fachleute erforderlich, um die naturnahe Hauptbaumart zu bestimmen, die u. a. für diese Klimabedingung besonders geeignet ist.

Erklärung:
*Eine **Hauptbaumart** ist die vorherrschende Baumart in einem Waldbestand oder Forstbetrieb.*

Aus der Abbildung 2 ist die regionale Verbreitung der drei Klimastufen zu erkennen. Die Unterschiede ergeben sich im Wesentlichen durch die Nähe zur Ostsee und zum Atlantischen Ozean bzw. die Erhöhung über NN im Fläming und in der Lausitz. So kennzeichnet die Klimastufe f (= feucht) in Nordbrandenburg die letzten Ausläufer des Baltikums, während die Klimastufe m (= mäßig trocken) bereits einen mäßig subatlantischen Einfluss darstellt. Die Klimastufe t (= trocken) zeigt, dass die Ostsee kaum noch Einfluss hat und sich deshalb das eher trockene, kontinentale Klima durchsetzt.

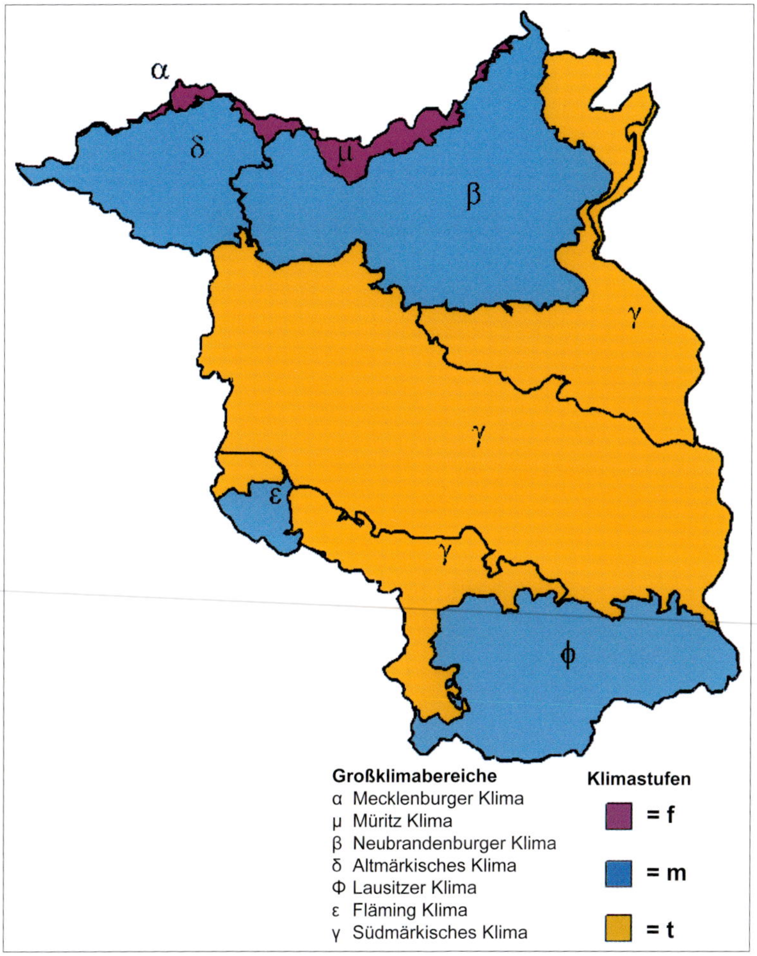

Abbildung 2: *Großklimabereiche und Klimastufen (stark vereinfacht) (Quelle: LFE Eberswalde).*

Die Bodengüte

Die Böden in Brandenburg wurden vorwiegend durch die Eiszeiten und durch die daran anschließenden Bodenbildungsprozesse beeinflusst. Das sich von Skandinavien ausbreitende Inlandeis bedeckte fast die gesamte Fläche Brandenburgs. Prägend für die Standorte waren drei Eiszeiten, wobei Brandenburg durch die beiden ersten Eiszeiten vollständig bedeckt war. Die dritte Eiszeit, die sog. Weichsel-Eiszeit, reichte bis zu der Linie Rathenow – Brandenburg – Luckenwalde – Guben. Durch die verschiedenen Eiszeiten wurde mineralisches Ausgangsmaterial mit unterschiedlichen Nährstoffgehalten herantransportiert, woraus sich verschiedene Bodengüten entwickelten. Abhängig davon, ob ein Standort durch die jüngere Weichsel-Eiszeit oder die älteren

Erklärung:
Eiszeit: *In Mitteleuropa gab es drei Eiszeiten. Die älteste Eiszeit, auch als Elster-Eiszeit bezeichnet, begann vor ca. 500 000 Jahren und endete vor ca. 350 000 Jahren. Die zweite Eiszeit (Saale-Eiszeit) endete vor ca. 130 000 Jahren und die jüngste Eiszeit, auch Weichsel-Eiszeit genannt, endete vor ca. 10 000 Jahren.*

Eiszeiten geprägt wurde, ergeben sich somit Unterschiede in der Grundwertigkeit der Standorte im Land Brandenburg.

Die Waldböden werden, ähnlich wie in der Landwirtschaft, entsprechend ihrer Bodengüte klassifiziert. Im Gegensatz zur Landwirtschaft werden für die Waldböden aber keine Bodenwertzahlen vergeben, sondern nach einer eigenen Nährkraftstufen-Klassifizierung bewertet:

Stufe R: reiche Standorte: Diese Böden haben außerordentlich viele Nährstoffe und meist auch freien Kalk im Oberboden.

Stufe K: kräftige Standorte: Diese Böden enthalten ebenfalls viele Nährstoffe, allerdings weniger als die der Klasse R.

Stufe M: mittlere Standorte: Diese Böden haben eine durchschnittliche Nährstoffversorgung.

Stufe Z: ziemlich arme Standorte: Diese Böden haben eine unterdurchschnittliche Nährstoffversorgung.

Stufe A: arme Standorte: Diese Böden sind so arm an Nährstoffen, dass auch bei anspruchslosen Waldbäumen Nährstoffmangel auftreten kann.

Die sichere Bestimmung dieser sog. Nährkraftstufen ist häufig sehr kompliziert und erfordert entsprechendes Fachwissen. Jedoch liegen für nahezu alle Waldflächen in Brandenburg Kartierungen vor (sog. Standortskarten), aus denen der Waldbesitzer die Nährkraftstufen für seine Waldböden ablesen kann. Auch aus dem aus DDR-Zeiten erhaltenen Datenspeicher Waldfonds können Standortsinformationen für einzelne Waldbestände abgelesen werden. Ein Waldbesitzer, der Auskunft über die Standorte in seinem Forstbetrieb sucht, sollte sich deshalb an seinen Revierförster wenden. Auch Pflanzen (sog. Zeigerpflanzen) zeigen durch ihr Vorkommen den aktuellen Bodenzustand an. So ist es unter bestimmten Voraussetzungen möglich, auch kleinste Veränderungen der Bodengüte oder der Wasserversorgung innerhalb eines Waldbestandes durch das Auftreten bestimmter Zeigerpflanzen zu erkennen.

Erklärung:
Zeigerpflanzen *sind spez. Arten der Strauch- und Krautschicht, die Hinweise auf eine bestimmte Nährkraft-, Wasser- oder Lichtversorgung des Standortes geben. (Zum Beispiel die Brennnessel ist ein Zeichen für gute Stickstoffversorgung.)*

Die Abbildung 3 zeigt abschließend die prozentuale Verteilung der einzelnen Nährkraftstufen der Waldstandorte in Brandenburg. Wie aus der Abbildung ersichtlich, herrschen in Brandenburg die mittleren und ziemlich armen Standorte vor.

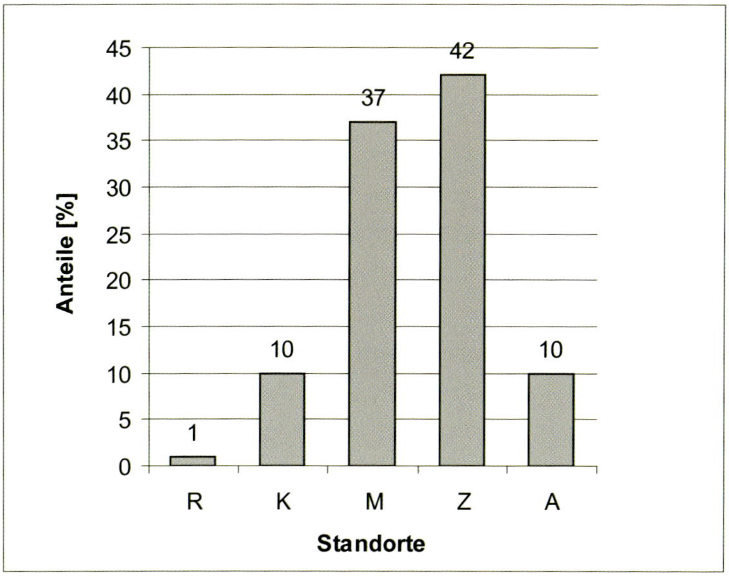

Abbildung 3: *Prozentuale Verteilung der Standorte in Brandenburg (Quelle: Tätigkeitsbericht der LFV BbG 2002, S .8).*

Somit wird deutlich, dass sich, bedingt durch die Eiszeiten und die östliche Lage Brandenburgs, die Standortsbedingungen in Brandenburg deutlich von den Wuchsbedingungen westlicher Teile Deutschlands unterscheiden.

Die Wasserversorgung

Jede Pflanze benötigt Wasser zum Wachsen. Deshalb ist die Versorgung des Waldbodens mit Wasser ein außerordentlich wichtiger Standortsfaktor. Die Spanne der Wasserversorgung reicht dabei von sumpfig bis zu trocken. Aufgrund dieser Spannbreite bei der Wasserversorgung werden Waldstandorte deshalb, wie bei der Nährstoffversorgung, einer der fünf verschiedenen Feuchtestufen zugeordnet. Der Förster trifft in diesem Zusammenhang folgende Unterscheidung:

- Terrestrische Standorte (= T-Standorte): Grundwasserferne Standorte, so dass die Bodenfeuchte überwiegend aus dem Regen resultiert.
- Mineralische (= N-Standorte) Nassstandorte: Grundwasserbeeinflusste Standorte, so dass die Bodenfeuchte aus dem hoch anstehenden Grundwasser resultiert.

Merke:
Jeder Waldbesitzer in Brandenburg kann die Nährstoff- und Wasserversorgung sowie die Klimatönung der Standorte in seinem Wald in Stufen einteilen. Der Förster hat Standortskarten, aus denen die Standortsgüte eines Waldbestandes schnell bestimmt werden kann.

- Organische (= O-Standorte) Nassstandorte: Bodenfeuchte wird aus dem zeitweise bis an die Oberfläche reichenden Grundwasser gebildet.
- Wechselfeuchte Standorte (= W-Standorte): Bodenfeuchte schwankt innerhalb eines Jahres sehr stark aufgrund eines besonderen Bodenaufbaus.
- Auen- bzw. Überflutungsstandorte (= Ü-Standorte): Periodisch oder zeitweise überirdisch überflutete Standorte.

Der Grad der Wasserversorgung innerhalb dieser fünf Feuchtestufen wird durch eine Zusatzzahl von 0 bis 4 gekennzeichnet. Allgemein kann gesagt werden: Je kleiner die Stufenzahl, desto größer ist die Wasserbeeinflussung, also desto feuchter ist der Standort und umgekehrt, je größer die Stufenzahl, desto geringer ist die Wasserbeeinflussung innerhalb einer Feuchtestufe, also desto trockener ist der Standort.

Die Ableitung der Feuchtestufe und der Stufenzahl setzt eine genaue Ermittlung des Bodentyps sowie der Grund- oder Stauwasserstufe durch einen Förster oder Forstsachverständigen voraus. Aus entsprechenden Einträgen in den Standortskarten kann der Waldbesitzer die Feuchtestufen für seine Waldböden ablesen. Hier einige Beispiele:

N…0 = Mineralischer Nassstandort, sumpfig
N…3 = Mineralischer Nassstandort, sehr trocken
T…1 = Terrestrischer Standort, frisch
T…3 = Terrestrischer Standort, trocken
O…1 = Organischer Nassstandort, Offensumpf
O…4 = Organischer Nassstandort, Trockenbruch

Beispiel 2:
Der Waldbesitzer Anton hat in seinem Forstbetrieb eine Fläche, die die Standortskarte oder der Datenspeicher Wald als (T)M2 t bezeichnet. Was weiß Anton damit über die Nährstoff- und Wasserversorgung dieser Fläche? T bedeutet, dass es sich um einen terrestrischen Standort handelt; die Stufe 2 zeigt an, dass die Wasserversorgung durchschnittlich („mäßig frisch") ist; die Stufe M besagt, dass der Boden eine durchschnittliche („mäßig nährstoffhaltige") Nährstoffversorgung hat und t zeigt an, dass der Standort in der Klimastufe t („trocken") liegt. Damit weiß er, dass die potenziell vorherrschende Baumart die Traubeneiche wäre.

Der Standortskarteneintrag (T)Z3 m bedeutet: Es handelt sich um einen terrestrischen Standort mit unterdurchschnittlicher („trockener") Wasserversorgung und unterdurchschnittlicher, „ziemlich armer" Bodengüte in der Klimastufe m („mäßig trocken"). Die potenziell natürliche Baumart wäre dann die Kiefer.

4.1.3 Die natürliche Vegetation in Brandenburg

Nachdem wesentliche Standortseigenschaften näher erläutert wurden, soll es jetzt um die zentrale Frage gehen: Welche Bäume wachsen im letzten Stadium der Sukzession, im sog. Klimaxstadium, auf einer vom Menschen völlig unberührten Fläche?

Dabei helfen die bisherigen Überlegungen, dass sich Standorte durch unterschiedliche Nährstoffversorgung und Bodenfeuchte teilweise erheblich unterscheiden können. Folglich können auch die auf einem Standort wachsenden Baumarten unterschiedlich

Erklärung:
In der forstlichen Fachsprache werden der Vegetationstyp (also ein bestimmter Waldtyp mit seinen charakteristischen Baum- und Straucharten, Kräutern und Gräsern) auch als Potenzielle Natürliche Vegetation (sog. PNV) bezeichnet.

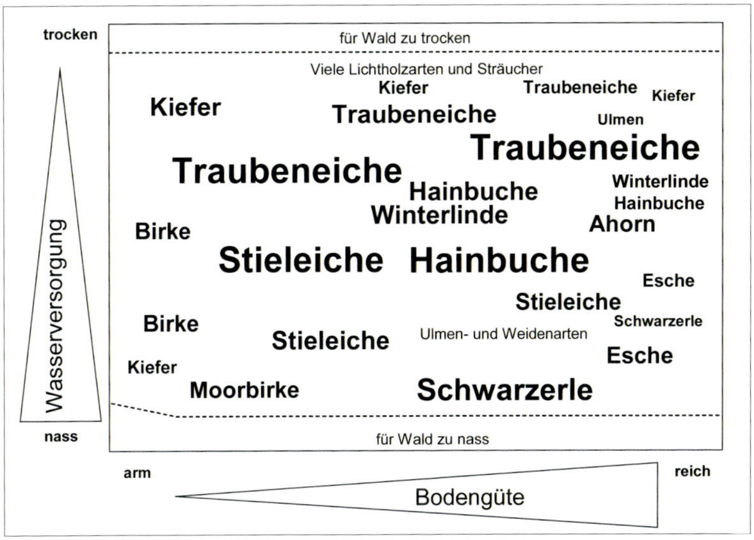

Abbildung 4:
Darstellung der potenziell natürlichen Verbreitung der wirtschaftlich bedeutenden Baumarten in Abhängigkeit vom Standort im norddeutschen Tiefland für die Klimastufe t (Quelle: Steinmeyer 2004).

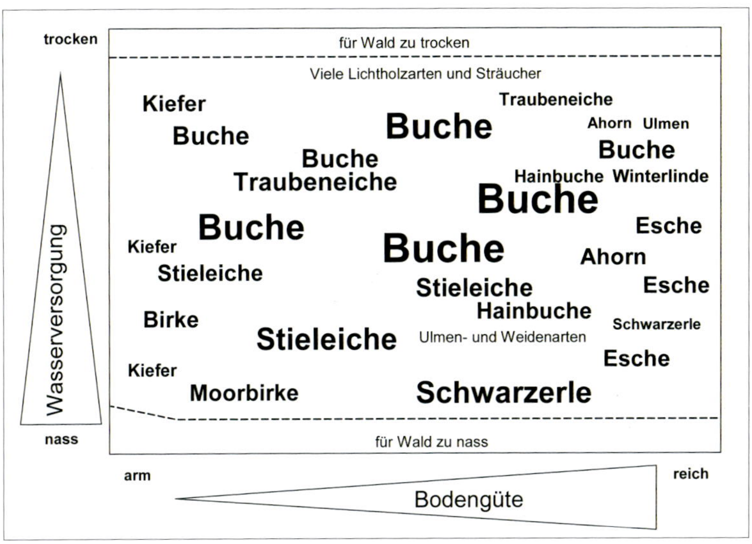

Abbildung 5:
Darstellung der potenziell natürlichen Verbreitung der wirtschaftlich bedeutenden Baumarten in Abhängigkeit vom Standort im norddeutschen Tiefland für die Klimastufe m und f (Quelle: Steinmeyer 2004).

Beispiel 3:
Waldbesitzer Anton sucht in der Abbildung seinen bereits im obigen Beispiel genannten M2 Standort, also einen Standort, der durchschnittlich mit Nährstoffen und Wasser versorgt ist. Genau in der Mitte der Abbildung liest er ab, dass in Brandenburg, je nach Klimastufe, dort überwiegend die Traubeneiche (Abb. 4) oder die Buche (Abb. 5) wächst.

sein. Für die Darstellung der Bedürfnisse der Baumarten an einem Standort hat sich eine bestimmte Abbildung in der forstlichen Praxis sehr bewährt. In der Abbildung 4 und der Abbildung 5 ist jeweils im unteren Teil der Versorgungsgrad des Bodens mit Nährstoffen (Bodengüte) abgebildet, wobei unten links arme Böden (z. B. Stufe A) und unten rechts reiche Böden (z. B. Stufe R) dargestellt sind. Die Versorgung mit Nährstoffen nimmt also von links nach rechts zu. Die Abbildung 4 stellt den Zusammenhang für die Klimastufe t, Abbildung 5 für die Klimastufen m und f dar (→ Abschnitt 4.1.2). Gleichzeitig ist auf der linken Seite der Abbildungen 4 und 5 der Grad der Wasserversorgung des Bodens abgebildet. Links unten sind sehr nasse Standorte (z. B. Auenstandorte) und links oben extrem trockene Standorte (z. B. Dünenstandorte) eingezeichnet. Das heißt, in den Abbildungen wird der Standort von unten nach oben trockener.

Was ist aus den Abbildungen 4 und 5 zu erkennen?

1. Die vorherrschenden Baumarten unterscheiden sich zwischen den Klimastufen. Während in der Klimastufe t überwiegend die Eichenarten vorherrschen, ist es in den Klimastufen m und f die Buche.
2. Die Eichenarten kommen auf vielen Standorten, die zu trocken oder zu feucht für die Buche sind, vor.
3. Auf den mäßig trockenen Standorten wächst eher die Traubeneiche, auf den vernässten Standorten die Stieleiche.
4. Die Kiefer kommt auf den Standorten vor, die entweder trocken und arm an Nährstoffen sind (oben links in den Abbildungen) oder die sehr nass und arm sind (unten links in den Abbildungen).

Merke:
Traubeneiche, Kiefer und Buche wären die vorherrschenden Baumarten in Brandenburg. Die Kiefer kommt überwiegend auf trockenen Standorten vor. Aber auch die Hainbuche, Winterlinde und die Schwarzerle haben eine große Bedeutung auf bestimmten Standorten. Die Orientierung der Baumartenwahl an den Standortsansprüchen und der Naturnähe ist ein wesentlicher Garant für stabile Waldbestände und erfolgreiche Waldbewirtschaftung. Der Anteil der Kiefer wäre deutlich geringer als heute.

Wie die aktuellen Beobachtungen zeigen, ist die Verbreitung der Kiefer derzeit viel größer als ihre Verbreitung in der potenziell natürlichen Vegetation wäre.

Die Abbildung 6 zeigt, welche Baumarten überwiegend in den einzelnen Regionen Brandenburgs natürlich vorkommen würden.

Abbildung 6:
Potenzielle natürliche Waldgesellschaften in Brandenburg (Quelle: Eberswalde Forstliche Schriftenreihe Band XIX S. 31).

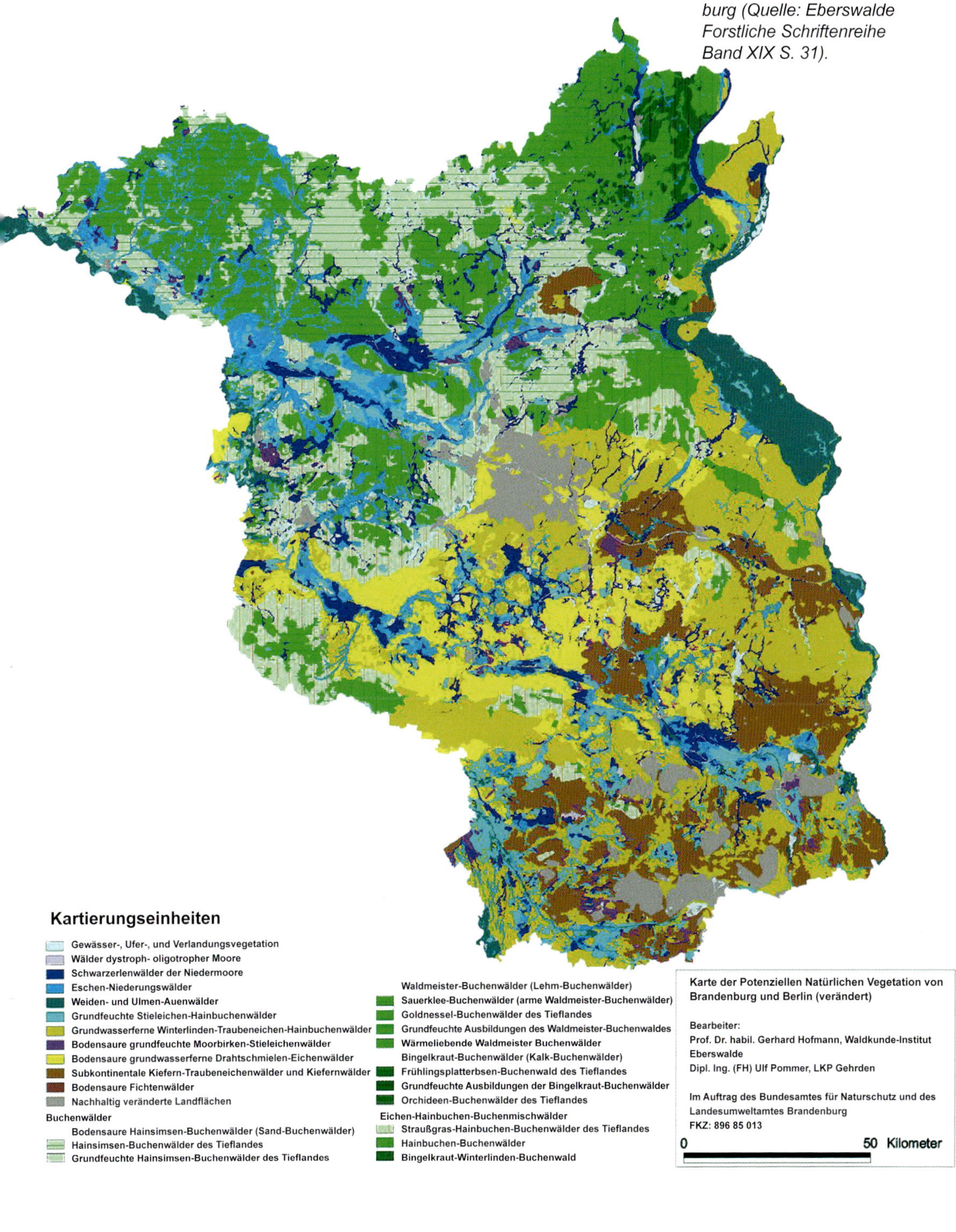

Merke:
Für eine erfolgreiche Waldbewirtschaftung ist es wichtig, die natürlichen Wuchsbedingungen zu kennen. Eine Bewirtschaftung des Waldes, die gegen diese von der Natur gesteuerten Prozesse gerichtet ist, kann für den Waldbesitzer höhere Ausgaben und höheres Betriebsrisiko bedeuten. Jeder Waldbesitzer sollte diese Gratiskräfte der Natur für seine Ziele nutzen!

Das Verständnis der Abbildung 4, 5 und 6 ist ein zentraler Schlüssel für die Erklärung der natürlichen Verbreitung der Baumarten in Mitteleuropa und damit in Brandenburg! Die Abbildungen verdeutlichen, welche Bedürfnisse eine Baumart an einen Standort hat und wann sie optimal wachsen kann. Denn nur wenn der Baum optimale Wachstumsbedingungen vorfindet, wird er sich prächtig entwickeln und ist dann stark genug, sich der Konkurrenz anderer Baumarten zu widersetzen. Findet er allerdings Bedingungen vor, unter denen er um das Überleben kämpft, haben Konkurrenten keine Mühe, diesen Baum zu überwachsen und so in seiner Entwicklung stark zu behindern.

4.2 Die Beschreibung wirtschaftlich bedeutender Baumarten

4.2.1 Allgemeiner Überblick

Eine Baumart ist wirtschaftlich bedeutend, wenn sie aufgrund der natürlichen Standortsgegebenheiten oder der menschlichen Aktivitäten eine sehr weite Verbreitung hat (sog. Wirtschaftsbaumarten). In Abbildung 7 werden die Baumartenverteilungen in Brandenburg und Deutschland dargestellt.

Die linke Grafik in der Abbildung zeigt, dass der größte Anteil der Fläche in Brandenburg mit Kiefern (79 %) bedeckt ist. Zu den weiteren Baumarten, die in Brandenburg vorkommen, zählen noch die Fichte, die Eiche, die Buche sowie die Birke. Demgegenüber hat die Kiefer in Deutschland nur einen Anteil von 31 %, während die Baumartengruppe Fichte/Tanne/Douglasie mit 35 % den größten Anteil einnimmt, wie die rechte Grafik verdeutlicht.

Die Dominanz der Kiefer in Brandenburg erklärt sich hauptsächlich dadurch, dass die Kiefer vor allem auf armen Standorten natürlich verbreitet ist. Nur auf diesen Standorten vermag es die Eiche und die Buche nicht, die Vorherrschaft zu erlangen. Heißt das aber im Umkehrschluss, dass alle die Standorte, auf denen die Kiefer wächst, arm und trocken oder nass sind? Nein! Mögliche Gründe für die aktuelle Baumartenverteilung können auch sein:

- Die durch Kriegseinwirkungen, Reparationshiebe etc. entstandenen Freiflächen wurden zügig mit Kiefer aufgeforstet (→ Abschnitt 2.3).

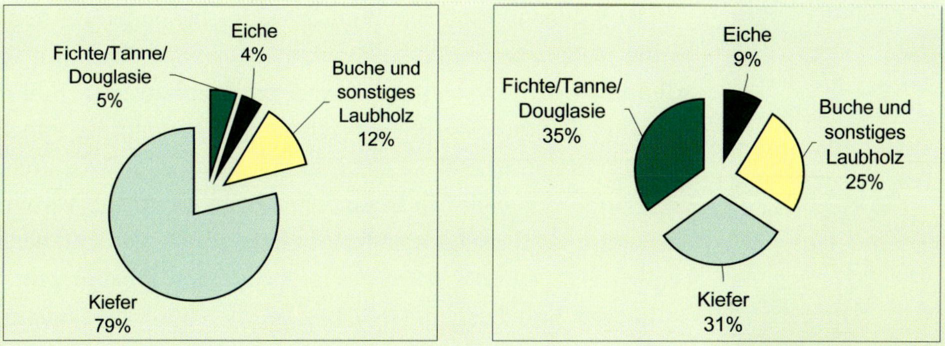

Abbildung 7: *Die Baumartenverteilung in Brandenburg (links) und in Deutschland (rechts) (Quelle: Agrarbericht 2003).*

- Nach dem Krieg war der Bedarf an Bauholz groß, so dass viele Flächen mit Kiefer aufgeforstet wurden.
- Laubholzpflanzen waren zur DDR-Zeit nicht immer verfügbar.
- Die Anlage einer Laubholzkultur ist deutlich teurer als die einer Kiefernkultur.
- Während der DDR-Zeit wurden Baumartenoptimierungen vorgenommen, aus denen vor allem die wirtschaftlich bedeutenden Baumarten (Kiefer und Fichte) resultierten.

Die Aufzählung lässt sich beliebig fortführen. Festzustellen bleibt aber, dass die Kiefer aufgrund ihrer Standortsbedürfnisse und den in Brandenburg vorzufindenden Standorten eine weite natürliche Verbreitung hat. Die im vorherigen Abschnitt gezeigte Dominanz der Buche kann zwar vereinzelt in Brandenburg auftreten, auf der überwiegenden Fläche Brandenburgs werden jedoch die Kiefer und die Eiche bedeutende Baumarten sein.

4.2.2 Die Kiefer *(Pinus sylvestris)*

Das riesige natürliche Verbreitungsgebiet der Kiefer, die in einigen Regionen auch als Waldkiefer oder Waldföhre bezeichnet wird, erstreckt sich vor allem von Nordeuropa bis hinüber nach Sibirien. Ihre westlichste Verbreitung dürfte an der Westgrenze der Bundesrepublik Deutschland verlaufen. Diese Grenze ergibt sich allein aus der Tatsache, dass dort das Klima stärker durch den Atlantischen Ozean geprägt wird, es also mehr regnet und keine starken Temperaturextreme auftreten. Dadurch steigt die Konkurrenzfähigkeit der Buche.

Abbildung 8: *Die Kiefer ist Hauptbaumart in Brandenburg.* (Foto: Bergmann)

Abbildung 9: *Kiefernzweig.* (Foto: Hennig)

Die Kiefer ist eine Baumart, die keine besonderen Ansprüche an die Bodengüte stellt. Sie wächst auf nahezu allen Standorten. Allerdings wird sie häufig von anderen Baumarten (z. B. der Buche) von den besseren Standorten verdrängt, da diese auf diesen Standorten optimale Wuchsbedingungen finden und dadurch konkurrenzfähiger sind. Ein besonderes Problem für die Verbreitung der Kiefer ist, dass sie sehr viel Licht benötigt. Diese hohe Lichtbedürftigkeit ist übrigens typisch für alle Pionierbaumarten.

Für den Waldbesitzer ist wahrscheinlich besonders interessant, dass die Kiefer in ihrer Jugend sehr schnell wächst. Der Abstand zwischen zwei Astquirlen an einem Stamm, der das Höhenwachstum der Kiefer innerhalb eines Jahres anzeigt, kann durchaus bis zu einem Meter betragen. Auch neigen bestimmte Typen von Kiefern dazu, im Freistand besonders viele dicke Äste (sog. Starkästigkeit) auszubilden. Dies gilt auch, wenn die Kiefer auf besseren Standorten wächst. Starke Äste sind jedoch forstlich keinesfalls gewollt, weil sie die spätere Verwendung des Kiefernstammholzes stark einschränkt.

Die wirtschaftliche Bedeutung der Kiefer rührt aus ihrer vielfältigen Verwendungsmöglichkeit:
- als Konstruktions- oder Bauholz
- für die Produktion von Zellstoff (und damit für die Herstellung von Papier), Span- oder Faserplattenplatten
- für die Herstellung von Möbeln, Fenstern und Türen.

In der DDR wurde die Kiefer darüber hinaus noch für die Gewinnung von Harz (sog. Harzung) herangezogen. An zahlreichen dicken Kiefern sind noch heute die Risswunden (sog. Lachten) erkennbar, die zu einer erheblichen Beeinträchtigung der Holzqualität führen.

4.2.3 Die Eichen *(Quercus spec.)*

In Deutschland gibt es mehrere Eichenarten, wobei nur die beiden Arten Stieleiche (SEI) (*Quercus robur*) und die Traubeneiche (TEI) (*Quercus petraea*) in Brandenburg vorkommen. Beide Eichenarten zusammen haben in Brandenburg einen Anteil von 4 % an der Gesamtwaldfläche.

Das natürliche Verbreitungsgebiet beider Arten überlagert sich in Mitteleuropa. Während die gemeinsame nördliche Verbreitung bis in die Mitte Schwedens reicht, geht die Verbreitung der Traubeneiche südlicher als die der Stieleiche. Die Westgrenze beider Eichenarten reicht bis an den Atlantischen Ozean, während sich die Ausdehnungen im Osten unterscheiden. Da die Stieleiche kontinentales Klima verträgt, reicht ihr Verbreitungsgebiet bis nach Mittelasien, während die östliche Verbreitung der Traubeneiche, mit der der Buche identisch, bis Kaliningrad reicht. Die Standortsansprüche der beiden Eichenarten unterscheiden sich etwas. Die Stieleiche wächst eher auf armen, nassen Standorten, während die Traubeneiche bevorzugt auf den armen, trockenen Standorten wächst. Im Tiefland ist eher die Stieleiche vertreten, im Hügelland eher die Traubeneiche. Das bedeutet aber nicht, dass die Eichen auf reicheren Standorten nicht wachsen könnten. Bedingt durch ihren sehr hohen Lichtbedarf werden sie von den besser mit Nährstoffen und Wasser versorgten Standorten von anderen Baumarten verdrängt, so dass sie nur noch auf den genannten Standorten verbleiben kann.

Wie die Kiefer haben beide Eichenarten in der Jugend ein starkes Höhenwachstum, was zwischen dem 20. und 40. Lebensjahr nachlässt. Interessant ist, dass Eichen im Mai und Juni den ersten Höhenzuwachs haben und Ende Juli/August den zweiten. Dieser zweite Trieb wird auch als Johannistrieb bezeichnet. Im Vergleich zur Kiefer ist aber der Dickenzuwachs einer Eiche bis zum Alter 95 kleiner. Eichen wachsen im Vergleich zu den übrigen Wirtschaftsbaumarten am langsamsten.

Die wirtschaftliche Bedeutung der Eichen resultiert vor allem aus ihren vorzüglichen Holzeigenschaften. Eichenholz ist sehr hart und aufgrund zahlreicher Gerbstoffe außerordentlich resistent gegen Fäule. In folgenden Bereichen wird Eichenholz eingesetzt:

- als Konstruktionsholz im Hoch- und Tiefbau
- im Möbelbau als Eichenfurnier oder als Vollholz
- im Innenausbau als Parkett oder Treppenholz
- als Fassholz, um Weinen eine besondere charakteristische Note zu verleihen
- als Pfahlholz für den Zaunbau.

Merke:
Eichen tragen nicht jedes Jahr die gleiche Menge Eicheln (Mast).
Man unterscheidet drei Typen von Mast:

Vollmast:
Die Eichen tragen außergewöhnlich viele Eicheln.
Auftreten alle fünf bis zwölf Jahre.

Halbmast:
50 % einer Vollmast.
Auftreten alle fünf bis sieben Jahre.

Sprengmast:
Übermäßiger Behang einzelner Eichen. Auftreten alle drei Jahre.

Erklärung:
***Furnierproduktion**: Damit eine Eiche für die Furnierproduktion geeignet ist, muss der Stamm u. a. mindestens einen Durchmesser von 35 cm haben, astfrei, gesund und gerade sein.*

Als fremdländische Baumart wird die Roteiche (*Quercus rubra* L.) in Zukunft sicherlich eine größere Bedeutung bekommen, als sie derzeit hat. Die aus Nordamerika stammende Baumart hat durch ihre interessante Laubfärbung einen hohen ästhetischen Wert. Aufgrund ihrer geringen Ansprüche an den Standort und ihrer höheren Wuchsleistung gegenüber der Stiel- und Traubeneiche ist die Roteiche eine Alternative zu diesen Eichenarten. Auch für die Anlage von Waldbrandschutzstreifen ist sie sehr gut geeignet.

4.2.4 Die Buche *(Fagus sylvatica)*

Die geographische Verbreitung der Buche reicht von Süd-Skandinavien bis Sizilien und vom Atlantik bis nach Kaliningrad. Die Buche ist die Baumart, deren natürliche Verbreitung in Mitteleuropa am größten ist, während ihr Anteil in Brandenburg aber nur ca. 2 % beträgt.

Die Buche bevorzugt Böden mit mindestens mäßiger Nährstoffversorgung und durchschnittlicher Wasserversorgung. Da sie auf trockenen Standorten nicht sehr wüchsig ist, gewinnen die Eichen und Kiefern die Vorherrschaft. Besonders kennzeichnend für die Buche ist ihre außerordentlich hohe Schattenverträglichkeit. Im Gegensatz zur Kiefer und Eiche benötigt die Buche wenig Licht und vermag deshalb auch unter den dichten Kronen der Altbäume zu wachsen.

Das Wachstum der Buche unterscheidet sich deutlich von dem der Eiche und der Kiefer. Im Gegensatz zu diesen Baumarten ist das Jugendwachstum der Buche langsam. Während aber das maximale Höhenwachstum bereits im Alter 40 erreicht wird, hält das Dickenwachstum bis zum hohen Alter an.

Wirtschaftlich bedeutend ist die Buche vor allem, wenn sie als hochwertiges Sortiment vermarktet wird. Nicht als Massensortiment, sondern als starkes, astfreies und geradschäftiges Wertholz im:

- Möbelbau als Furnier oder als Vollholz oder
- Innenausbau als Parkett oder Treppenholz.

Darüber hinaus wird die Buche als Massensortiment auch für die Produktion von Zellstoff verwendet.

Ein großes Problem bei der Verwendung der Buche im Möbelbau und im Innenausbau ist, dass die Buche im höheren Alter einen Rotkern bilden kann. Ab einen Brusthöhendurchmesser von ca. 35 cm beginnt sich der Stamm im Inneren rötlich zu verfärben, so dass die typische helle Färbung verloren geht (teilweise auch standortabhängig). Die rötliche Färbung wird durch chemische Reaktionen im Stamm verursacht, wobei die Festigkeit und Haltbarkeit überhaupt nicht beeinträchtigt wird. Viele Verbraucher meiden aber rotkerniges Buchenholz, so dass für dieses Holz der Absatz regional schwierig ist.

4.2.5 Die Douglasie *(Pseudotsuga menziesii)*

Die Douglasie ist eine fremdländische Baumart, denn sie kommt ursprünglich aus Nordamerika. Sie gelangte 1827 aus Nordamerika nach Europa. In ihrem Vorkommensgebieten in Nordamerika schwanken die Niederschläge und die Bodenqualität teilweise erheblich. Deshalb kann die Douglasie auf mittleren und ziemlich armen Böden verjüngt werden, wobei arme Standorte gemieden werden sollten. Für ein kräftiges Wachstum ist unbedingt eine ausreichende Wasserversorgung erforderlich. Sie sollte deshalb auf gut wasserversorgten Standorten angebaut werden.

Abbildung 10:
Douglasien haben sich als fremdländische Baumart gut in dem deutschen Wirtschaftswald etabliert. (Foto: Bergmann)

Für Waldbesitzer in Brandenburg ist es wichtig zu wissen, dass es bei der Douglasie drei spezielle Ausprägungen (sog. Varietäten) gibt, wobei nur die Varietät *viridis* an die Klimaverhältnisse in Brandenburg angepasst ist. Problematisch ist bei der Douglasie vor allem ihre Frostgefährdung in der Jugend, Jungpflanzen sterben bei Frösten leicht ab.

Ihre Beliebtheit bei Waldbesitzern resultiert vor allem aus ihrer Wüchsigkeit. Der Höhen- und Dickenzuwachs ist deutlich größer als der der Kiefer. Hervorzuheben ist, dass die Douglasie im Vergleich zu den anderen vorgestellten Baumarten das schnellste Wachstum hat. Das starke Höhen- und Dickenwachstum hält bis zum höheren Alter an, so dass schnellere und höhere Erlöse erzielt werden können.

Die Verwendung der Douglasie findet vor allem in den folgenden Bereichen statt, z. B.:

- im Möbelbau als Furnier oder Vollholz
- im Innenausbau als Treppe
- im Fensterbau
- als Schmuckreisig.

4.2.6 Weitere interessante Baumarten

4.2.6.1 Die Fichte (Piceas abies)

Die Fichte hat in Brandenburg einen Anteil von ca. 2 % an der Gesamtwaldfläche. Geographisch ist ihr natürliches Areal nicht zusammenhängend, denn es gibt drei voneinander getrennte Vorkommen: Die Ebenen Nordeuropas, die Mittelgebirge Deutschlands und die Alpen. In Brandenburg würde die Fichte deshalb nicht natürlich vorkommen. Die vorhandenen Bestände sind vielmehr das Ergebnis des zielgerichteten Anbaus der Waldbesitzer.

Die Fichte ist eine Halbschattenbaumart, die mehr Licht als eine Buche aber weniger als eine Kiefer benötigt. Unbedingt erforderlich für ein Wachstum ist aber eine ausreichende Wasserversorgung, die über die der Kiefer weit hinausgeht.

Das Höhenwachstum der Fichte ist in der frühen Jugend mäßig, dann aber stark. Bereits ab einem Alter von 35 Jahren ist die Wuchsleistung der Fichte höher als der Kiefer. So ist zu erklären, dass die Fichte auch als „Brotbaum des Waldbesitzers" bezeichnet wird. Doch jedem Waldbesitzer in Brandenburg, der aufgrund dieser Ausführungen überlegt, die Fichte in seinem Forstbetrieb zu pflanzen, seien auch die entscheidenden Nachteile der Fichte mitgeteilt:

- Fichten benötigen ausreichend Niederschlag. Viele Teile Brandenburgs sind hingegen, wie bereits erläutert, subkontinental geprägt, so dass in vielen Regionen kaum der erforderliche Niederschlag von mindestens 600 mm im Jahr fällt. Dadurch sind Fichten gestresst und anfällig für Forstschädlinge.
- Fichten haben ein sehr flaches Wurzelsystem (sog. Flachwurzler), so dass sie extrem sturmgefährdet sind.

Fichtenholz wird nahezu in allen Bereichen verwendet:

- als Konstruktions- oder Bauholz
- für die Produktion von Zellstoff, Span- oder Faserplatten
- für die Herstellung von Möbeln, Fenstern, Türen
- als Klangholz im Musikinstrumentenbau.

4.2.6.2 Die Birke (Betula pendula)

Die Birke ist, wie die Kiefer, eine Pionierbaumart, die es vermag, Extremstandorte zu besiedeln. Ihre Ansprüche an den Standort sind deshalb sehr gering. Sie wächst bevorzugt auf nassen Standorten, wobei sie auch trockene Standorte besiedelt. Wie die Kiefer ist sie eine Lichtbaumart. Darüber hinaus beeinflussen Birken positiv die Bodenqualität, da das Birkenlaub sehr leicht zersetzbar ist.

Viele Waldbesitzer meiden Birken in ihrem Forstbetrieb, weil ihre Ertragsleistung anderen Baumarten nachsteht. Hervorgehoben werden soll aber, dass qualitativ hochwertige Birken hohe Holzpreise erzielen können. So ist Birkenparkett als eine Besonderheit ebenso beliebt wie Birkenfurnier. Auch für die Produktion von Zellstoff wird die Birke verwendet. In jüngerer Zeit hat darüber hinaus die Verwendung als Brennholz stark zugenommen. Birkenholz eignet sich aufgrund spezifischer Holzeigenschaften besonders als Kaminholz.

Abbildung 11:
Auch Birken können als Wertholz hohe Holzpreise erzielen.
(Foto: Bergmann)

4.2.6.3 Die Schwarz-Erle (Alnus glutinosa)

Das geographische Verbreitungsgebiet der Schwarz-Erle (kurz Erle) erstreckt sich über den gesamten europäischen Kontinent. Die natürliche Verbreitung der Erle beschränkt sich auf Nassstandorte wie z. B. in Brüchern (sog. Erlenbrücher), Mooren und Überflutungsgebieten (z. B. entlang von Fließgewässern), wobei sie für ihr Wachstum stets ziehendes Wasser benötigt. Staunässe verträgt sie nicht.

Kaum eine andere Baumart vermag es, auf derartig nassen Standorten eine hohe Wuchsleistung zu erbringen. Die wirtschaftliche Bedeutung der Erle liegt vor allen in der Verwendung in der Möbelindustrie als Vollholz oder Furnier, oder als Parkett. Gerade im Möbelbau unterliegt die Erle bestimmten Modewellen, so dass ihr Absatz in den einzelnen Jahren sehr stark schwanken kann.

5 Die Bewirtschaftung des Waldes

5.1 Voraussetzungen

Grundsätzlich ist es vom Waldbesitzer vernünftig, stabile, standortgerechte, wertvolle und strukturierte Bestände anzustreben, da derartige Waldbestände vielen verschiedenen Zielen dienen können (→ Kapitel 1). Lediglich in seltenen Ausnahmen sind einzelne der genannten Eigenschaften dem Waldbesitzer bei seiner Waldbewirtschaftung hinderlich. Der Grundstein für das zukünftige Bestandesleben wird aber bereits mit der Verjüngung und dann für viele Jahrzehnte gelegt.

Bei der Anlage einer Kultur oder einer anderen Form der Verjüngung der Bestände sollten einige Faktoren berücksichtigt werden. Eine der wichtigsten Grundlagen für die Verjüngung ist die Kenntnis des Standortes. Wie im Abschnitt 4.1.2 bereits beschrieben, gehören zu den Standortsinformationen:

- Klima,
- Bodengüte
- Wasserversorgung.

Merke:
Es ist immer aufwändiger, gegen die natürlichen Gegebenheiten zu arbeiten. Oft bietet die Natur bereits Baumarten zur Verjüngung an.

Die wichtigsten Standortsinformationen können in den Ämtern für Forstwirtschaft erfragt werden. Anhand dieser Kenntnisse kann der Waldbesitzer dann die Entscheidung treffen, welche Baumarten er fördern bzw. säen oder pflanzen will und welche nicht (→ Abschnitt 5.2).

Während der Waldbesitzer auf Klima, Bodengüte und Wasserversorgung keinen Einfluss nehmen kann, existieren auch Standortfaktoren, die veränderbar sind. Maßgeblichen Einfluss auf die Verjüngung haben:

- Licht
- Vegetation
- Wilddichte.

Das Licht ist für die Entwicklung der Bäume von entscheidender Bedeutung. Jede Baumart benötigt andere Lichtverhältnisse, um sich optimal zu entwickeln. So ist das Wachstum auf der Kahlfläche das eine Extrem, das zu einer ausufernden Protzigkeit der Pflanzen oder auch zum Überwachsen durch die Bodenvegetation bei kleineren Pflanzen führen kann. Das andere Extrem

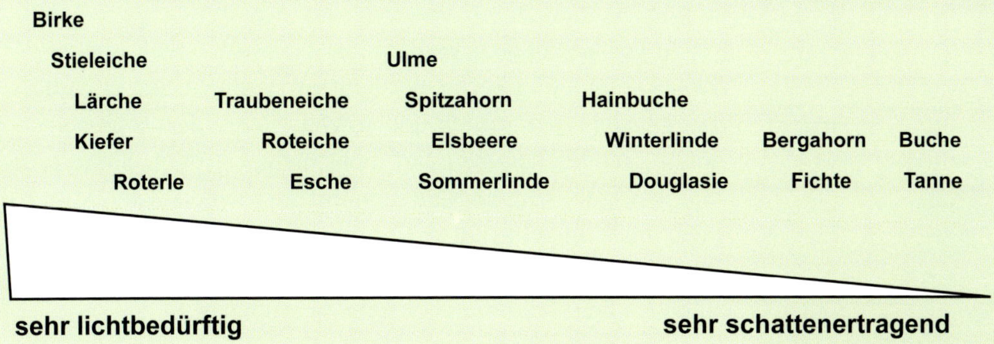

Abbildung 12: *Lichtbedarf der wichtigsten Baumarten.*

ist der vollbestockte Bestand, unter dem die Verjüngung wegen Lichtmangels wieder vergehen kann. Ergänzend zu Abbildung 12 muss festgestellt werden, dass der Lichtbedarf aller Baumarten auf besseren Standorten geringer ist und jüngere Pflanzen mehr Schatten ertragen.

Neben dem Licht wird auch das Angebot an Samen vom Oberstand beeinflusst und damit die Weichen für die kommende Generation gestellt. Dieser bestimmt Menge, Qualität und Häufigkeit der Verjüngung.

Erklärung: *Der **Oberstand** ist die oberste Bestandesschicht und unterscheidet sich somit vom Zwischen- und Unterstand.*

Der Standort wird auch von der Vegetation geprägt, die bei starker Wüchsigkeit zu einer erheblichen Konkurrenz für die jungen Bäume werden kann. Dieser Faktor ist stark an die Qualität des Bodens und das Lichtangebot gekoppelt, wodurch die Vegetation auch gesteuert werden kann.

Merke: *Mit der Steuerung des Lichts durch die Nutzung im Oberstand kann das Wachstum, die Qualität der Verjüngung und somit der Pflegeaufwand gesteuert werden. Diese Möglichkeit ist auf der Kahlfläche nicht gegeben.*

Eine weitere wichtige Voraussetzung für den Erfolg der Verjüngung ist die Wilddichte im Forstbetrieb (→ Kapitel 16). Besonders prekär ist das in Gebieten mit einer hohen Wilddichte und der Dominanz nur einer Baumart, wie z. B. der Kiefer in Südbrandenburg. Wenn unter der Kiefer, die weit und breit dominiert, Kiefernaturverjüngung aufgezogen werden soll, kann dies möglich sein. Anders verhält sich das bei der Eiche, die z. B. als Voranbau (→Abschnitt 5.6) unter die Kiefer gepflanzt wird. Bei einer für das Wild durch die Kiefer eintönigen Äsung sind solche „Exoten“ wie Eiche etwas Besonderes und werden besonders gerne verbissen. Das bedeutet, dass der Leittrieb abgebissen wird und die Pflanze in ihrem Wachstum zurück bleibt. Das gleiche gilt auch für seltene Baumarten im Bestand, die sich über Mutterbäume

Merke:
Ein wenig Verbiss tritt immer auf und ist normal. Allerdings kommt es, wie überall, auf die Intensität an. Entscheidend für den Erfolg ist, ob die Baumartenverteilung, die man sich als Ziel für den Bestand gestellt hat, auch erreicht wird.

verjüngen. Im Extremfall werden die Sämlinge gleich nach dem Keimen verbissen, so dass sich dem Waldbesitzer die Möglichkeiten der natürlichen Verjüngung gar nicht zeigen können. Tritt diese Erscheinung flächendeckend auf, kann das die gesamte Verjüngung in Frage stellen und soweit gehen, dass sich selbst die dominierende Hauptbaumart nicht mehr verjüngt. Sollte es dem Waldbesitzer nicht möglich sein, mit dem wirksamsten Mittel, der Jagd, die Wilddichte auf ein für den Wald verträgliches Maß zu reduzieren (→ Kapitel 16), besteht nur die Möglichkeit, einen Zaun zu bauen oder die Bäume einzeln zu schützen.

5.2 Waldverjüngung

5.2.1 Naturverjüngung

Nachdem die entscheidenden Faktoren für die Verjüngung des Waldes erläutert wurden, sollen jetzt die wichtigsten Verjüngungsverfahren vorgestellt werden. Grundsätzlich unterscheidet man natürliche und künstliche Verjüngungen. Die Naturverjüngung hängt neben den anderen genannten Voraussetzungen maßgeblich vom Oberbestand bzw. den Samenbäumen ab. Bei der Naturverjüngung wird der hiebsreife Oberbestand soweit aufgelichtet, dass das Licht am Boden ausreicht, damit die angeflogenen bzw. heruntergefallenen Samen keimen und die Pflanzen wachsen können. Dies sollte je nach Baumart ca. 20 bis 30 Jahre vor dem Beginn der Nutzung des Oberbestandes (→Abschnitt 5.4) erfolgen, damit bereits für die nächste Generation vorgesorgt wird. Allerdings bedarf die Auflichtung etwas waldbaulicher Erfahrung, da mit zuviel Licht am Boden auch die schnelle Vergrasung droht. Das kann dazu führen, dass die kleinen Bäumchen überwachsen werden und die Verjüngung durch eine zu starke Licht- und Wasserkonkurrenz vergeht.

Abbildung 13: *Vom Wald kostenlos geliefert: Buchen-Naturverjüngung im Altbestand.* (Foto: Bergmann)

Nach dem Anwachsen der jungen Pflanzen kann man durch Hiebsmaßnahmen im Oberbestand und der damit verbundenen Auflichtung am Boden die Wuchsgeschwindigkeit und damit den Pflegeaufwand der Verjüngung steuern. Denn in schmalen Lichtschächten, die alte Bäume hinterlassen, wachsen die jungen Bäume zielstrebig und feinastig nach oben. So kann der alte Bestand allmählich eingeschlagen werden und die nachfolgende

Baumgeneration hat die Möglichkeit, sich zu entwickeln. Dieser Ablauf kann durchaus mehrere Jahrzehnte dauern. Allerdings ist dies eine sehr anspruchsvolle waldbauliche Tätigkeit, die unbedingt dem Förster mit entsprechenden Erfahrungen überlassen werden sollte.

Baumart	**Mannbarkeitsalter im Bestand** Jahre	**Häufigkeit der Fruktuation** Jahre	**Samenfall** Monate
Kiefer	30 – 40	2 – 5	März – April
Lärche	30 – 40	3 – 5	März – Juni
Douglasie	30 – 50	3 – 10	Sept. – Okt.
Fichte	50 – 60	3 – 5	Febr. – April
Tanne	60 – 80	3 – 5	Okt.
Ahorn	30 – 50	2 – 4	Okt. – Dez.
Esche	40 – 50	3 – 5	Okt. – März
Buche	50 – 80	4 – 8	Okt. – Nov.
Erle	20 – 30	3 – 5	Nov. – März
Eiche	50 – 80	3 – 8	Okt.

Tabelle 1: *Fruktifikation der wichtigsten Wirtschaftsbaumarten.*

So kann zum Zweck der Walderneuerung die Naturverjüngung in einem Mastjahr gezielt eingeleitet werden. Die Natur stellt in regelmäßigen Abständen Saatgut zur Verfügung. Es ist nicht nötig, dieses Angebot zwangsläufig zu nutzen. Die Naturverjüngung tritt immer wieder auf. Vorrangig sollten die Ziele des Waldbesitzers bei der Nutzung des Oberstandes sein.

In den letzten Jahren ist die Bedeutung der Naturverjüngung in der Praxis stetig gestiegen. Dafür gibt es verschiedene Gründe:

- Naturverjüngung ist die Verjüngungsmethode, die die geringsten Ausgaben erfordert, da die Natur die nächste Baumgeneration kostenlos anbietet.
- Pflanzschäden sind ausgeschlossen.
- Die Natur bietet in regelmäßigen Zeitabständen Verjüngungen an, deren Verlust nicht mit finanziellen Einbußen verbunden ist.
- Oft verjüngt sich eine Vielzahl von Baumarten, die auch aus großen Entfernungen einfliegen oder eingebracht werden und im Interesse einer großen Baumartenvielfalt erwünscht sind.
- Erhalt genetisch günstiger oder mindestens örtlich angepasster Bestände.

- Gute Anpassung der Verjüngung an kleinstandörtliche Veränderungen.
- Möglichkeit der Gewinnung von Wildlingen, sofern sie nur im eigenen Forstbetrieb verwendet werden.

Aus den bisherigen Ausführungen wird allerdings auch deutlich, dass mit der Naturverjüngung auch Nachteile verbunden sein können:

- Naturverjüngung ist nur in Jahren möglich, in denen der Oberbestand auch fruktifiziert (Mastjahr).
- Bei einer Baumart im Oberbestand, die nach ihren Ansprüchen dem Standort nicht angepasst ist, wird sich diese Baumart nicht wieder natürlich verjüngen.
- Baumartenwandel lassen sich nicht oder nur begrenzt über Naturverjüngungen realisieren.
- Bei Mineralbodenkeimern, wie Kiefer, ist eine Bodenverwundung meist unumgänglich.
- In Jahren starker Fruktifikation wachsen Naturverjüngungen in so enormer Pflanzendichte auf, dass diese aufgelichtet werden müssen, weil sie sich gegenseitig bedrängen.
- Lichtbaumarten benötigen eine erhebliche Auflichtung des Oberstandes.

Merke:
Die Naturverjüngung ist eine weit verbreitete, naturnahe Methode, den Wald wieder zu verjüngen. Sie erfordert die geringsten Ausgaben. Allerdings lässt sich dieses Vorgehen nicht unter allen Umständen und bei allen Zielen des Waldbesitzers realisieren.

Auch wenn die Nachteile der Naturverjüngung für den Waldbesitzer von untergeordneter Bedeutung sind und auch dessen Ziele einer Naturverjüngung nicht im Wege stehen, kann unter bestimmten natürlichen Gegebenheiten die Naturverjüngung nicht immer realisierbar sein. Bei stark aufgelichteten Oberbeständen kann die Vergrasung am Boden soweit fortgeschritten sein, dass die Samen nicht mehr bis in den Mineralboden vordringen können. Bei diesen Mineralbodenkeimern (Kiefer) ist es unumgänglich, dass die Grasdecke im Samenjahr beseitigt wird, um den Mineralboden freizulegen. Diesen Vorgang bezeichnet man als Bodenverwundung. Dies hat allerdings den Nachteil, dass die gesamte Fläche befahren und damit Bodenverdichtung herbeigeführt werden kann. Das Gras sollte deshalb nur auf einem Teil der Fläche streifenweise, oder noch besser, plätzeweise entfernt werden, da sich die Naturverjüngung oft in sehr großer Zahl einfindet. Dazu dient im Allgemeinen ein einfacher Traktor mit einem Waldmeisterpflug. Allerdings sind auch Scheibeneggen und Grubber möglich.

5.2.2 Saat

Es kann nötig sein, dass der Waldbesitzer die Baumart des Oberbestandes in der nächsten Generation durch eine andere ersetzen will (schlechte Wuchsleistung, schlechte genetische Voraussetzungen oder mangelnde Anpassung an den Standort). In anderen Fällen kommt es vor, dass eine Naturverjüngung nicht flächendeckend aufwächst. Will der Waldbesitzer nicht bis zur nächsten Fruktifikation warten und die Fehlstellen füllen, muss er die Naturverjüngung künstlich ergänzen (Ergänzung). In diesen Fällen gibt es keine Alternative zur künstlichen Verjüngung. Außerdem kann es bei mangelnder Verjüngungsfreudigkeit des Oberbestandes oder bei einem ungünstigen Bodenzustand (stark ausgeprägte Strauch- und Krautschicht) dazu kommen, dass eine künstliche Verjüngung unumgänglich ist. Dazu bieten sich die Möglichkeiten der Saat und der Pflanzung an. Bei beiden handelt es sich, im Gegensatz zur Naturverjüngung, um gezielte Maßnahmen, bei der künstliches Saat- oder Pflanzgut eingebracht wird. Die Saat, wie auch die Pflanzung, sind fast immer mit höheren Kosten verbunden. Da sich die Saat besonders bei Kiefer und Eiche eignet, sollte sie in Brandenburg eine höhere Bedeutung erlangen. Bei Saaten ist man, wie bei Naturverjüngung, auf Mastjahre angewiesen, da das Saatgut nicht unbegrenzt gelagert werden kann. Die Beschaffung muss auch hier unbedingt auf die richtige Wahl geeigneter Herkünfte abgestellt sein. Der rechtliche Rahmen für die Beschaffung des Saatgutes ist im Forstvermehrungsgutgesetz (FoVG) geregelt, über das der Förster Auskunft geben kann. Die Qualität geht aus der „äußeren Beschaffenheit" des Saatgutes hervor und lässt sich an Eigenschaften wie Reinheit, Keimfähigkeit oder Tausendkorngewicht bestimmen.

Abbildung 14: *Buchensaatstreifen. Bei der Saat werden die Vorteile der Pflanzung mit denen der Naturverjüngung kombiniert.* (Foto: Bergmann)

Bei der Saat werden Vorteile der Pflanzung mit denen der Naturverjüngung kombiniert:

- Vermeidung von Wurzelbeschädigungen und Pflanzschock
- Auflaufen sehr hoher Pflanzenzahlen und damit die Möglichkeit, Wildlinge zu gewinnen, sofern sie nur im eigenen Forstbetrieb verwendet werden (vgl. Forstvermehrungsgesetz).
- Geringere Ausgaben im Vergleich zur Pflanzung.
- Unabhängigkeit von Fruktifikation und Baumart des Oberbestandes.
- Forstvermehrungsgutgesetz

Merke:
Die Saat ist eine künstliche Verjüngungsmethode, mit der Vorteile der Naturverjüngung und der Pflanzung verknüpft werden können. Anwendung findet sie besonders bei schwersamigen Baumarten (z. B. Eiche, Buche) und bei Kiefer.

Der günstigste Zeitraum für die Durchführung der Saat ist der Herbst. Dadurch erübrigen sich längere Lagerzeiten und damit verbundene Vorbehandlungen des Saatgutes. Häufig wird bereits die Winterfeuchtigkeit durch das Saatgut genutzt. Eicheln entwickeln z. B. im Herbst bereits die Keimwurzeln. Grundsätzlich sind die manuelle und auch die maschinelle Saat möglich, wobei letztere wegen der ganzflächigen Befahrung die ungünstigere Alternative ist. Bei der Handsaat bedarf es, ähnlich der Naturverjüngung, einer streifen- oder plätzeweisen Bodenverwundung. Nachdem die Fläche vorbereitet wurde, sind besonders die Saattiefe wegen der Frostgefahr und eine anschließende Übererdung des Saatgutes wichtig. Neben dem Frost sind allerdings auch die Mäuse ein entscheidender Gefährdungsfaktor für das ausgebrachte Saatgut.

5.2.3 Pflanzung

Merke:
Die Pflanzung ist eine Verjüngungsmöglichkeit, die dem Waldbesitzer zeitlich und waldbaulich eine Vielzahl von Möglichkeiten einräumt und eine zielgenaue Baumartenzusammensetzung erlaubt. Allerdings sind die Kosten gegenüber der Naturverjüngung ungleich höher.

Im Gegensatz zur Saat und der Naturverjüngung ist die Pflanzung ein Verjüngungsverfahren, bei dem die ausgebrachte Pflanze bereits einen Wuchsvorsprung gegenüber der Konkurrenzvegetation hat. Dies hat zur Folge, dass die Pflanze schneller einen Höhenbereich erreicht hat, bei dem eine Grasmahd nicht mehr nötig ist. Weitere Vorteile der Pflanzung sind:

- Unabhängigkeit vom Baumartenangebot des Oberbestandes
- zeitliche Unabhängigkeit von Samenjahren
- geringere Ausgaben bei der Kulturpflege durch geringere Pflanzenzahlen und Wuchsvorsprung
- zeitlich kürzere Gefahr durch Wildverbiss am Terminaltrieb.

Abbildung 15:
Bei der Pflanzung werden fast ausschließlich wurzelnackte Pflanzen verwendet – hier junge Fichten.
(Foto: Bergmann)

Dem stehen folgende Nachteile gegenüber:

- hohe Ausgaben bei der Anlage
- großes Gefahrenpotenzial für die Pflanzen vom Verschulbeet der Forstbaumschule über den Transport bis zur Pflanzung im Wald
- Gefahr von Wurzeldeformationen bei der Pflanzung.

Bei der Wahl des Pflanzgutes spielen viele Faktoren eine wichtige Rolle. Es werden fast ausschließlich wurzelnackte Pflanzen, d. h. Pflanzen ohne Erdballen, verwendet. Das verbessert die Transportmöglichkeiten durch ein geringeres Gewicht und macht die

Pflanzung weniger aufwändig, da die Pflanzlöcher nicht so große Ausmaße haben müssen.

Einen bedeutenden Einfluss auf die Qualität des späteren Bestandes und damit für den Wert des Holzes ist die Verwendung zugelassenen Vermehrungsgutes aus dem gleichen Herkunftsgebiet. Dieses garantiert an den Standort genetisch angepasstes Material. Ersichtlich wird die Herkunft durch die Herkunftsschlüsselnummer, über die jede Forstbaumschule Auskunft geben muss. Über den rechtlichen Rahmen des Pflanzenankaufs gibt, genau wie bei der Saat, das Forstvermehrungsgutgesetz Auskunft, über das der Förster informieren kann.

Wichtig für die Güte der Pflanzung ist neben der richtigen Baumartenwahl (→Kapitel 4.1) auch das richtige Pflanzensortiment.

Zu bevorzugen sind Frischpflanzen, die unmittelbar vor dem Transport gezogen worden sind. Eine Übersicht über die Pflanzensortimente einschließlich der Preise sind im →Abschnitt 5.2.5.3 zu finden.

Auf besonders wüchsigen Standorten oder bei längerer Lichtstellung einer kahlen Fläche, kann vor der Pflanzung eine Flächenräumung notwendig werden. Dies ist dann der Fall, wenn die Kraut- und Strauchschicht bereits soweit entwickelt ist, dass die Pflanzung nicht mehr möglich ist. Auch hier ist aus den bereits genannten Gründen der plätzeweisen Räumung der Vorzug vor der flächigen Räumung zu geben.

Sehr wichtig ist es, anschließend bei der eigentlichen Pflanzung die größte Sorgfalt walten zu lassen. Nach Anlieferung von der Forstbaumschule müssen die Pflanzen allgemeinen Qualitätskriterien entsprechen. Das Wurzelwerk ist in Ordnung, wenn es kompakt, symmetrisch und reich an Faserwurzeln ist. Ein guter Spross zeichnet sich durch stufigen und kräftigen Aufbau mit einem gleichmäßigen Quirlabstand aus. Sind die Pflanzen abgeladen und überprüft, müssen sie sofort an einem schattigen, windstillen Ort eingeschlagen werden, um sie vor dem Vertrocknen zu schützen. Dabei werden die Pflanzen mit den Wurzeln in ein frisch ausgehobenes Erdloch (Einschlag) gelegt mit Erde abgedeckt und fest angetreten. Außerdem muss die Pflanzung sehr vorsichtig durchgeführt werden, um Wurzelverletzungen zu verhindern.

Egal ob der Waldbesitzer die Pflanzung selbst vornimmt oder den Auftrag einem forstlichen Lohnunternehmer überträgt, es

Abbildung 16:
Die Handpflanzung dominiert in der Forstwirtschaft.
(Foto: Bergmann)

Abbildung 17:
Vor der Pflanzung kann eine Flächenräumung notwendig werden.
(Foto: Bergmann)

dominieren die Handpflanzungen in der Forstwirtschaft. Maschinelle Pflanzungen kommen nur bei großen Freiflächen, meist Erstaufforstungen, zum Einsatz und werden oft von den Forstbaumschulen angeboten, die auch die Pflanzen liefern. Grundsätzlich ist es wichtig, dass das Pflanzverfahren der Baumart und dem Pflanzensortiment gerecht wird. Ebenfalls gilt, dass mit der Größe der Pflanze auch das Pflanzrisiko steigt.

Tabelle 2:
Gebräuchlichste Handpflanzverfahren und ihre Anwendung.

Pflanzgerät	Sprosslänge cm	Baumart	Wurzelform	Wurzellänge bis cm	Ausschlussbedingungen
Hufscher Spaten / Stichel	bis 20	Ndh	Pfahlwurzel	12	stark lehmig
Hohlspaten	50 – 120	Ndh/Lbh	Pfahl- und Herzwurzel	25	stark lehmig
Blattspaten Klemmpflanzung	20 – 60	Lbh	Pfahl- und Herzwurzel	20	fehlende Vorarbeiten
Göttinger Fahrradlenker	bis 80	Ndh/Lbh	Pfahl- und Herzwurzel	25	Verhältnis Spross-Wurzel > 5:1
Rhodener Pflanzhaue	bis 100	Ndh / Lbh	Pfahl- und Herzwurzel	25	Verhältnis Spross-Wurzel > 5:1
Buchenbühlener Schräg-Pflanzhaue	bis 50	Ndh / Lbh	Pfahl- und Herzwurzel	25	stark lehmig
Blattspaten Lochpflanzung	alle	Ndh / Lbh	alle	alle	Verhältnis Spross-Wurzel > 5:1
Pflanzdachs	120 – 180	Ndh / Lbh	Pfahl- und Herzwurzel	ab 30	stark lehmig, Verhältnis Spross-Wurzel > 5:1
Pflanzfuchs	120 – 180	Ndh / Lbh	Pfahl- und Herzwurzel	ab 30	stark lehmig, Verhältnis Spross-Wurzel > 5:1

Tabelle 3:
Pflanzzeiten.

Zeitraum	Baumarten	Entwicklungsstand
Anfang März (Frostfreiheit) bis April	Nadelbäume, Laubbäume	vor Beginn des Wurzelwachstums
Anfang Oktober bis Mitte November	Laubbäume, Lärchen	nach Verholzung des Sprosses bei anhaltendem Wurzelwachstum

Bei der praktischen Waldbewirtschaftung werden zwei Pflanzzeiten (Herbst oder Frühjahr) bevorzugt. Dabei muss aber auch auf die jahreszeitlichen, klimatischen Schwankungen Rücksicht genommen werden. So ist es denkbar, Pflanzungen um ein halbes oder ein Jahr bei ungünstigem Klima (z. B. trockener Sommer 2003) zu verschieben. Die wichtigsten Pflanzzeiten sind in Tabelle 3 dargestellt.

Trotz aller Bemühungen kann es vorkommen, dass Pflanzen nicht anwachsen. In diesem Fall ist eine Nachbesserung meist im Folgejahr erforderlich.

5.2.4 Kombinierte Verfahren und Schutz der Verjüngung

In der Praxis werden neben Naturverjüngung, Saat und Pflanzung oft auch kombinierte Verfahren angewendet. Selbst wenn ein Baumartenwechsel auf einer Fläche angestrebt wird, gelingt dies nur selten zu 100 %. Vielmehr wird versucht, die Bestände in Mischung zu bringen und neben der einzubringenden Baumart auch einen Teil der bisherigen Baumart zu erhalten. Oft sind ja nicht bestimmte Baumarten unerwünscht, sondern die Reinbestände, bei denen ein hohes Risiko gegenüber Forstschädlingen oder Sturm gegeben ist. Zu diesem Zweck werden entweder die Lücken der angekommenen Naturverjüngung bepflanzt oder es werden einzelne Partien mit zeitlichem Vorlauf bepflanzt, um auf Naturverjüngung in den Lücken zu warten (→Kapitel 5.6).

Merke:
Der Zaunbau ist eine häufig nötige Ausgabe bei der Pflanzung, aber auch bei der Naturverjüngung. Einzelschutz ist nur eine Alternative, wenn wenige Pflanzen auf der Fläche ausgebracht werden.

Um die Investitionen der künstlichen Verjüngung zu schützen, bedarf es allerdings eines gewissen Pflegeaufwandes, damit die Pflanzung nicht vergeht. Dazu gehört auch der Schutz vor dem Wild. Naturverjüngungen sind von Verbiss weniger betroffen, da sich die ohnehin bereits in größerem Maß vorhandene Baumart verjüngt und deshalb in der Regel nicht so stark geschädigt wird. Mit besonderer Vorliebe werden vor allem die seltenen Baumarten verbissen. Bei flächigen Pflanzungen ist das oft einzig probate Mittel dagegen der Bau eines Wildschutzzauns, wenn eine Wildreduktion nicht möglich ist. Bei der Einbringung einzelner Bäume kann der Einzelschutz der Pflanzen mit weniger Ausgaben verbunden sein. Dies kann in aller Regel mit einer Drahthose um jede einzelne Pflanze geschehen.

Erklärung:
*Die **Drahthose** ist ein Maschendrahtgeflecht, das einzelne Pflanzen in voller Größe umfängt und dadurch vor Verbiss- und Fegeschäden schützt.*

Abbildung 18: *Einzelschutz – eine Drahthose schützt gegen Wildverbiss.* (Foto: Bergmann)

Wichtig sind bei der Wahl der Zaunart der Zeitraum, die der Zaun verbleiben muss und die Wildart, gegen die geschützt werden soll. Entscheidend für die Dauer der Zäunung ist die Wuchsgeschwindigkeit der jeweiligen Baumart, die von der Physiologie und den standörtlichen Voraussetzungen abhängt. Dauert es länger als etwa sechs Jahre bis der Leittrieb der Pflanze die Höhe des Äsers des Wildes verlassen hat, ist es sinnvoll, besonders wetterresistente Pfähle wie Eiche oder Robinie zu verwenden. Sonst muss der Zaun in aller Regel zweimal gebaut werden.

Bezogen auf die zu zäunende Fläche ist es kostengünstiger, dass ein Zaun eine große statt viele kleine Flächen umspannt. Allerdings steigt hier der Aufwand für die Zaunkontrolle. Es nützt der beste Zaun nichts, wenn er nicht dicht ist. Ein Stück Schalenwild kann in wenigen Tagen mehrere Hektar Kultur vernichten.

5.2.5 Kalkulation der Waldverjüngung

5.2.5.1 Kosten bei der Anlage einer Naturverjüngung

Die Pflanzen, die die Natur dem Waldbesitzer durch Naturverjüngung bereitstellt, braucht dieser nicht zu bezahlen! Folglich ist die Naturverjüngung die Verjüngungsart, für die ein Waldbesitzer weniger bezahlen muss als für eine Pflanzung. Lediglich für die ggf. erforderliche Bodenverwundung müssen Ausgaben von ca. 200 EUR/ha eingeplant werden, damit ein Landwirt oder ein forstlicher Lohnunternehmer den Boden verwundet.

5.2.5.2 Die Kosten eines Wildschutzzaunes

Für einen optimalen Schutz der Verjüngung vor dem Wild ist es erforderlich, beim Wildschutzzaun eine Mindesthöhe in Abhängigkeit vom Wild einzuhalten. Kommt ausschließlich Rehwild im Revier vor, ist eine Zaunhöhe von 1,60 m Höhe ausreichend, bei Rotwild und Damwild wird eine Höhe von 1,80 m benötigt. In einschlägigen Fachkatalogen können verschiedene Zauntypen bestellt werden, die sich lediglich in Details, z. B. dem gleichzeitigen Schutz vor Hasen oder Kaninchen, unterscheiden. Allgemein kann davon ausgegangen werden, dass eine Rolle Zaun mit 50 m ca. 100 EUR/Rolle kostet, also ca. 2,0 EUR/lfm.

Die Kosten eines Wildschutzzaunes hängen teilweise davon ab, ob die Zaunpfähle selbst hergestellt werden können oder gekauft werden müssen. Eine wichtige Frage beim Zaunbau ist deshalb, woher die Pfähle stammen. Hat ein Waldbesitzer in seinem Forstbetrieb Eichen oder Robinien mit einem Durchmesser von ca. 20 cm, kann er diese sehr gut als Pfähle nutzen. Daher lohnt es sich, bei einer Pflege eines Eichenbestandes zu überlegen, ob nicht einige Eichen als Pfähle verwendet werden können, oder ob nicht ein Eichenbestand einmal gepflegt werden kann, weil Pfähle benötigt werden. Der Waldbesitzer hat dann nicht nur seine erforderlichen Pfähle, sondern gleichzeitig einen gepflegten Waldbestand. Sind die Eichen allerdings dicker, müssen sie ggf. gespalten werden. Hat der Waldbesitzer dazu keine Gelegenheit, kann er Metallpfähle im einschlägigen Fachhandel kaufen. Allerdings ist dann mit Kosten von ca. 2,50 EUR/Pfahl zu rechnen, wobei der Pfahlabstand 5 m beträgt. Somit ergeben sich Ausgaben von ca. 0,50 EUR/lfm für die Pfähle.

Abbildung 19:
So schafft sich der Waldbesitzer kostenlose Pfähle für den Zaunbau: Eichenpfähle aus einer Durchforstung.
(Foto: Bergmann)

Die dritte wichtige Frage ist, wer den Zaun errichtet. Die Errichtung eines Wildschutzzaunes erfordert keine speziellen Kenntnisse. Viele Waldbesitzer bauen deshalb den Zaun selbst. Möglich ist aber auch die Beauftragung eines professionellen forstlichen Lohnunternehmers. Allerdings ist dann für die Errichtung des Zaunes mit ca. 5 EUR/lfm inklusive Zaun, Pfählen und Arbeitslohn zu rechnen.

Die Gegenüberstellung in Tabelle 4 zeigt die zwei Varianten des Zaunbaus und ihre Kosten.

Nun sind die Kosten für einen laufenden Meter bekannt. Wie viel schließlich aber die Errichtung eines Wildschutzzaunes für einen Hektar kostet, ist entscheidend vom Zuschnitt der Fläche dieses Hektars abhängig. Die Kosten für einen Hektar lassen sich deshalb nicht verallgemeinern. Eine Faustzahl gibt aber einen guten

	Errichtung des Wildschutzzaunes durch…	
Teilleistungen	**Waldbesitzer** EUR/lfm	**Forstlichen Lohnunternehmer** EUR/lfm
Zaungeflecht	2	
Pfähle	0,5	
Gesamtkosten	**2,5**	**5**

Tabelle 4:
Gegenüberstellung der Kosten für einen Wildschutzzaun.

Abbildung 20:
Die Errichtung eines Wildschutzzauns erfordert keine speziellen Kenntnisse. Dem Waldbesitzer bleibt die Entscheidung, ob er einen professionellen Lohnunternehmer beauftragt, oder den Zaun in Eigenleistung errichtet.
(Foto: Bergmann)

Hinweis: 1 ha in quadratischer Form benötigt 400 lfm. Somit kostet ein Wildschutzzaun für 1 ha ca. 1000 EUR Materialkosten, wenn der Waldbesitzer den Wildschutzzaun in Eigenleistung errichtet.

Der Waldbesitzer, dem diese Ausgaben zu hoch sind, kann als zweite Möglichkeit einen Waldbesitzer aus der Nachbarschaft fragen, ob nicht in dessem Wald ein bestehender Zaun abgebaut werden kann. In diesem Fall würden die Materialkosten entfallen, wobei jedoch mehr Arbeitszeit (für den Abbau und die Grobreinigung des alten Zaunes) benötigt wird.

5.2.5.3 *Die Kosten für die Pflanzung*

Gibt es keine Möglichkeit, die Verjüngung des Waldes durch eine Naturverjüngung zu erreichen, soll zielgerichtet eine neue Baumart eingebracht oder eine Erstaufforstung realisiert werden, ist eine Pflanzung von jungen Bäumen unumgänglich. Für den Waldbesitzer stellen sich zu Beginn der Überlegungen zu den Kosten grundsätzliche Fragen:

- Welche Arbeiten sind erforderlich?
- Welche Baumart soll gepflanzt werden?
- Woher können die Pflanzen bezogen werden?
- Wer pflanzt die Bäume?

Die erste Frage ergibt sich aus der Tatsache, dass das Pflanzen der Bäume nicht sofort möglich ist, sondern die Fläche eventuell vorbereitet werden muss. In Abhängigkeit von den vorher stattgefundenen Holzerntemaßnahmen kann es erforderlich sein, die auf der Fläche liegenden Kronenteile an den Bestandesrand abzulegen (sog. Flächenräumen).

Die zweite Frage wurde bereits im Abschnitt Waldverjüngung diskutiert (→ Abschnitt 5.2). Jeder Waldbesitzer sollte sehr genau planen, welche Baumart er pflanzt. Denn einerseits ist die Pflanzung mit erheblichen Kosten verbunden und andererseits legt der Waldbesitzer damit fest, welches Holz er in 50 Jahren verkaufen kann.

Als nächstes ist zu klären, woher die Pflanzen bezogen werden sollen. Bedenken sollte ein Waldbesitzer, dass er Pflanzen aus seiner Region bezieht, die an das regionale Klima angepasst sind! Folgende Bezugsmöglichkeiten gibt es u. a.:

- Ausgraben der Pflanzen von anderen Flächen aus seinem Forstbetrieb, die durch Naturverjüngung entstanden, dort aber nicht erwünscht sind oder nicht benötigt werden. Dieser Vorgang der Pflanzengewinnung aus Naturverjüngungen wird auch als „Werbung von Wildlingen" bezeichnet.
- Ankauf von Pflanzen aus Forstbaumschulen.

Während die erste Bezugsquelle außer Arbeitskraft und Schweiß keine Ausgaben verursachen, sind für den Ankauf über eine Forstbaumschule Ausgaben für die Pflanzen zu berücksichtigen. Tabelle 5 zeigt, was Pflanzen bei einer Bestellmenge von 1000 Stück ungefähr kosten.

Tabelle 5: *Übersicht über Pflanzenpreise.*

Baumart	**Sortiment** Alter in Jahren	**Höhe** cm	**Preis** EUR/1000 Stk.
Kiefer	1+0; 2+0 unterschnitten		30 – 46
Lärche	1+1	20 – 35	220
Douglasie	1+1; 1+2	25 – 30	300
Eiche	1+0; 2+0 unterschnitten; 2+0	15 – 25 30 – 50	SEI: 400 TEI: 400
Buche	1+0; 2+0 unterschnitten; 2+1	16 – 25 30 – 50	300
Hainbuche			270
Winterlinde	1+0; 2+0 unterschnitten; 1+1; 1+2		270
Ahorn Esche Roterle	1+1; 1+2		420

Damit bleibt zum Abschluss nur noch die letzte Frage: Wer pflanzt die Bäume? Pflanzt der Waldbesitzer selbst, fallen natürlich keine Ausgaben an. Die andere Möglichkeit ist, forstliche Lohnunternehmer oder die Forstbaumschule, die die Pflanzen liefert, mit der Pflanzung zu beauftragen. Dadurch fallen Lohnkosten von durchschnittlich ca. 0,30 EUR/Pflanze an.

Tabelle 6 gibt eine Übersicht über die durchschnittlich anfallenden Kosten für die Verjüngung, differenziert nach Freiflächenaufforstungen und Voranbauten.

Erklärung:
1+1 *bedeutet, die Pflanzen standen ein Jahr im Saatbeet, wurden dann gezogen und kamen für ein weiteres Jahr bei größerem Pflanzenabstand in ein Verschulbeet. Die Pflanzen sind also zwei Jahre alt. „Unterschnitten" bedeutet, dass die Wurzel gekürzt wurde (Wurzelschnitt), um das Wurzelwachstum anzuregen.*

Beispiel 4:
Waldbesitzer Anton möchte eine Traubeneichenkultur auf einer 1 ha großen Freifläche anlegen. Welche Kosten entstehen ihm?

Zeile			
1	**Pflanzung**	Pflanzensortiment	1 + 0
2		Pflanzenanzahl (Stück)	8.000
3		Flächenräumung (EUR/ha)	500,00
4		Stückpreis pro Pflanze (EUR/Stück)	0,40
5		Lohnkosten pro Pflanze	0,28
6		**Kosten für Eichenkultur ohne Wildschutzzaun (EUR)** [Zeile 2 x (Zeile 4 + Zeile 5) + Zeile 3]	5.940,00
7	**Schutz vor Wild**	Länge des Wildschutzzaunes (lfm)	400
8		Ausgaben pro lfm. Wildschutzzaun (EUR/lfm)	2,50
9		*Gesamtkosten (EUR) [Zeile 7 x Zeile 8]*	1.000,00
10		**Gesamtkosten Eichenkultur inkl. Wildschutzzaun (EUR)** [Zeile 6 + Zeile 9]	**6.940,00**

	Ausgaben für 1 ha ohne Wildschutzzaun (EUR/ha)	
Baumart	Aufforstung einer Kahlfläche	Voranbau
Ahorn	3.600	3.000
Buche	2.700	2.500
Douglasie	1.900	1.700
Eiche	4.200	3.500
Fichte	1.700	
Kiefer	1.600	
Linde	2.900	2.500

Tabelle 6:
Kosten für die Verjüngung, differenziert nach Aufforstungen und Voranbau (ohne Wildschutzzaun und ohne Kulturpflege).

5.3 Waldpflege

5.3.1 Begriffsklärung

Die Lebensabschnitte eines Waldbestandes werden in Phasen gegliedert, die sich nach der Entwicklung des Bestandes abgrenzen. Der Entwicklungsstand wird anhand der Oberhöhe gemessen. Innerhalb dieser verschiedenen Phasen sind unterschiedliche Pflegemaßnahmen notwendig. Die Oberhöhe ist eine Orientierungshilfe, mit der der richtige Zeitpunkt für die Pflege gefunden wird. Besonders in jungen Beständen, die sehr schnellwüchsig sind ist es wichtig, den richtigen Pflegezeitpunkt nicht zu verpassen. Eine Folge verspäteter Pflege kann ein Wertverlust oder eine Destabilisierung des Bestandes sein.

Die Landesforstverwaltung Brandenburg unterscheidet die Waldbestände entsprechend ihrer Oberhöhe. Da diese sehr differenzierte Betrachtung für dieses Buch nicht erforderlich ist, wird in diesem Kapitel die Pflege der Bestände lediglich in drei Abschnitte unterteilt:

- Die Kulturpflege mit einer Oberhöhe bis ca. 1,5 m ist dem Entwicklungsabschnitt entsprechend hauptsächlich auf die Beseitigung der Konkurrenz durch die Kraut- und Strauchschicht abgestellt.
- Der nächste Entwicklungsabschnitt, hier unter dem Begriff Bestandeserziehung zusammengefasst, reicht bis zu Oberhöhe von ca. 15 m.
- Ab dieser Grenze schließt sich die Bestandespflege an.

Erklärung:
*Die **Oberhöhe** (auch Bestandesoberhöhe) ist ein Kennwert, der sich je nach Messmethode, aus den 20 % der höchsten Bäume oder der 100 dicksten Bäume des Bestandes je ha ermittelt.*

In der Tabelle 7 sind die Fachtermini der Brandenburgischen Landesforstverwaltung und die verwendeten Bezeichnungen dieses Buches gegenüberstellt.

Tabelle 7:
Darstellung der Abschnitte eines Waldbestandes.

Oberhöhenbereich (m)	Bezeichnung durch die Landesforstverwaltung	Bezeichnung in diesem Buch
bis 1,5	Kulturpflege	Kulturpflege
bis 7,0	Jungwuchspflege	Bestandeserziehung
bis 12,0	Läuterung	
bis 15,0	Jungbestandespflege	
größer 15,0	Bestandespflege	Bestandespflege

Abbildung 21:
Darstellung der drei Pflegeabschnitte.

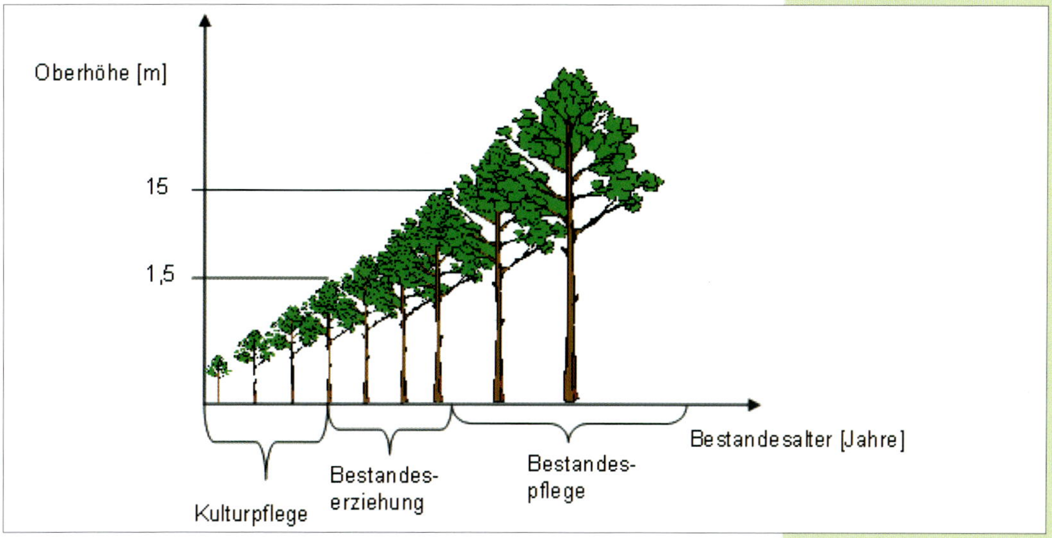

Die Abbildung 21 verdeutlicht die in diesem Buch verwendeten drei Pflegeabschnitte.

Das Ziel der einzelnen Pflegeabschnitte ist immer gleich: Ein Bestand mit standfesten, wuchskräftigen und feinastigen, geraden Bäumen in angemessener Anzahl und Mischung. Damit dieses Ziel erreicht wird, sind spezielle, an das jeweilige Bestandesalter angepasste, Forstarbeiten notwendig. Diese Anpassung ergibt sich vor allem aus der Wuchsdynamik des Waldes, so dass einige Arbeiten bei jungen Beständen notwendiger sind als in älteren. Einige Arbeiten hingegen können erst ab einer bestimmten Baumdicke oder -höhe durchgeführt werden. Die Notwendigkeit und die Technik der einzelnen Arbeiten in den Pflegeabschnitten zu erklären, ist Aufgabe der nun folgenden Abschnitte.

5.3.2 Kulturpflege

Ziel der Kulturpflege ist es, vorrangig die Konkurrenz der jungen Pflanzen wie Gräser, Kräuter, Farne, einzudämmen bzw. zu beseitigen. Durch Entzug von Wasser, Nährstoffen und Licht kann die Bodenvegetation für die Kultur existenzgefährdend sein. Außerdem kann mit einer Mischungsregulierung zu diesem frühen Zeitpunkt der Grundstein für strukturierte, artenreiche Bestände gelegt werden. Dabei sollten alle Arten, die dem Bestockungszieltyp nicht entgegenstehen und die Kultur nicht schädigen, gefördert werden. So sind auch Weichlaubhölzer, die Fehlstellen bestocken, willkommenes Füllholz, das die Protzigkeit benachbarter Bäume verhindern kann. Grundsätzlich ist es günstiger, wenn die Mischbaumarten kleinflächig eingemischt sind. Damit wird den speziellen Lichtansprüchen und der Wuchsdynamik der einzelnen Baumart Rechnung getragen und die Konkurrenz zwischen den einzelnen Baumarten entzerrt.

Erklärung:
Im Rahmen der ***Mischungsregulierung*** *wird bei der Pflege die Baumartenzusammensetzung nach den Zielen des Waldeigentümers beeinflusst.*

Andererseits kann eine Begleitvegetation auch folgende nützliche Funktionen übernehmen:

- den Boden schützen
- Nährstoffverluste einschränken
- Windruhe fördern
- dem Wild Ablenkäsung bieten
- die Erreichbarkeit der jungen Pflanzen durch das Wild erschweren.

Die Notwendigkeit einer Kulturpflege sollte mehrmals während der Vegetationsperiode überprüft werden. Bleibt die Bodenvegetation schwach entwickelt und überwächst den Wipfeltrieb kaum, sollte eine Freistellung unterbleiben. Allerdings kann in extrem trockenen Sommern auf ohnehin schlecht wasserversorgten Standorten auch schwache Bodenvegetation zu Wasserentzug führen. Im Zweifelsfall sollten unbedingt örtliche Erfahrungen beim Revierförster oder einem forstlichen Sachverständigen eingeholt werden.

Der richtige Zeitpunkt für die Freistellung ist gegeben, wenn die Begleitvegetation den Wipfeltrieb überwächst. Dies kann, je nach Witterung, von Mitte Juni bis Anfang August der Fall sein. Grundsätzlich sollte so stark wie nötig, aber so wenig wie möglich eingegriffen werden. Dazu genügt es meist, Gassen freizuschneiden, Pflanzen einzeln freizustellen oder die Bodenvegetation aufzulockern. Eine Bekämpfung ist meist erforderlich wenn Adlerfarn, Landreitgras, Brombeere und Besenginster die Kraut- und Strauchschicht dominieren.

Merke:
Das Freistellen der Kulturpflanzen ist nicht obligatorisch, sondern nur dann nötig, wenn die Kultur in ihrer Existenz gefährdet ist. Dabei sollte immer so wenig wie möglich eingegriffen werden.

In der jüngeren Vergangenheit hat sich bei der Kulturpflege das Freischneidegerät durchgesetzt. Dennoch soll in Tabelle 8 eine kurze Übersicht über die wichtigsten Alternativen gegeben werden.

Gerät	Anwendungsbereich
Sicheln, Sensen	Gras, Kräuter und schwaches Strauchwerk
Sichelheppen	holzige Pflanzen
Durchforstungsschere	Köpfung von Protzen und Abschneiden von Stockausschlag
Motorfreischneidegeräte	Gras, Kräuter und Holzgewächse

Tabelle 8:
Kulturpflegegeräte.

Grundsätzlich sind Freischneidemaßnahmen mit größter Sorgfalt durchzuführen. Besonders wenn die Konkurrenzvegetation bereits die Wipfeltriebe einer Laubholzkultur überwachsen hat, sollten die Kulturpflanzen mit einem Stock gekennzeichnet werden. Auch wenn diese Praxis nicht verbreitet ist, kann die Kulturpflege dadurch erheblich erleichtert werden.

Von einer Anwendung von chemischen Mitteln (Herbiziden), auch wenn diese amtlich zugelassen sind, wird aus Umweltschutzgründen abgeraten, da das Restrisiko für die Kulturpflanzen relativ groß ist. Außerdem widerspricht der Einsatz von Pflanzenschutzmitteln den Kriterien der Zertifizierung (→Abschnitt 6.4).

Die Kulturpflege ist von besonderer Bedeutung, wenn kein überschirmender Altbestand mehr vorhanden ist. Es soll hier aber noch einmal ganz deutlich darauf hingewiesen werden, dass ein überschirmender Altbestand je nach Dichte erhebliche Kulturpflegekosten sparen hilft. Das diffus einfallende Licht verhindert eine zu starke Ausbreitung der Konkurrenzvegetation und schadet besonders den Schattbaumarten kaum. Außerdem bewirkt der Schirm ein feinastiges, zielstrebiges Aufwachsen der Kulturpflanzen in den Lichtschächten des Oberbestandes.

Kulturen sind außerdem einer Vielzahl biotischer Schäden ausgesetzt, die je nach Intensität, gezielte Schutzmaßnahmen nötig machen. Auf diese Thematik wird im Kapitel 10 genauer eingegangen.

5.3.3 Besonderheiten der wichtigsten Wirtschaftsbaumarten bei der Kulturpflege

Aufgrund ihrer unterschiedlichen Wuchsdynamik und Standortsansprüche sollten die verschiedenen Baumarten unterschiedlich behandelt werden.

Die Kiefer als wichtigste Wirtschaftsbaumart in Brandenburg wird meist als Sämling ausgebracht. Der Kiefernsämling verlangt eine sorgfältige Freistellung, da die Konkurrenzvegetation durch Verdämmung oder Wasserstress starke Wachstumsminderungen und Ausfälle nach sich ziehen kann.

Der Aufwand für die Pflege von Douglasienkulturen kann erheblich geringer ausfallen als bei der Kiefer. Da diese Baumart schattenverträglicher und schnellwüchsiger ist, genügt es, die Wipfelknospe freizuhalten und lediglich bei ausgeprägtem Dichtstand einzugreifen.

Merke:
Die Notwendigkeit der Kulturpflege ist in starkem Maß von der jeweiligen Baumart abhängig, da die Standortansprüche und damit die Konkurrenzkraft zwischen den Baumarten stark differieren kann.

Die Lärche sollte wegen ihrer hohen Lichtbedürftigkeit besonders in den ersten Jahren sorgfältig gepflegt und rechtzeitig freigestellt werden.

Wie die Douglasie erfordert auch die Fichte geringen Pflegeaufwand. Zum einen werden in der Regel 3- bis 4-jährige und damit relativ große Pflanzen ausgebracht, zum anderen ist die Fichte mit ihrer Schattenverträglichkeit viel weniger von negativen Wirkungen durch die Konkurrenzvegetation betroffen als vermutet.

Bei der Eiche gilt in vielfältiger Hinsicht das für die Kiefer Geschriebene. Sie ist lichtbedürftig, stockt meistens (Traubeneiche) auf trockenen Böden und wird als relativ kleine Kulturpflanze (ca. 2-jährige) ausgebracht. Erschwerend kommt bei der Eiche allerdings noch der höhere Nährstoffbedarf hinzu, der bei einer ausgeprägten Kraut- und Strauchschicht zu Nährstoffmangel führen kann. Besonders in lückigen Kulturen können Formschnitte in verschiedenen Varianten (Rümmelinschnitt, Walzen- oder Pyramidenschnitt) angewendet werden. Dabei werden in den ersten Jahren Zwiesel und starke Seitenäste mit einer Baumschere abgeschnitten, um eine Protzigkeit der freistehenden Einzelbäume zu verhindern, die aufgrund der Lückigkeit der Kultur nicht entnommen werden können. Allerdings ist die Anwendung dieser Methode umstritten, da bei hohem Aufwand die beabsichtigte Wirkung oft ausblieb.

Die Buche, die wegen ihrer großen Frostgefährdung und ihrer hohen Schattenverträglichkeit fast ausschließlich unter Schirm aufwächst, bedarf kaum starker Eingriffe bei der Kulturpflege. Durch die Steuerung der Transparenz des Kronendachs lässt sich auch die Wüchsigkeit der Bodenvegetation steuern. Sollte allerdings das Kronendach soweit aufgerissen sein, dass sich die Konkurrenzvegetation voll entwickeln kann, ist es dennoch ratsam, die Pflegenotwendigkeit genau zu überprüfen.

5.3.4 Kosten einer Kulturpflege

Wie gezeigt wurde, ist die Kulturpflege arbeitsintensiv und häufig nur als manuelle Arbeit zu verrichten. Dies schlägt sich natürlich auch in den Kosten nieder, wenn der Waldbesitzer diese Arbeiten durch forstliche Lohnunternehmer ausführen lässt. Prinzipiell ist anzumerken, dass die Kulturpflegearbeiten keinesfalls so schwierig sind, dass sie nicht durch den Waldbesitzer selbst

Tabelle 9: *Übersicht über ausgewählte Preise für Kulturpflegegeräte.*

Gerät	Preisspanne	Bemerkungen
Einhandschere	11 – 51 EUR	
Zweihandschere	25 – 79 EUR	
Sichel	14 – 20 EUR	
Sense (Blatt und Stiel)	35 – 50 EUR	
Heppe	29 – 83 EUR	starke Unterschiede in der Qualität und in der Technologie
Freischneider	534 – 770 EUR	Preis stark abhängig von Motorleistung und Schneidewerkzeug (Faden, Sägeblatt etc.)

Merke:
Die Anforderungen an die Durchführung einer Kulturpflege sind sehr gering. Jeder Waldbesitzer sollte sich, sofern er Zeit dafür hat, diese Arbeit selbst zutrauen. So spart er nicht nur Geld, sondern lernt gleichzeitig auch die Wuchsdynamik seines Waldes genauer kennen. Der Erwerb eines Kulturpflegegerätes (z. B. Freischneider) wird empfohlen.

ausgeführt werden können. Mit ein bisschen Übung bekommt man schnell Geschick und spart so eine Menge Geld! Ausgenommen davon sind Kulturen, in denen viele verschiedene Baumarten existieren. Dann sollte professionelle Hilfe in Anspruch genommen werden.

Grundlage für eine sachgerechte Ausführung der Kulturpflege ist aber eine zweckentsprechende Ausstattung. Die Tabelle 9 gibt eine Übersicht über die Kosten ausgewählter Forstgeräte in Anlehnung an bekannte Forstkataloge. Die von Forstausrüstern angebotenen Geräte sind auf die Verhältnisse im Wald angepasst und deshalb eher geeignet als Standardgeräte.

Jedem Waldbesitzer kann nur geraten werden, sich mindestens ein Gerät zur Kulturpflege zu kaufen, um die erforderlichen Arbeiten unabhängig durchführen zu können. Welches Gerät angemessen ist, hängt von der Baumart und dem Alter der Kultur sowie von den natürlichen Bedingungen im Forstbetrieb ab.

Der Zeitbedarf und damit die Kosten für die Kulturpflege hängen stark vom Alter und der Entwicklung der Kultur, der Baumart, und von den natürlichen Bedingungen ab. In der Tabelle 10 werden einige Arbeitszeiten und die daraus in etwa resultierenden Kosten dargestellt. Die Zeitangabe ermöglicht es den Waldbesitzern zu prüfen, ob sie nicht doch, etwa am Wochenende, die Pflege selbst durchführen können. Die Kosten ergeben sich, wenn ein forstliches Dienstleistungsunternehmen beauftragt wird.

Tabelle 10:
Zeitbedarf und Kosten für eine Kulturpflege.

Art der Durchführung	Zeitbedarf pro ha [h/ha]	Kosten pro ha* [EUR/ha]
Sense	40	1200
Heppe	25	750
Freischneider	15	450

* unterstellt werden Kosten von 30 EUR/h

Die in der Tabelle 10 enthaltenen Zeiten und Kosten sind nur „ungefähr“ angegeben. Sie geben aber einen guten Einblick, dass die Durchführung der Kulturpflege mit dem Freischneider wenig Zeit und Geld beansprucht. Allerdings sind demgegenüber die Nachteile, die mit dem Einsatz eines Freischneiders verbunden sind, zu bedenken:

- Gefahr, dass auch Bäume gemäht werden
- wenn der Waldbesitzer die Kulturpflege selbst durchführt: Kraftstoffkosten
- Lärmbelästigung.

5.3.5 Bestandeserziehung

Nach der Kulturpflege soll im Rahmen dieses Abschnittes auf die danach folgenden Pflegen eingegangen werden. Da dieses Buch lediglich den Anspruch hat, Grundkenntnisse zu vermitteln, werden die Pflegemaßnahmen im Rahmen der Jungwuchspflege, Läuterung und Jungbestandespflege zur Bestandeserziehung zusammengefasst. Eine detaillierte Darstellung der Besonderheiten der einzelnen Pflegeabschnitte würde die Möglichkeiten des Buches übersteigen.

Mit der Bestandeserziehung werden alle Maßnahmen bis zu einer Bestandesoberhöhe von ca. 15 m beschrieben. Mit dem Anfall verkaufsfähiger Sortimente kann je nach Standort und Baumart allerdings erst gegen Ende dieses Pflegeabschnittes gerechnet werden. Dennoch handelt es sich um unumgängliche Eingriffe, die die Bestandessicherheit erhalten und den Wert des Bestandes steigern.

Erklärung:
Verkaufsfähige Sortimente *sind im Handel oder bei Sägewerken kommerziell absetzbare Sortimente. Nicht dazu gehören kleinere Mengen Brennholz. Ebenfalls sollen darunter nicht Schmuckreisig oder Weihnachtsbäume verstanden werden.*

Grundsätzlich ist die Phase der Bestandeserziehung durch einen rasanten Höhenzuwachs gekennzeichnet. In Folge dessen ist die Konkurrenz zwischen den Bäumen außerordentlich hoch. Da besonders in diesem Lebensabschnitt die Grundlagen für die zukünftige Entwicklung gelegt werden, muss die Bestandeserziehung konsequent durchgeführt werden, auch wenn in der ersten Hälfte dieses Pflegeabschnitts keine Einnahmen aus dem Holzverkauf zu erwarten sind. Es existieren allerdings in Brandenburg Förderprogramme, die es der Landesforstverwaltung erlauben, derartige Pflegemaßnahmen finanziell zu unterstützen (→Abschnitt 12.2).

Bis zu einer Oberhöhe des Bestandes von 2 bis ca. 7 m (je nach Baumart und Standort) beschränken sich die Eingriffe auf eine negative Auslese. Ziel ist es dabei, die Konkurrenzverhältnisse der qualitativ guten, erwünschten Baumarten zu verbessern oder zu erhalten. Konkret bedeutet das die Beseitigung unerwünschter Bestandesglieder, sofern diese gut entwickelte Nachbarn bedrängen, hemmen oder ihnen Wuchsraum für eine ungestörte Entwicklung vorenthalten. Dies soll dazu dienen, Fehlentwicklungen und damit Wertverlust des Bestandes zu verhindern. Darunter zu verstehen sind:

- qualitativ schlechte Vorwüchse, die gut entwickelte Nachbarn bedrängen (Protzen)
- Bäume mit schlechter Stamm- oder Kronenform (Zwiesel, Krumme usw.)
- beschädigte Bäume
- sog. Reiber und Peitscher (meist Weichlaubhölzer), die andere Bestandesglieder schädigen könnten
- dem Standort nicht angepasste Baumarten, die schlechte Wuchsleistungen oder ein erhöhtes Betriebsrisiko erwarten lassen
- Infektionsträger (z. B. verkrebste Lärchen oder Fichten mit Borkenkäferbefall).

Merke:
Der erste Teil der Bestandeserziehung beschränkt sich auf eine Auslese der negativen Bestandesmitglieder. Obwohl sehr aufwändig, ist dieser Eingriff mit Hinblick auf die spätere Bestandesqualität wichtig.

Weiterhin ist auch in diesem Pflegeabschnitt die Mischungsregulierung nicht aus den Augen zu verlieren. Zur Umsetzung einer wirksamen Bestandeserziehung bedarf es einer sorgfältigen und regelmäßigen Analyse des Bestandes. Bei der Häufigkeit und Stärke der Eingriffe kann es sich immer nur um einen Kompromiss handeln, der von der Baumart, dem Standort, dem Bestockungsziel und der Betriebssicherheit abhängt. Einerseits sollen die Jungbestände so dicht heranwachsen, dass eine ausreichende natürliche Astreinigung sichergestellt wird, andererseits sollen wuchskräftige und stabile Einzelbäume guter Qualität erzogen werden.

Im Höhenbereich, der an die negative Auslese anschließt, bis ca. 15 m Oberhöhe, ändert sich aufgrund der Bestandesentwicklung das Vorgehen im Rahmen der Bestandeserziehung. Bei der nun anschließenden positiven Auslese werden die Z-Bäume oder Z-Baumanwärter durch Freistellung begünstigt, um die Wuchskraft der qualitativ besten Bäume nicht zu bremsen. Dazu werden die Z-Bäume z. B. mit Farbspray dauerhaft gekennzeichnet, um sie über ihre gesamte Entwicklung zu fördern. Die dauerhafte Kennzeichnung ist nötig, da sich während dieser dynamischen Entwicklungsphase das Bestandesbild zwischen zwei Pflegeeingriffen deutlich ändern kann. Ziel muss die Entwicklung einer ausreichenden Zahl wuchskräftiger, stabiler und qualitativ guter Z-Baumanwärter im Oberstand sein. Dies ist bei Baumarten, die sich in der Jugend schneller entwickeln zeitiger notwendig, als bei langsamwüchsigen Baumarten. Die Tabelle 11 gibt einen Über-

Erklärung:
*Der **Z-Baum** ist ein Zukunftsbaum, der nach den Kriterien Vitalität, Qualität und Verteilung dauerhaft festgelegt wird.*

blick der nötigen Z-Baumanzahl, um Wertholz zu erziehen.
Z-Bäume sollten:

- eine überdurchschnittliche Qualität aufweisen
- stabil und gesund sein
- zur herrschenden oder vorherrschenden Bestandesschicht gehören
- in ihrer Baumartenzusammensetzung dem Bestockungszieltyp entsprechen
- wenn möglich, annähernd gleichmäßig über die Fläche verteilt sein.

Da es zur Festlegung der Z-Bäume im Bestand einiger waldbaulicher Sachkenntnis bedarf, ist es sinnvoll, sich mit diesem Anliegen an den Förster zu wenden.

Die Förderung der Z-Bäume erfolgt hochdurchforstungsartig, d. h. es werden nur Bäume entnommen, deren Krone die Z-Bäume auf gleicher Höhe bedrängen. Dazu werden je Eingriff ca. ein bis drei Bedränger entnommen. Unterständige Bestandesglieder können vernachlässigt werden. Baumarten, bei denen der Dichtstand für die natürliche Astreinigung erforderlich ist, wie Kiefer oder Eiche, sollten vorsichtiger freigestellt werden als andere Baumarten. Bei Laubbäumen ist es das Ziel, einen Anteil der grünen Krone an der Gesamthöhe von 40 bis 50 % zu realisieren, Nadelbäume sollten in diesem Entwicklungsabschnitt immer einen Kronenanteil von ca. 1/3 erhalten. Dies wird durch die Freistellung und damit das verbesserte Lichtangebot erreicht. Das gewünschte Mischungsverhältnis zwischen den Baumarten sollte am Ende der Bestandeserziehung erreicht sein.

Steht der Jungbestand unter dem Schirm eines Altholzes, lassen sich erhebliche Ausgaben einsparen. Meist wächst die Verjüngung unter Schirm stammzahlärmer, feinastiger und wipfelschäftiger auf, wenn entsprechend der Baumart ausreichend Licht zur Verfügung steht. Dies kann über Eingriffe im Altholz gesteuert werden, wobei das Höhenwachstum das wichtigste Entscheidungskriterium für den Zeitpunkt und die Stärke des Eingriffs ist. Grundsätzlich übernimmt der Schirm erzieherische Funktionen, die dem Waldbesitzer erspart bleiben.

Tabelle 11:
Empfohlene maximale Anzahl der zu kennzeichnenden Z-Bäume (Vorgaben für den Landeswald in Brandenburg).

Baumart	**Z-Bäume** max. Anzahl pro ha
Kiefer	150
Douglasie	100
Fichte	150
Eiche	120
Buche	80
Erle	150

Erklärung:
*Bei der **Hochdurchforstung** werden nur Bedränger der Z-Bäume entnommen, die je nach Stärke des Eingriffs zur vorherrschenden, herrschenden oder mitherrschenden Bestandesschicht gehören.*

Merke:
Der zweite Teil der Bestandeserziehung ist durch eine positive Auslese geprägt, die eine dauerhafte Kennzeichnung der Z-Bäume voraussetzt. Diese sind die wichtigsten Zuwachsträger des Bestandes und müssen mit entsprechender Sorgfalt gepflegt werden.

5.3.6 Besonderheiten der wichtigsten Wirtschaftsbaumarten bei der Bestandeserziehung

In diesem Abschnitt soll lediglich auf die wichtigsten Unterschiede der einzelnen Baumarten bei der Bestandeserziehung eingegangen werden. Meist treten diese bei der Eingriffsstärke und dem Eingriffszeitpunkt auf.

Die Kiefer wurde in der Vergangenheit relativ dicht gepflanzt und entsprechend erzogen. Auch wenn heute die Pflanzverbände weitständiger geworden sind, so ist doch die Kiefer eine Baumart, die ähnlich der Eiche einen gewissen Dichtstand nötig hat, um die Astreinigung durch Konkurrenz untereinander zu fördern. Sind jedoch die standörtlichen und genetischen Voraussetzungen gegeben, die eine Astung (→Abschnitt 5.12) rentabel erscheinen lassen, kann das Bestandesziel durchaus die Wertholzproduktion sein. Unter diesen Umständen sollten zu Beginn der Positivauslese ca. 150 Z-Bäume gekennzeichnet und mit dem Ziel der Kronenfreiheit freigestellt werden. Unmittelbar an diese Maßnahme sollte sich die erste Astungsstufe anschließen. Die weitere konsequente Freistellung und die zweite Astungsstufe müssen dann gegen Ende der Bestandeserziehung folgen.

Merke:
Jede Baumart hat ihre spezifischen Eigenarten, die bei der Bestandeserziehung unbedingt berücksichtigt werden sollten. Diese sind auch bei der Festlegung des Bestandesziels und der Pflegeausgaben zu beachten.

Im Gegensatz zur Kiefer sind die Fichte und die Douglasie nicht auf den Dichtstand angewiesen, da sie nicht zur Protzenbildung neigen. Deshalb sollte die Stammzahl in zwei Stufen bis zum Ende der Bestandeserziehung auf 1000 bis 1500 Stk./ha reduziert werden. Mit diesem Eingriff ist gewährleistet, dass sich der Gesamtzuwachs des Bestandes auf wenige wertvolle Stämme konzentriert. Im Falle einer Astung (→Abschnitt 5.12) wird diese während der Bestandeserziehung und gleich auf einer Höhe von 6 m durchgeführt.

Auch Eichenbestände müssen – wie alle Totastverlierer – während der gesamten Bestandeserziehung verhältnismäßig dicht gehalten werden, damit die natürliche Astreinigung zielgemäß vonstatten geht. Dies darf aber nicht zu Lasten der Stabilität bzw. des Unterstandes gehen. In Eichenbeständen ist es sinnvoll, einen schattenverträglichen Unter- und Zwischenstand zu erhalten, der zum Schutz gegen Wasserreiser erhalten bleiben sollte. Das bedeutet zum einen, dass die Z-Bäume in der Phase der Bestandeserziehung noch nicht dauerhaft, sondern nur als Anwärter gekennzeichnet werden. Zum anderen werden diese auch nicht so konsequent freigestellt, wie andere Baumarten.

Erklärung:
***Wasserreiser** sind Stammtriebe, die häufig durch Lichtreize infolge von Durchforstungen aus schlafenden Augen austreiben. Wird eine weitere Entwicklung nicht verhindert entstehen Klebäste.*

Auch bei der Buche kommt es darauf an, die Astreinigung und damit die Wertholzqualität im unteren Schaftbereich durch entsprechenden Dichtschluss im frühen Entwicklungsstadium zu sichern. Deshalb wird erst relativ spät, gegen Ende der Bestandeserziehung mit der Positivauslese begonnen. Auch hier ist auf den Erhalt eines Unterstandes zu achten, da die Buche nicht geastet werden kann. Dies ist bei dieser schattenverträglichen Baumart leicht möglich. Keine Baumart reagiert so plastisch auf Erziehungseingriffe, weswegen besonders bei der Buche die Eingriffe mäßig und oft durchzuführen sind.

5.3.7 Kosten und Erlöse bei der Durchführung der Bestandeserziehung

5.3.7.1 Kosten

Vieles von dem, was zu den Kulturkosten bereits geschrieben wurde, gilt an dieser Stelle sinngemäß, gerade für die Bestände, die nur unwesentlich höher als 1,5 m sind. Dies ergibt sich nicht zuletzt daraus, dass die Grenze zwischen den einzelnen Pflegeabschnitten von 1,5 m Oberhöhe von Menschen bestimmt wurde. In der Natur verlaufen aber die Übergänge zwischen den einzelnen Wuchsperioden dynamisch.

In der Tabelle 12 werden die durchschnittlichen Preise für ausgewählte Arbeitsgeräte angegeben, die aufgrund ihrer Größe und ihrer Leistungsfähigkeit besonders für die Bestandeserziehung geeignet sind.

Tabelle 12: *Preise für Arbeitsgeräte für die Bestandeserziehung für Bestände mit einer Bestandeshöhe bis ca. 10 m.*

Gerät	Preisspanne	Bemerkungen
Ringelsäge	60 EUR	
Freischneider	700 – 1325 EUR	Freischneider mit Sägeblatt
leichte Motorsäge	339 – 460 EUR	

Bedingt dadurch, dass sich das Ziel der Bestandeserziehung von dem der Kulturpflege unterscheidet und darüber hinaus die Bäume dicker sind, ist im Vergleich zur Kulturpflege bei der Bestandeserziehung mit höheren Kosten zu rechnen. In Tabelle 13 wird der durchschnittliche Zeitbedarf und die Kosten, die bei

Beauftragung eines forstlichen Lohnunternehmens entstehen würden, dargestellt.

Tabelle 13:
Zeitbedarf und durchschnittliche Kosten für die Maßnahmen der Bestandeserziehung bei manueller oder motormanueller Ausführung.

Art der Durchführung	Zeitbedarf pro ha h/ha	Kosten pro ha EUR/ha
Freischneider	15	450
Motorsäge	18	540

**) unterstellt werden Kosten von 30 EUR/h*

Die Durchführung von Arbeiten für die Bestandeserziehung erfordert schon mehr Erfahrung und Kenntnisse, als dies bei der Kulturpflege notwendig ist. Dennoch sollte sich jeder Waldbesitzer, vielleicht nach einer Beratung durch den Förster, die Durchführung dieser Maßnahmen zutrauen. Nicht zuletzt die zahlreichen Informationsmaterialien der Landesforstverwaltung zu speziellen Themen wie die Waldpflege helfen, dass sich jeder Waldbesitzer diese Arbeiten zutrauen kann. Die Beauftragung eines forstlichen Lohnunternehmens ist ebenfalls möglich. Im Übrigen sollte beachtet werden, dass für die Maßnahmen eventuell Fördermittel beantragt werden können (→Kapitel 12).

5.3.7.2 Erlöse

Bei der Bestandeserziehung ist es häufig möglich, Erlöse aus Nebennutzungen, beispielsweise aus dem Verkauf von Holz oder aus anderer Tätigkeit zu erzielen, wie durch den:

- Verkauf von Kiefern als Weihnachtsbäume: So könnte ein Waldbesitzer die Protzen während einer Kulturpflege oder Bestandeserziehung nicht im Sommer entnehmen, sondern genau zur Weihnachtszeit, wobei dies aufgrund der Witterung nicht immer möglich ist. Unterstellt man, dass für eine Kiefer als Weihnachtsbaum derzeit ca. 7 EUR pro Baum erzielt werden kann, die Gewinnung der Bäume bei Eigenleistung durch den Waldbesitzer (abgesehen von seiner Arbeitszeit) nichts kostet und die Verkaufskosten (Transport, Verpackung) bei ca. 3 EUR/Baum liegen, entsteht pro Baum ein Nettoerlös von ca. 4 EUR.
- Auch an die Gewinnung von Schmuckreisig sollte gedacht werden. Es werden nicht nur Nadelholzzweige in den Herbst-

und Wintermonaten nachgefragt, sondern auch Birkenzweige zur Osterzeit! Die Jungwuchspflege sollte deshalb in diese Monate gelegt werden, um aus dem Verkauf der Zweige zusätzliche Einnahmen zu erzielen. Man sollte heimische Gärtnereien fragen, ob sie an der Gewinnung des Reisigs interessiert sind. Die Gärtnerei könnte dann mit dem Label „Frisch aus Brandenburg“ werben, der Waldbesitzer hingegen erzielt Einnahmen.

- Zu denken ist auch an die Gewinnung von Stangen aus den etwas älteren Beständen. Oft gibt es kleine regionale Nachfrager für dieses Sortiment (→Abschnitt 5.2.5.2).

Natürlich ist in diesem Zusammenhang auch immer die Ausgabeseite mit zu beachten. So ist es wenig sinnvoll, eine Pflege innerhalb eines Jahres zweimal durchzuführen, nur um einzelne Weihnachtsbäume zu gewinnen. Einige Arbeiten sind auch ausschließlich im Sommer möglich und sinnvoll, wie z.B. das Mähen von störenden Wildgräsern. Sie führen im Sommer zur Beeinträchtigung des Wachstums der Bäume und nicht im Winter!

5.3.8 Feinaufschluss der Bestände

Der Erfolg der Bestandeserziehung kann durch Fäll-, Rücke- oder Bodenschäden in Folge einer ganzflächigen Befahrung (z.B. durch Rückeschlepper) in Frage gestellt werden. Neben den Schäden am verbleibenden Bestand durch unsachgemäße Pflegemaßnahmen kann auch der Boden nachhaltig geschädigt werden. Durch ein ganzflächiges Befahren wird die Bodenstruktur zerstört und der Gasaustausch des Bodens mit der Atmosphäre, je nach Bodenart mehr oder weniger nachhaltig geschädigt. Deshalb ist es wichtig, diese Schäden frühzeitig durch eine konsequente Feinerschließung zu verringern. Der günstigste Zeitpunkt für ein dauerhaftes Erschließungskonzept des gesamten Bestandes oder größere Einheiten ist je nach Baumart in der zweiten Hälfte der Bestandeserziehung gegeben. Die Abstände zwischen den Gassen sollten nicht kleiner als 20 m sein, da sonst zu viel Bestandesfläche verloren geht. Andererseits sind bei diesen Abständen nachhaltige Zuwachsverluste nicht zu befürchten. Der Waldwegebau wird ausführlich in Kapitel 14 erläutert.

Merke:
Die Feinerschließung des Bestandes ist für eine boden- und bestandespflegliche Durchforstung unerlässlich und setzt voraus, dass die Gassen nicht verlassen werden. Der günstigste Zeitpunkt für die dauerhafte Anlage eines Gassennetzes liegt in einem Oberhöhenbereich von 10 bis 15 m.

5.3.9 Bestandespflege

Die Bestandespflege beginnt bei einer Oberhöhe von ca. 15 m. Ab diesem Zeitpunkt können in etwa verkaufsfähige Sortimente erzielt werden. Diese Festlegung kann allerdings nicht mehr als ein Anhaltspunkt sein. Da die Bestände naturgemäß hinsichtlich der Standorte und der Baumarten stark differieren, kann die entsprechende Dimension früher oder auch später erreicht werden.

Ziel der Bestandespflege ist es also, neben der bereits bekannten Verbesserung der Bestandesqualität mit all ihren Facetten nun auch erstmalig durch die Ernte von Holz verkaufsfähige Sortimente zu erzielen. Da auf den zweiten Aspekt besonders im folgenden Abschnitt eingegangen wird, soll sich hier weiterhin auf den waldbaulichen Gesichtspunkt konzentriert werden.

Merke:
Mit der Bestandespflege fallen verkaufsfähige Holzsortimente an, die dazu führen, dass nun auch Erlöse durch den Holzverkauf erzielt werden. Darüber hinaus müssen bei jedem Eingriff die Z-Bäume weiterhin freigestellt werden, um den Zuwachs dort zu konzentrieren.

Um die Qualität und damit den Wert der Bestände zu erhöhen ist es wichtig, den Zuwachs weiter gezielt auf die bereits gekennzeichneten Z-Bäume zu leiten. Damit soll sichergestellt werden, dass sich stabile und gesunde Bäume mit einem zügigen Durchmesserzuwachs entwickeln. Sollte bisher keine Z-Baumauswahl getroffen worden sein, so ist dies bei der ersten Bestandespflege sehr wichtig.

Zur Förderung der Z-Bäume werden auch weiterhin Nachbarn entnommen, die die Kronenentwicklung von qualitativ besseren Stämmen oder Mischbaumarten behindern. Die nach Vitalität, Funktion und Qualität schlechtesten Stämme werden im Oberstand konsequent genutzt. Mischbaumarten sollten nach der Bedeutung für das Mischungsziel des Waldbesitzers und der Bestandesstabilität beurteilt werden.

An dieser Stelle soll in einem kurzen Exkurs auf die Durchforstungsarten eingegangen werden. Das bisher beschriebene Vorgehen bei der Bestandespflege wird als Auslesedurchforstung bezeichnet und ist vom Typ her eine Hochdurchforstung (→Abschnitt 5.3.5). Diese Durchforstung hat sich inzwischen bei allen Baumarten in allen Teilen Deutschlands etabliert. Charakteristisch ist der Eingriff in den Oberbestand, d. h. in die herrschenden und vorherrschenden Bäume. Der Zwischen- und Unterstand wird vernachlässigt und hat lediglich eine dienende Funktion. Folge ist die Entwicklung strukturierter Bestände, die mehrere Bestandesschichten aufweisen können.

Demgegenüber dominierte in Deutschland, besonders in den Nadelhölzern, lange Zeit die Niederdurchforstung. Dabei werden die absterbenden, unterdrückten und je nach Durchforstungsgrad auch die beherrschten Bäume des Bestandes entnommen. Die herrschenden und mitherrschenden Bestandesglieder werden allerdings dadurch bei weitem nicht so deutlich ins Licht gestellt. Dies führt zu einer höheren Stammzahl im Bestand und zu kürzeren Kronen und geringeren Zuwächsen am Einzelstamm. Folge dieser Bestandesbehandlung ist die Entstehung einschichtiger Bestände. Heute wird von dieser Durchforstung in Brandenburg, wie auch in anderen Bundesländern weitgehend Abstand genommen, weil die Bestände instabiler sind und der Zuwachs am Einzelstamm geringer ist. Allerdings ist es auch denkbar, dass Holzsortimente nachgefragt werden, die in Ausnahmefällen einen Einnahmeüberschuss bei der Holzernte aus der Niederdurchforstung erwarten lassen. Diese Einnahmen sollte jeder Waldbesitzer realisieren.

Entscheidend für die tatsächliche Entnahme des Einzelbaums sind sein derzeitiger Wert, sein Entwicklungspotenzial und der Einfluss auf die Nachbarbäume. Hinsichtlich der Eingriffsstärke muss ein Maß gefunden werden, das einerseits das Dickenwachstum und die Kronenlänge durch Freistellung fördert. Andererseits darf der Bestand nicht soweit aufgelichtet werden, dass die Qualität des Einzelbaums durch Astigkeit unvertretbar sinkt. Hier ist ein baumartenspezifischer Kompromiss nötig. Entscheidend für die Durchforstungsstärke ist das direkte Auszeichnen im Bestand. Hier wird direkt am Einzelfall entschieden, ob ein Baum entnommen wird oder nicht. Die daraus resultierenden Entnahmemengen sind aus Tabelle 14 ersichtlich. Es muss aber darauf hingewiesen werden, dass dies nur vage Größenordnungen sein können, die dem Waldbesitzer eine Vorstellung von den anfallenden Mengen geben sollen. Die Angaben sind stark von der Bonität und dem Bestockungsgrad abhängig.

Baumart	**Erntemenge** Efm/ha in 10 a
Kiefer	30 – 70
Fichte	50 – 120
Eiche	10 – 50
Buche	30 – 90

Tabelle 14: *Holzerntemengen bei der Bestandespflege im Jahrzehnt.*

Erklärung:
*Der **Bestockungsgrad** ist das errechnete oder geschätzte Verhältnis der tatsächlichen Holzmasse je ha zur Ertragstafelangabe der entsprechenden Baumart.*

Bei einer Durchforstung sollte so stark in den Bestand eingegriffen werden, dass der Z-Baum bis zum nächsten Eingriff nicht massiv von den Konkurrenten bedrängt wird. Das bedeutet, dass der richtige Zeitpunkt für die Pflege gekommen ist, wenn

Abbildung 22: *Ungepflegter Kiefernbestand.* (Foto: Hennig)

Abbildung 23: *Gepflegter Kiefernbestand mit Bestandesaufschluss.* (Foto: Bergmann)

die Zweigspitzen wieder leicht ineinander greifen. Ein häufiger Fehler ist ein zu schwacher Eingriff, der dazu führt, dass der Bestand relativ schnell wieder zusammen wächst. Dies führt zu einem zu schnellen Verlust des Pflegeeffektes. Ursache ist die Unterschätzung des Zuwachses und eine weit verbreitete Angst vor zu starken Eingriffen.

Die zweimalige Durchforstung im Jahrzehnt kann als Faustzahl gelten. Bei besonders wüchsigen, instabilen oder dicht bestockten Beständen ist es in seltenen Fällen ratsam, die Frequenz auf dreimal zu erhöhen. In der Forstwirtschaft gilt der Grundsatz früh – mäßig – oft.

Der Zeitpunkt der ersten Bestandespflege sollte nicht dogmatisch nach dem Alter oder der Oberhöhe des Bestandes festgelegt werden. Vielmehr ist die Pflegedringlichkeit seit der letzten Bestandeserziehung auf der einen Seite gegen den Anfall verkaufsfähiger Sortimente auf der anderen Seite abzuwägen. So kann es durchaus sinnvoll sein, eine nötige Pflege noch ein oder zwei weitere Jahre hinaus zu schieben, wenn die Erfahrung lehrt, dass der Zuwachs dieses Zeitraums ausreicht, um mit den steigenden Erlösen die Holzerntekosten zu finanzieren bzw. einen Überschuss zu erwirtschaften. Bei aller Dringlichkeit der Pflegemaßnahmen sollte dem Leser auch klar sein, dass das Holz ein vergleichsweise langsam wachsendes Naturprodukt ist und dem Waldbesitzer eine gewisse Reaktionszeit lässt. Demgegenüber darf daraus allerdings keine Allgemeingültigkeit für das bewusste Verzögern von Bestandespflegemaßnahmen abgeleitet werden. Bei bisher ungepflegten, sehr dichten und instabilen Beständen sollten die Pflegen bei entsprechender Notwendigkeit sofort durchgeführt werden.

Mit der ersten Bestandespflege sollte auch die Anlage der Feinerschließung abgeschlossen sein. Dies kann je nach Baumart in Form einer kompletten Neuanlage geschehen oder durch den Aufhieb und die Verbreiterung bereits vorbereiteter Pflegepfade.

Eine klassische Pflegemaßnahme des Oberstandes ist auch der Unterbau, der der chronologischen Systematik des Buches folgend an dieser Stelle besprochen werden müsste. Da die Umsetzung dem Voranbau sehr ähnlich ist und die Grenzen in der waldbaulichen Praxis verschwimmen, soll die Vorstellung dieser Maßnahme im Abschnitt 5.7 in der räumlichen Nähe zum Abschnitt über den Voranbau erfolgen.

5.3.10 Besonderheiten weiterer wichtiger Wirtschaftsbaumarten bei der Bestandespflege

Da die Kiefer und die Fichte keine nennenswerten Besonderheiten bei der Bestandespflege aufweisen, die hier zu vertiefen wären, wird in diesem Abschnitt lediglich auf die beiden folgenden Baumarten eingegangen.

Merke:
Der Lichtbedarf und die Reaktion auf Licht sind entscheidende Kriterien bei der Bestandespflege.

Die Eiche bedarf hinsichtlich der Kronenpflege besonderer Aufmerksamkeit. Das bedeutet, dass die Kronen frei stehen und sich nicht berühren sollten. Andererseits reagiert die Eiche ganz besonders negativ auf plötzliche Lichtstellung durch die Bildung von Wasserreisern. Wenn Eichenwertholz das Ziel des Waldbesitzers ist, sollte er sich dafür viel Zeit nehmen und die Eiche vorsichtig fördern. Aus diesem Grund genügt auch ein Durchforstungsturnus von fünf bis acht Jahren.

Die Buche reagiert bis ins hohe Alter auf Lichtstellung mit einer sehr plastischen Krone. Das ermöglicht relativ lange größere Zuwachsschübe wenn der Baum licht gestellt wird. Allerdings muss auch bei der Buche eine direkte Besonnung des Stammes vermieden werden, da durch Rindenbrand Verletzungen hervorgerufen werden können. Ein anderer Vorteil der Buche ist die Schattenverträglichkeit. Diese ermöglicht die Erhaltung eines Zwischenstandes, der den Oberstand pflegt und evtl. auftretende Lücken im Oberstand schließen kann.

5.3.11 Kalkulation der Bestandespflege

Bei der Bestandespflege werden die Bäume nicht mehr nur umgesägt und im Bestand liegen gelassen, sondern zielgerichtet aufgearbeitet und an eine Stelle gerückt, wo auf LKW verladen werden kann. Es handelt es sich also um eine klassische Holzerntemaßnahme und das Kalkulationsverfahren zur Herleitung der Kosten einer Bestandespflege unterscheidet sich daher nicht von der einer Verjüngungsnutzung. Im Abschnitt 5.9 wird das Kalkulationsverfahren zur Herleitung der Erlöse und Kosten einer Holzerntemaßnahme ausführlich erläutert.

5.4 Verjüngungsnutzung

Die Verjüngungsnutzung ist die letzte Phase im Bestandesleben. Ziel der Verjüngungsnutzung ist es, die nächste Bestandesgeneration einzuleiten. Während bei der Bestandespflege neben der Holzernte die Pflege des verbleibenden Bestandes im Vordergrund steht, wird diese jetzt durch die vorrangige Einleitung der Naturverjüngung verdrängt. Dies soll hier durch die Blickrichtung des Waldbesitzers verdeutlicht werden. Im Rahmen der Pflege richtete sich der Blick ausschließlich nach oben, zu den Stämmen und der Krone. Dort wird anhand der Qualität über die Entnahme entschieden. Mit Beginn der Verjüngungsnutzung achtet der Waldbesitzer auch auf die ankommende Verjüngung, und die Nutzungshiebe richten sich nach deren Entwicklung. Das heißt jedoch nicht, dass die Qualität des verbleibenden Bestandes völlig aus den Augen verloren wird, da sich die Verjüngung meist über mehrere Jahrzehnte hinzieht und damit einige Bäume noch geraume Zeit verbleiben und weiter reifen.

Um die Grenze zwischen der Bestandespflege und der Verjüngungsnutzung festlegen zu können bedarf es zuerst der Bestimmung des optimalen Einschlagszeitpunktes eines hiebsreifen Z-Baumes. Dabei sind im Rahmen der Verjüngungsnutzung nicht mehr die Bäume gemeint, die, wie bisher, eingeschlagen wurden, um andere zu fördern, sondern die, die Jahrzehnte lang gefördert wurden. Es geht also um „die Ernte der Früchte der Arbeit“. Zu diesem Zweck existieren zwei Zielgrößen, mit Hilfe einer von beiden der Waldbesitzer das Ziel bestimmen kann:

1. Der Zielstärkendurchmesser ist der Brusthöhendurchmesser eines Baumes, den der Baum mindestens erreichen sollte, damit er „würdig“ ist, gefällt zu werden.
2. Die Umtriebszeit ist der Zeitraum von der Pflanzung bis zur Ernte eines Baumes. Sie entspricht dem Alter eines Baumes. Letztlich geht es also darum, nicht den optimalen Durchmesser zu suchen, sondern die optimale Wachstumszeit.

   Die Umtriebszeit, bei der der maximal mögliche Ertrag aus dem Verkauf des Holzes gesucht ist, wird auch als finanziell optimale Umtriebszeit bezeichnet. Wird die finanziell optimale Umtriebszeit durch die forstwirtschaftlichen Aktivitäten des Waldbesitzers erreicht, maximiert er den finanziellen Ertrag aus der Forstwirtschaft. Die mathematische

Herleitung der finanziell optimalen Umtriebszeit ist sehr kompliziert. Deshalb sollten Waldbesitzer den Förster fragen, der ihnen mit Hilfe komplexer forstökonomischer Berechnungen die finanziell optimale Umtriebszeit bestimmt.

In Tabelle 15 werden die Umtriebszeiten und die Zielstärkendurchmesser der Brandenburger Landesforstverwaltung dargestellt. Allerdings darf die Tabelle nicht dahingehend verstanden werden, dass der Zielstärkendurchmesser in der entsprechenden Umtriebszeit erreicht werden sollte. Diese beiden Zielgrößen korrespondieren nicht direkt miteinander. Vielmehr sollte sich der Waldbesitzer für eine der beiden Zielgrößen entscheiden.

Baumart	**Zielstärken** Brusthöhendurchmesser cm	**Umtriebszeit** Jahre
Kiefer	45 – 50	120
Douglasie	> 50	100
Eiche	> 60	200 – 240
Buche	55 – 65	140
Erle	35 – 50	100

Tabelle 15: *Umtriebszeiten und Zielstärkendurchmesser ausgewählter Baumarten für den Landeswald Brandenburgs.*

Bei der Entscheidung über den richtigen Erntezeitpunkt fließt neben dem Wachstumsverlauf der entsprechenden Baumart auch die Standortsqualität oder die Wahrscheinlichkeit wertmindernder Alterseinflüsse ein. Dieser komplexe Prozess wird im folgenden Kapitel noch einmal ausführlicher aufgegriffen (→Abschnitt 5.11.2).

Ist der optimale Einschlagszeitpunkt des Bestandes gefunden, muss der Zeitpunkt bestimmt werden, an dem mit der Einleitung der Verjüngung begonnen werden soll. Man kann allerdings auch hier weniger von einem konkreten Zeitpunkt als mehr von einem Zeitraum, dem Verjüngungszeitraum, reden. Dieser liegt ca. 20 bis 30 Jahre vor dem optimalen Einschlagszeitpunkt und ist von dem Eintreten eines Samenjahres oder dem baumartenspezifischen Wuchsverhalten abhängig.

Der Übergang von der Bestandespflege zur Verjüngungsnutzung äußert sich durch stärkere Eingriffe, die dazu dienen, das Kronendach dauerhaft aufzureißen. Ziel ist es, dem Samen soviel Licht am Boden zu bieten, dass er gute Voraussetzungen für die Keimung findet (→Abschnitt 5.2). Zu diesem Zweck wird der Holzvorrat auf ca. 50 bis 80 % eines vollbestockten Bestandes reduziert. Allerdings muss hier beachtet werden, dass kaum ein Bestand im hiebsreifen Alter noch voll bestockt ist. Die Nutzung sollte dann entsprechend vorsichtiger durchgeführt werden. Hier sei noch mal auf den Abschnitt 5.2 verwiesen, der thematisch daran anknüpft.

Für die Auflichtung der Bestände stehen verschiedene Hiebsformen zur Verfügung, von denen die in Brandenburg gebräuchlichsten kurz erläutert werden sollen:

1. **Schirmhieb:** Der Altbestand wird auf relativ großer Fläche weitgehend gleichmäßig aufgelichtet. Mit dem daraus resultierenden gleichmäßigen Lichtangebot am Boden wächst die natürliche oder künstliche Verjüngung wieder relativ einschichtig auf.
2. **Femelhieb:** Auf der Fläche des Altbestandes werden unregelmäßig verteilte Auflichtungen geschaffen, die in der Folge erweitert werden können. Über die Schaffung von Lichtschächten soll der folgende Bestand stufig aufwachsen.
3. **Lochhieb:** Im Altbestand werden Löcher mit einem Durchmesser von ca. 30 m geschlagen. Wird vor allem bei Verjüngungen mit hohem Lichtbedarf durchgeführt und macht oft eine Pflanzung notwendig, da schwersamige Baumarten nicht die komplette Kleinkahlfläche besamen. Ist systematisch zwischen Kleinkahlschlag und Femelhieb einzuordnen.
4. **Saumhieb:** Entlang des Bestandesrandes wird ein schmaler Streifen Altholz, ein Saum, eingeschlagen. Dies muss auf der dem Sturm abgewandten Seite durchgeführt werden, um keine Angriffsfront zu bieten. Dabei wird darauf vertraut, dass der Altbestand den Saum wieder natürlich in Verjüngung bringt. Bei Baumarten mit hohem Lichtbedarf ist diese Technologie nötig.

Merke:
Bei der Verjüngungsnutzung steht die Verjüngung des Altholzes im Vordergrund. Zu diesem Zweck wird 20 bis 30 Jahre vor Erreichen der Hiebsreife der Oberstand aufgelichtet, um der Verjüngung Licht für die Keimung und das Heranwachsen zu schaffen.

Auch wenn der **Kahlschlag** mittlerweile eine untergeordnete Rolle bei der Waldbewirtschaftung spielt, soll hier noch einmal kurz darauf eingegangen werden. Besonders vor 1990 war im Nadelholz der Kahlschlag die wichtigste Nutzungsform. Inzwischen haben sich die Kenntnisse über vielfältige negative ökonomische und ökologische Folgen durchgesetzt, die hier kurz dargestellt werden sollen:

- Aufgrund der Größe der Freifläche ist die Aufforstung mit einer Wirtschaftsbaumart unumgänglich. Dadurch ist immer ein hoher Folgeaufwand durch künstliche Verjüngung mit einem Kahlschlag verbunden.
- Nicht alle Baumarten eignen sich wegen ihrer Frostgefährdung für den Anbau auf der Freifläche (z. B. Buche, Douglasie). Bei diesen Baumarten ist der schützende Schirm unumgänglich.
- Es kommt zu einer explosionsartigen Verjüngung der Bodenvegetation, die auf die Verjüngung stark wachstumshemmend wirkt und damit einen sehr hohen Pflegeaufwand nach sich zieht.
- In der Regel wird bei einem Kahlschlag die gesamte Fläche mit schwerer Technik wahllos befahren, was zu einer hohen Bodenverdichtung und damit zu einer langfristigen Störung der Bodenstruktur führen kann.
- Bei Niederschlag verursacht Oberflächenabfluss in geneigtem Gelände Bodenerosion, was zum Verlust der Humusauflage und des lockeren Oberbodens führen kann.
- Der Verlust des Waldinnenklimas durch die großflächige Kahlstellung führt zu beschleunigtem Abbau der toten organischen Substanz mit negativen Folgen, besonders für humusarme Böden.
- Der Nährstoffkreislauf zwischen Boden und Bestand wird für Jahre entkoppelt. Die freiwerdenden Nährstoffe führen zur Eutrophierung des Grundwassers.
- Nach einem einmaligen, hohen Ertrag sind für lange Zeit Aufwendungen nötig, um den Bestand wieder zu Erträgen zu führen. Besonders der Kleinprivatwaldbesitzer bringt sich mit dem Kahlhieb um kontinuierliche Erträge.

Des Anspruchs wegen, den ein solches Buch besonders für den Kleinprivatwald erhebt, sollen auch die unumstrittenen Vorteile des Kahlschlages dargestellt werden.

- Durch den Anfall relativ großer Holzmengen in kurzer Zeit wird besonders im Kleinprivatwald ein günstiges Verhältnis von Aufwand und Ertrag bei der einzelnen Maßnahme erzielt.

- Dies kann den Bau oder Ausbau von Straßen und Wegen zur Rückung oder Abfuhr erst sinnvoll machen.
- Alle Maßnahmen von der Ernte über die Schlagräumung bis zur Aufforstung ermöglichen großflächigen Maschineneinsatz (Achtung: Ganzflächige Befahrung).

In der gesamtbetrieblichen Betrachtung wiegen die Vorteile des Kahlschlags die Nachteile allerdings nicht auf. Dieser Umstand veranlasste den Gesetzgeber, die Durchführung von Kahlschlägen im §10 LWaldG von 2004 stark einzuschränken (→Abschnitt 3.3).

Sind die der Baumart entsprechenden Lichtverhältnisse geschaffen und die Verjüngung keimt, muss für das An- und Aufwachsen der Verjüngung gesorgt werden (→Abschnitt 5.2). Einen erheblichen Einfluss hat dabei der Waldbesitzer durch die Steuerung der Lichtverhältnisse mit Hilfe des Oberstandes. Durch den Zeitrahmen von 20 bis 30 Jahren ist ihm durch immer wiederkehrende Nachlichtungen die Möglichkeit gegeben, durch die Steuerung des Lichteinfalls die Wüchsigkeit der Verjüngung zu lenken. Man spricht auch vom „Spiel mit dem Licht". Die Verjüngung wächst in den Lichtschächten feinastig und zielstrebig dem Licht entgegen, während sie in schattigeren Partien weniger wüchsig verhofft. Damit lässt sich eine Struktur der Folgegeneration aufbauen. Allerdings muss immer genügend Licht zur Verfügung stehen, um ein Vergehen der Verjüngung zu verhindern. Dies ist besonders bei Lichtbaumarten wie Kiefer oder Eiche schwierig und bedarf waldbaulicher Erfahrung. Leichter ist dies bei schattenverträglicheren Baumarten wie Buche oder Fichte, die lange Zeit in dunkleren Partien verhoffen können und bei Lichtangebot sehr plastisch reagieren.

Erklärung:
*Ein **Überhälter** ist ein einzelner, gut bekronter, vitaler Baum, der weit über das Erreichen der Umtriebszeit bzw. der Zielstärke auf der Fläche belassen wird. Seine Aufgabe kann in der weiteren kontinuierlichen Samenproduktion bestehen oder durch Schattenwirkung erzieherische Aspekte haben.*

Dem Waldbesitzer ist es dann überlassen, ob und in welchem Zeitraum, er den Oberstand beim Erreichen der Umtriebszeit bzw. des Zielstärkedurchmessers sukzessive in mehreren Eingriffen einschlägt oder darüber hinaus einen lichten Schirm aus Überhältern zur weiteren Strukturbildung erhält. Diese Bäume können dann später genutzt oder auch als Höhlen- oder Brutbäume langfristig in die natürliche Zerfallsphase überführt werden (→Kapitel 15). Der Zeitraum, der für die Nutzung des Altholzes dient, ist ausschlaggebend für die spätere Struktur der Folgegeneration. Je länger das Altholz erhalten bleibt, desto länger sorgt die unterschiedliche Schattenwirkung für unterschiedlich schnellen Aufwuchs der Verjüngung.

5.5 Besonderheiten der wichtigsten Wirtschaftsbaumarten bei der Verjüngungsnutzung

Bei der Verjüngungsnutzung existieren zwischen den Baumarten Unterschiede hinsichtlich des Lichtbedarfs, deren Beachtung bei den einzelnen Maßnahmen unumgänglich ist.

Die Kiefer benötigt als Lichtbaumart ein großes Lichtangebot zum Zweck der Verjüngung. Entsprechend stark muss der Altbestand bei Verjüngungshieben aufgelichtet werden. Allerdings gewährleistet der Schirm der Kiefernalthölzer einen relativen hohen Lichtdurchlass zum Boden. Kiefernalthölzer ab dem Alter 120 sollten bei höheren Umtriebeszeiten regelmäßigen Qualitätskontrollen unterzogen werden. Oft führen Kiefernbaumschwamm oder Kienzopf zu Wertminderung, die bei einer früheren Nutzung hätte vermieden werden können.

Merke:
Unterschiede zwischen den einzelnen Baumarten bei der Verjüngungsnutzung manifestieren sich besonders beim Lichtbedarf. Daraus resultieren unterschiedliche Wachstumsgänge und unterschiedliche Hiebsreifezeitpunkte. Diese müssen bei der Bewirtschaftung unbedingt berücksichtigt werden.

Bei der Eiche, ebenfalls eine Baumart mit einem hohen Lichtbedarf, muss bei der Auflichtung besondere Sorgfalt gewährt sein. Eine schnelle und kräftige Lichtstellung quittiert die Eiche mit Wasserreiserbildung, sofern kein Unterbau (→Abschnitt 5.7) existiert, der die Beschattung der Stämme absichert. Existiert dieser, muss am jeweiligen Bestand genau geprüft werden, ob der Unterstand gemeinsam mit dem Oberstand sukzessive geerntet (was der exakten Definition des Unterstandes entspräche) oder in Folgebestand übernommen werden soll (dies wäre ein Übergang zum Voranbau). In letzterem Fall könnte dessen Schattenwirkung allerdings einer reibungslosen Naturverjüngung im Wege stehen. Außerdem sollten bei Wertholzbeständen jährlich im August Vitalitätsansprachen durchgeführt werden, um plötzlich absterbende Eichen zu entnehmen und vor einem Wertverfall zu bewahren.

Wird die Buche als relativ schattenverträgliche Baumart über Schirmschläge in Verjüngung gebracht, entstehen mit hoher Wahrscheinlichkeit einschichtige Bestände. Wenn das Ziel besteht, strukturierte Bestände aufzubauen, ist es sinnvoll, das Altholz femelartig aufzulichten und damit Verjüngungsgruppen zu schaffen.

Selbst in den schattenreicheren Partien vergeht die Buche nicht, um bei späterem Lichtangebot mit starkem Zuwachs zu reagieren. Somit ist es möglich, stufige Bestände aufzubauen.

Bei der Festlegung der Hiebsreife der Buche ist vor allem auf die örtliche Erfahrung mit der Rot- und Spritzkernbildung zu achten. Dabei handelt es sich um einen Holzfehler, der im Kern des Baumes auftritt und sich mehr oder weniger gleichmäßig zum Splint ausbreitet. In einem solchem Fall besteht die Gefahr einer Entwertung, wenn der Durchmesser des Rot- oder Spritzkerns schneller wächst als der Durchmessers des Baumes.

Der Umstand, dass viele Roterlen auf Nassstandorten stocken, erfordert besonders bodenschonende Holzerntetechnologien und verursacht dadurch deutlich höhere Holzerntekosten. Eine Rentabilitätsprüfung ist meist unumgänglich. Rad- oder Gleiskettenschlepper sollten aus Bodenschutzgründen nur bei Dauerfrost oder während trockener Perioden zum Einsatz kommen. Die Seilkranbringung besonders hochwertiger Sortimente sollte geprüft werden. Insbesondere auf organischen Nassstandorten neigt die Roterle, etwa ab dem Alter 80 zur Bildung von Faulkernen, die vorrangig auf Staunässe zurückzuführen sind. Auf diese Gefahr hin sollten die Bestände regelmäßig geprüft und in folgenden Bestandesgenerationen auf den Anbau der Roterle auf diesem Standort verzichtet werden.

Abbildung 24: *Der Voranbau begründet die nächste Bestandesgeneration.* (Foto: Bergmann)

5.6 Voranbau

Im letzten Abschnitt wurde die Verjüngungsnutzung ausschließlich mit dem Ziel einer natürlichen Verjüngung erläutert. Allerdings kann es z. B. bei ausbleibender Verjüngung nötig sein, die Naturverjüngung zu ergänzen oder bei einem Baumartenwechsel einen Teil der neuen Bestandesgeneration mit anderen Baumarten unter das Altholz zu pflanzen. Meist wird ein Anteil der Naturverjüngung des Oberstandes in die nächste Generation übernommen. Die Pflanzung mit dem Ziel, die nächste Bestandesgeneration zu begründen, nennt sich Voranbau. Dabei werden eine oder mehrere Mischbaumarten nach Auflichtung des Oberstandes vor Erreichen der Hiebsreife gepflanzt. Damit soll zum einen ein gewisser Wuchsvorsprung gesichert und die pflegende Wirkung des Schirms ausgenutzt werden. Deshalb ist es auch sinnvoll nicht die gesamte Fläche zu bepflanzen, sondern Plätze für die sich zeitgleich oder später ansamende Naturverjüngung offen zu lassen.

Das weitere Vorgehen gleicht dem der Verjüngungsnutzung bei ausschließlicher Naturverjüngung (→Abschnitt 5.4). Lediglich bei den folgenden Hiebsmaßnahmen muss dem Voranbau eine größere Sorgfalt entgegengebracht werden, da die Pflanzenzahl erheblich geringer als bei einer Naturverjüngung ist, und die Ausfälle erheblich kostspieliger ersetzt werden müssen. Deshalb ist es sinnvoll bei der Anlage des Voranbaus, der gewöhnlich auch den Zaunbau nötig macht, die spätere Nutzung des Oberstandes schon zu berücksichtigen. So können z. B. Streifen bei der Pflanzung ausgespart werden, die später als Rückewege genutzt werden können.

Merke:
Ziel des Voranbaus ist – im Unterschied zum Unterbau – die Verjüngung des Bestandes (→Abschnitt 5.7). Dazu werden unter dem Schirm des Altholzes Mischbaumarten eingebracht, um die Baumartenzusammensetzung in der folgenden ***Generation*** *zu ändern. Außerdem ist ankommende Naturverjüngung willkommen und kann eingeplant werden.*

5.7 Unterbau

Der Unterbau ist vorrangig eine Bestandespflegemaßnahme, die in Brandenburg eine große Bedeutung hat. Bei der praktischen Umsetzung wird jedoch immer häufiger versucht, mit dem Unterbau auch Ziele des Voranbaus zu erfüllen, was zu einer Aufweichung der Grenzen zwischen beiden waldbaulichen Maßnahmen führt. Deshalb wird der Unterbau in diesem Abschnitt behandelt.

Das ursprüngliche Ziel des Unterbaus ist es, bei Lichtholzarten den fehlenden Unter- und/oder Zwischenstand zu ersetzen, um durch Beschattung der wertvollen herrschenden Stämme die Bildung von Wasserreisern zu verhindern.

Daneben sollen aber auch weitere Ziele erreicht werden:

- Aufbau von Mischbeständen
- Stabilisierung der Bestände
- bessere Ausnutzung guter Standortsqualitäten
- Förderung der Streuzersetzung
- positive Beeinflussung der Grundwasserneubildungsrate.

Bei rechtzeitig ausgeführtem Unterbau wird der Hauptbestand früh und vollständig von seinen Ästen gereinigt, so dass ein astfreies und damit wertvolles Erdstammstück entstehen kann. Außerdem kann z. B. bei der Esche auf diesem Weg auch das Aufkommen einer üppigen, zuwachsmindernden Bodenvegetation verhindert werden. Bei der Kiefer soll zusätzlich der Nährstoffkreislauf durch die Bereicherung der Humusauflage mit Laubstreu

Erklärung:
Als ***Unter- oder Zwischenstand*** *werden in einem mehrschichtigen bzw. stufigen Bestand die Bäume bezeichnet, die im Höhenwachstum zurück geblieben sind und die Stämme der Bäume der oberen Bestandesschicht beschatten. Der Unterstand erreicht dabei eine maximale Höhe von ca. 1/3, der Zwischenstand von maximal ca. 2/3 des Oberstandes.*

Abbildung 25:
Typische Baumart für einen Unterbau ist die schattentolerante Buche.
(Foto: Bergmann)

Merke:
Der Unterbau ist eine aufwendige Maßnahme, die vorrangig zur Schaftpflege von Lichtbaumarten dient. Zu diesem Zweck können auf guten Standorten schattenverträgliche Baumarten im Unterstand gepflanzt werden, die die Bildung von Wasserreisern bei plötzlicher Lichtstellung verhindern sollen.

verbessert werden. Das bedeutet natürlich, dass ein Unterbau nur nötig ist, wenn ein vorhandener Zwischenstand oder zurückgebliebener Oberstand diese Aufgabe nicht übernehmen kann.

Der Unterbau wird in Form von Pflanzung oder Saat schattentoleranter Baumarten bei einer Bestandeshöhe von 12 bis 18 m eingebracht. Meist ist bei entsprechender Wilddichte ein Zaun unumgänglich (→Abschnitt 16.4). Die Bestände müssen bereits soviel Licht auf den Boden lassen, dass der Unterbau gedeihen kann. Da der Unterbau lediglich die Neubildung verhindern kann, nicht aber die Beseitigung von bereits vorhandenen Wasserreisern ermöglicht, müssen diese vorher abgestoßen werden. Der Unterbau darf den Baumarten des Hauptbestandes keine Konkurrenz machen. Aus der Tabelle 16 ist ersichtlich, welche Baumarten als Unterbau und welche als zu unterbauende Baumarten geeignet bzw. sinnvoll sind.

Tabelle 16:
Baumarten, die als Unterbau und als zu unterbauende Baumarten geeignet sind.

unterbaute Baumarten	Eiche, Esche, Lärche, Kiefer
Unterbau	Buche, Winterlinde, Hainbuche

Einschränkend muss aber auch darauf hingewiesen werden, dass eine entscheidende Voraussetzung für den Unterbau die Qualität des Standortes ist. So sollte eine zweite, meist ebenfalls anspruchsvolle Bestandesschicht, erst bei einer überdurchschnittlichen Standortsqualität eingebracht werden, um das Ziel der Wertholzproduktion aufgrund mangelnder Wasser- oder Nährstoffversorgung nicht aufgeben zu müssen. Bei vorrangigen Zielen wie Bestandesstabilisierung oder Förderung der Streuzersetzung kann der Unterbau auch bei schlechteren Standorten auf Kosten von Zuwachsverlusten eingebracht werden. Aus diesem Grund, aber auch wegen der hohen Kosten, sollte genau geprüft werden, ob die Maßnahme betriebswirtschaftlich sinnvoll ist.

Abschließend soll der Unterschied zum Voranbau hervorgehoben werden. Beide Begriffe werden vereinzelt selbst von Fachleuten wechselseitig falsch verwandt. Im Gegensatz zum Unterbau handelt es sich beim Voranbau (→Abschnitt 5.6) nicht um eine Pflegemaßnahme, sondern um eine Verjüngungsmaßnahme. Die zukünftige Mischbaumart wird erheblich später als beim Unterbau eingebracht, allerdings so zeitig, dass ein Wuchsvorsprung gegenüber der Naturverjüngung gesichert werden kann. Der Voranbau wird meist zum Zweck des Baumartenwandels eingesetzt.

5.8 Zusammenfassung

In den bisher erläuterten Abschnitten des Kapitels „Die Bewirtschaftung des Waldes“ ging es um die Frage, wie ein Waldbestand in Abhängigkeit von seinem Alter forstlich bewirtschaftet wird, damit aus dem Verkauf des Holzes ein finanzieller Ertrag erwirtschaftet werden kann. Da die erforderlichen Maßnahmen sehr stark von dem Alter des Waldbestandes abhängen, wurde die Lebensspanne eines Waldbestandes in verschiedene Abschnitte unterteilt. Auch wenn es nicht sofort auffällt, so wird doch deutlich, dass alle Maßnahmen in einer sehr starken zeitlichen Abfolge angeordnet sind und immer aufeinander aufbauen! Die erfolgreiche Bewirtschaftung des Waldes ist folglich die konsequente Umsetzung aller zeitlich folgenden Bewirtschaftungsmaßnahmen. Die Abbildung 26 verdeutlicht, dass die dargestellten forstlichen Maßnahmen alle aufeinander abgestimmt sind und in einer zeitlichen Abfolge stehen.

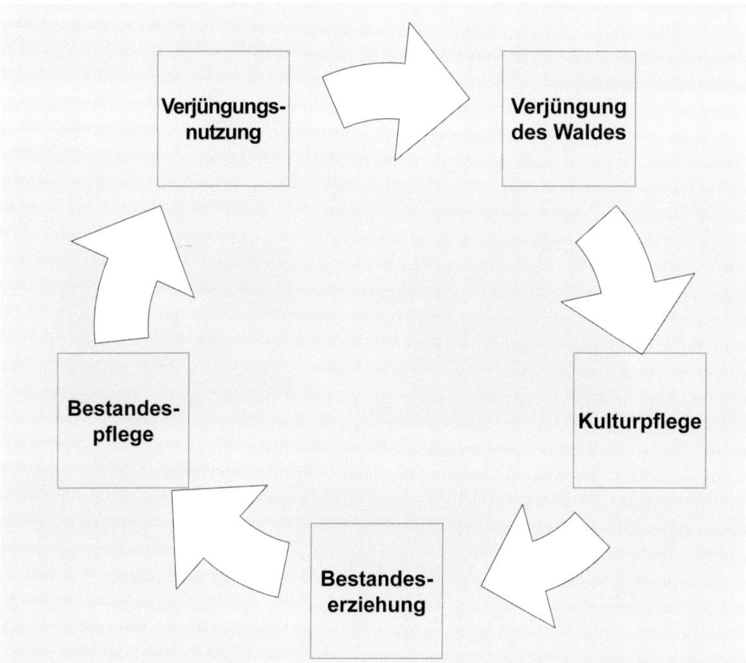

Abbildung 26: *Kreislauf der forstlichen Bewirtschaftung.*

5.9 Kalkulationsverfahren bei Holzerntemaßnahmen

5.9.1 Verfahren zur Holzernte

Erklärung:
Unter ***„Aushaltung"*** *wird die Tätigkeit verstanden, den gefällten Baum optimal in die verkaufsfähigen Sortimente zu zersägen.*

Die Holzernte ist einer der wichtigsten Arbeiten in einem Forstbetrieb. Während aber in den bisherigen Abschnitten erläutert wurde, welche waldbaulichen Aspekte bei der Holzernte zu berücksichtigen sind, soll es nun darum gehen, welche technologischen Möglichkeiten ein Waldbesitzer zur Ausführung dieser Arbeit hat. Es sei daran erinnert, dass das Ziel der Holzernte darin besteht, verkaufsfähige Holzsortimente (sog. Rohholz) zu liefern, die auf dem Holzmarkt (→Kapitel 6) verkauft werden sollen.

Abbildung 27:
Typischer Verfahrensablauf von der Holzernte bis zum Holzverkauf.
(Fotos: Bergmann)

Der übliche Verfahrensablauf zur Bereitstellung des Rohholzes ist in Abbildung 27 dargestellt. Daraus geht hervor, dass sich die Bereitstellung des Rohholzes i.d.R. aus den Teilabschnitten

1. Holzeinschlag
2. Rückung des eingeschlagenen Holzes und
3. Verkauf des Rohholzes (siehe Kapitel 6)

zusammensetzt. Für die Punkte 1 und 2 sind derzeit in der Forstwirtschaft folgende Verfahrensabläufe üblich:

1. Der Waldbesitzer schlägt die Bäume selbstständig ein. Für die Rückung des Holzes beauftragt er einen Lohnunternehmer. Das Holz verkauft er selbstständig an einen Holzhändler.
2. Der Waldbesitzer beauftragt einen Lohnunternehmer zum Holzeinschlag und zur Rückung des Holzes. Das Holz verkauft er entweder ebenfalls selbstständig an einen Holzhändler oder mit Hilfe der Forstbetriebsgemeinschaft oder/und des Försters. Dieser Verfahrensablauf wird auch als Holzeinschlag in „eigener Regie" bezeichnet und wird in Abschnitt 5.9.2 näher erläutert.
3. Einsatz von Selbstwerber: Beim Selbstwerbereinsatz sind alle drei oben genannten Teilabschnitte zusammengefasst: Der Waldbesitzer gestattet einem Unternehmer (sog. Selbstwerber), in einem Waldbestand Holz einzuschlagen. Dafür zahlt der Selbstwerber einen vorher ausgehandelten Preis für alle Sortimente. Der Waldbesitzer braucht sich weder um die Rückung noch um den Verkauf des Holzes kümmern, da dies alles in der Hand des Selbstwerbers liegt. Aufgrund der enormen Bedeutung des Selbstwerbereinsatzes wird diesem Verfahrensablauf ebenfalls ein eigener Abschnitt gewidmet (→Abschnitt 5.9.3).

Merke:
Haben die Bäume, die im Rahmen der Durchforstung entnommen werden sollen, mindestens einen Brusthöhendurchmesser (BHD) von ca. 14 cm, können meistens mehr Einnahmen erzielt werden, als die Aufarbeitung und Rückung des Holzes kostet. Das heißt: Haben die zu entnehmenden Bäume mindestens einen BHD von ca. 14 cm, lohnt sich eine Waldpflege, weil der Waldbesitzer neben dem gepflegten Waldbestand zusätzlich ein Einkommen erzielen kann.

Abbildung 28 verdeutlicht die Möglichkeiten, eine Bestandeserziehung in Beständen ab einer Oberhöhe von ca. 15 m durchzuführen.

Adressen von örtlichen Lohnunternehmern und Selbstwerbern liegen bei den Waldbesitzerverbänden, beim Lohnunternehmerverband oder bei den Revier- und Oberförstereien (siehe Anhang).

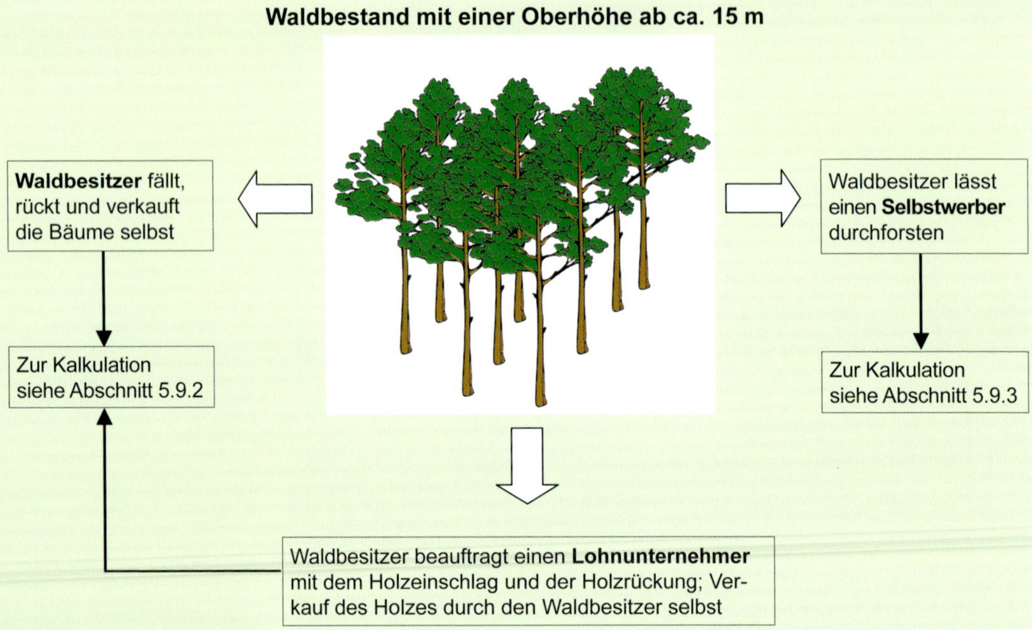

Abbildung 28:
Möglichkeiten der Rohholzbestellung aus Sicht des Waldbesitzers.

5.9.2 Holzeinschlag und Rückung in „eigener Regie“

Zunächst muss betont werden, dass die Formulierung „in eigener Regie“ nicht bedeutet, dass der Waldbesitzer den Holzeinschlag und die Rückung selbst durchführt. Vielmehr heißt dies nur, dass der Waldbesitzer einen Lohnunternehmer mit der Durchführung betraut, jedoch selbst die Regie (Leitung) des Holzeinschlages, der Rückung und des Holzverkaufes behält. Der Unterschied zum Verfahren („Selbstwerber“) (→Abschnitt 5.9.3) besteht darin, dass bei der „eigenen Regie“ die Lohnunternehmer für den Holzeinschlag und die Rückung vom Waldbesitzer zur Durchführung beauftragt werden, während beim Selbstwerbereinsatz der Waldbesitzer nur das Holz verkauft. Das Verfahren „eigene Regie“ gliedert sich gewöhnlich wie folgt:

- Der Holzeinschlag und die Aushaltung wird entweder durch den Waldbesitzer selbst oder durch Beauftragung eines forstlichen Lohnunternehmens durch den Waldbesitzer (sog. Lohnunternehmer) realisiert.
- Die Rückung wird durch ein vom Waldbesitzer beauftragten Lohnunternehmer durchgeführt. Oft ist das derselbe Lohnunternehmer, der auch schon den Holzeinschlag

Merke:
Die Holzernte und Rückung in eigener Regie des Waldbesitzers bedeutet, dass der Waldbesitzer selbst für die Organisation und Durchführung des Holzeinschlages und der Rückung verantwortlich ist. Der Holzeinschlag und die Rückung sind vom Holzverkauf entkoppelt, d. h. der Holzhändler ist immer eine andere Person als der Lohnunternehmer, der den Holzeinschlag und die Rückung durchführt.

Vorteile	Nachteile
Klare Abrechnung des Holzeinschlages, der Rückung und des Holzverkaufs möglich.	Ausgaben für die Bezahlung des Lohnunternehmers notwendig
Verkauf des gerückten Holzes zu einem höheren Preis möglich	Zeitlicher Mehraufwand für den Waldbesitzer zur Beauftragung und Qualitätskontrolle des Lohnunternehmers
Fristgerechte und professionelle Arbeitserledigung	Risiko der Holzübergabe (Diebstahl, Feuer)
Durchforstung großer Waldbestände in kürzester Zeit	

Tabelle 17: *Vor- und Nachteile des Holzeinschlages und der Rückung in eigener Regie aus Sicht des Waldbesitzers.*

und die Aushaltung getätigt hat. Die Möglichkeit, dass der Waldbesitzer das Holz selbst rückt, scheitert in der Praxis häufig daran, dass keine entsprechende Technik zur Verfügung steht. Ein eventuell vorhandener Traktor ist allenfalls geeignet, das Langholz zu rücken, nicht aber das Kurzholz. Es ist deshalb in der forstlichen Praxis üblich, zur Rückung des Holzes einen Lohnunternehmer zu beauftragen.

- Das Holz verkauft entweder der Waldbesitzer selbst oder mit Hilfe eines Försters an einen Holzhändler, der nicht mit dem Lohnunternehmer identisch ist.

Faustregel:
Langholz: *Stammholz mit einer Länge zwischen 6–14 m.*
Kurzholz: *Holz mit einer Länge zwischen 1–6 m.*

Die Vor- und Nachteile dieses Verfahrens können wie in Tabelle 17 umrissen werden. Deutlich ist, dass für den Waldbesitzer nur die Betriebskosten auftreten, wenn er mit der eigenen Motorsäge den Holzeinschlag und die Rückung selbst durchführt. Der Preis einer Motorsäge liegt zwischen 500–1300 EUR, wobei dieser Preis

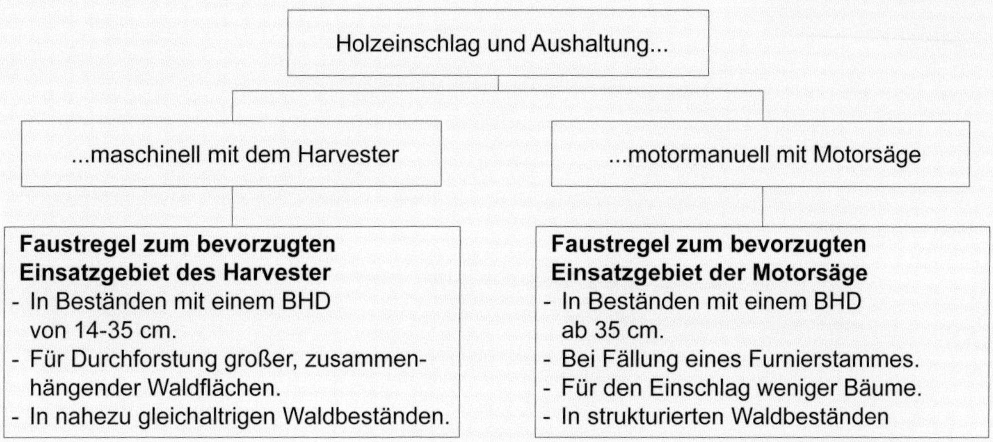

Abbildung 29: *Faustregeln zur Entscheidung zwischen dem maschinellen oder motormanuellen Holzeinschlag.*

Tabelle 18:
Durchschnittliche Kosten für die Holzernte und die Rückung durch einen Lohnunternehmer (Stand des Jahres 2004).

Art der Ausführung	Holzernte und Aushaltung	Rückung
maschinell	6 EUR/fm – 12 EUR/fm	4 EUR/fm – 10 EUR/fm
motormanuell	10 – 20 EUR/fm	

entscheidend davon abhängt, für welche Baumstärken die Säge eingesetzt wird. Die Ausgaben für Kraftstoff und Schmiermittel können, wenn der Waldbesitzer die Holzernte selbst durchführt und eine Motorsäge besitzt, nahezu vernachlässigt werden.

Bei der Beauftragung eines forstlichen Lohnunternehmers fallen hingegen Ausgaben an, die in Abhängigkeit von der Art der Durchführung in der Übersicht in Abbildung 29 dargestellt werden. Generell werden zwei Holzernteverfahren unterschieden. Damit können die Ausgaben, die durch die Beauftragung eines Lohnunternehmers entstehen könnten, wie in Tabelle 18 gegenübergestellt werden (bei durchschnittlichen Verhältnissen in Brandenburg).
Der Übersicht ist zu entnehmen, dass die Kosten pro Festmeter stark schwanken können. Gründe für diese Schwankungen sind z. B.:

- komplizierte Geländebedingungen (Gräben etc.)
- lange Rückewege aufgrund fehlender Erschließung
- schlechte Vorbereitung durch den Waldbesitzer (z. B. schlecht ausgezeichnet)
- viele verschieden auszuhaltende Sortimente.

Festmeter (fm):
Ist das reine Volumen des Holzes. Diese Einheit wird bei Stammholz verwendet. Es gilt: 1 fm=1 m³.

Raummeter (rm):
Ist das Holzvolumen, wenn es locker gepoltert und die Luft zwischen den einzelnen Holzstücken mitgerechnet wird. Häufig bei Kurzholz verwendet. Es gilt: 1 rm entspricht ca. 0,6–0,8 fm.

Abschließend stellt sich die Kalkulation, nach der ein Waldbesitzer seine Durchforstung planen kann, wie im Beispiel 5 dar.

Beispiel 5:
Anton beabsichtigt, einen 40-jährigen Kiefernbestand zu durchforsten. Holzhändler Andi bietet ihm 17 Euro/rm für das Kiefernholz, wenn es auf einen Sammelplatz gerückt ist. Das heißt: Anton bekommt für jeden Raummeter (rm), den er aus der Bestandespflege (oder der Bestandeserziehung) gewinnt, 4,- Euro! In Abhängigkeit von dem Alter des Bestandes und der Baumart können ca. 20 bis 50 rm pro Hektar in zehn Jahren entnommen werden, so dass ca. 80 bis 200,- Euro als Einnahmeüberschuss entstehen! Anton hat also, neben einem gepflegten Waldbestand, zusätzlich ein Einkommen erzielt.

Zeile		Betrag	
1	**Erlöse aus dem Holzverkauf (Holzerlös):**	17,00	EUR/rm
2	**Kosten** für die... ...maschinelle Holzernte:	8,00	EUR/rm
3	...Rückung:	5,00	EUR/rm
4	**Erlösüberschuss** [Zeile 1–Zeile 2–Zeile 3]	**4,00**	**EUR/rm**

Das Beispiel ist natürlich stark vereinfacht. Folgende Abwandlungen sind möglich (und in der Praxis sehr verbreitet), wobei der eigentliche Kern der obigen Erläuterung immer erhalten bleibt:

- Die Holzmenge, die aus der Bestandeserziehung oder der Bestandespflege resultiert, wird nicht als ein einziges Sortiment ausgehalten, sondern in verschiedene Sortimente differenziert (z. B. in Langholzabschnitte [LAS] und Industrieholz [IS] → Abschnitt Holzmarkt).
- Der Holzhändler bietet nicht einen einzigen Preis für alle Sortimente, sondern getrennt für jedes ausgehaltene Sortiment einen speziellen Holzpreis.
- Für die Durchführung des Holzverkaufs nimmt der Waldbesitzer die Hilfe des Försters in Anspruch, so dass dafür ein Entgelt zu zahlen ist (→Abschnitt 11.1).

Langholzabschnitte (LAS) *ist ein spezielles Holzsortiment, das ca. 3,5 m - 6 m lang und als Bauholz verarbeitet wird.*

Industrieholz (IS) *ist ein Holzsortiment, das zur Zellstoff- oder Spanplattenproduktion verwendet wird.*

Beispiel 6:
Bei Waldbesitzer Anton treten die oben genannten ersten beiden Erweiterungen auf: Die Holzmenge von z. B. 30 fm wird in die beiden Sortimente LAS (z. B. 17 fm) und IS (z. B. 16,25 rm) differenziert (Die Aufteilung der Hiebmenge in diesem Beispiel ist frei geschätzt). Der Holzhändler bietet Anton für das LAS 35 Euro/fm und für das IS 18 Euro/rm. Damit ergibt sich für Anton folgende Kalkulation:

Zeile		Sortimente		
		LAS	IS	Gesamt
1	**Erlöse aus dem Holzverkauf**	35,00 EUR/fm	18,00 EUR/rm	
2	**Kosten** für… … die maschinelle Holzernte (=Holzerntekosten):	9,00 EUR/fm	7,20 EUR/rm	
3	... die Rückung (=Rückekosten):	7,00 EUR/fm	5,60 EUR/rm	
4	**Erlösüberschuss (holzerntekostenfreier Erlös) pro Einheit** [Zeile 1–Zeile 2–Zeile 3]	19,00 EUR/fm	5,20 EUR/rm	
5	Erntemenge	17,00 fm/ha	16,25 rm/ha	
6	**Nettoerlös insgesamt** [Zeile 4 x Zeile 5]	323,00 EUR/ha	84,50 EUR/ha	**407,50 EUR**

Die Kalkulation zeigt: Anton bekommt 407,- Euro pro Hektar für die Durchforstung im Rahmen der Bestandespflege. Selten wird aber nur ein Hektar durchforstet. Schon bei 3 ha erhält Anton also mehr als 1222,- Euro!

In Beispiel 5 wurden Begriffe verwendet, die nun erläutert werden:

- Holzerlös (Zeile 1): Berechnet sich aus dem Holzpreis x Holzmenge. Beispiel:
  Holzpreis 30 EUR/fm x Holzmenge 10 fm = 300 EUR Holzerlös
- Holzerntekosten (Zeile 2): Sind die Ausgaben, die für die Holzernte entstehen.

- Rückekosten (Zeile 3): Sind die Ausgaben, die für die Rückung des Holzes entstehen.
- Holzerntekostenfreier Erlös: Berechnet sich, indem von den Holzerlösen die Holzerntekosten abgezogen werden. In der forstlichen Praxis ist es aber üblich, neben den Holzerntekosten zusätzlich auch die Rückekosten von den Holzerlösen abzuziehen. Dies ist begrifflich nicht ganz korrekt, aber dennoch in der Praxis gebräuchlich.
- Nettoerlös: Berechnet sich, indem der Einnahmeüberschuss pro Einheit mit der Erntemenge multipliziert wird.

5.9.3 Selbstwerbereinsatz

Der Begriff „Selbstwerber" bedeutet nicht, dass der Waldbesitzer das Holz selbst wirbt, sondern einer anderen Person die Erlaubnis erteilt, Holz für ihren Bedarf selbst zu ernten und zu rücken. Beim Selbstwerbereinsatz tritt nur eine einzige Person auf, die dem Waldbesitzer das stehende Holz abkauft und dieses dann selbst einschlägt und rückt. Sehr verbreitet ist dieses Verfahren bei der Brennholzgewinnung: Ein Interessent kommt zum Waldbesitzer und fragt, ob er ein paar Bäume fällen und als Brennholz aufarbeiten darf. Als Gegenleistung bekommt der Waldbesitzer dafür einen pauschalen Erlös, wobei der Waldbesitzer keinerlei weitere Mühe, außer der Einweisung des Brennholzwerbers, hat. Doch nicht nur Brennholzwerber haben ein Interesse, sondern auch große Unternehmen, die für ihren Bedarf (z. B. für die Zellstoffherstellung oder die Produktion von Profilhölzern) ihr Holz selbst werben.

Wie es in Beispiel 8 dargestellt wurde, ist auch der Verkauf anderer Sortimente möglich. In der forstlichen Praxis gibt es

Beispiel 7:
Herr Müller kommt zu Waldbesitzer Anton, um drei Raummeter (rm) Brennholz von ihm zu bekommen. Anton geht mit Müller in seinen Wald und zeigt ihm, welche Bäume er dafür fällen und aufarbeiten darf. Müller zahlt Anton dafür pro Raummeter (rm) 6,- Euro, also insgesamt 18,- Euro. Damit hat Anton 18,- Euro Einnahmen und keine Ausgaben!

Beispiel 8:
Der Selbstwerber Ruprecht bietet Anton einen Holzpreis von 5 Euro/fm, damit er den 5 ha großen Wald durchforsten kann. Beide vereinbaren, dass das geschlagene und an den Wegrand gerückte Holz anschließend gemeinsam gemessen und das Volumen bestimmt wird. Dabei ergibt sich eine Menge von 140 fm. Somit erhält Anton von Ruprecht
5 Euro/fm x 140 fm = 700,- Euro.
Diese 700,- Euro stellen also reine Einnahmen für Anton dar, wobei er keine Ausgaben hat!

Selbstwerber, die dem Waldbesitzer einen pauschalen Preis pro Raummeter oder Festmeter bieten und ganze Waldbestände mit mehreren Hektar selbst durchforsten und das Holz weiterverkaufen. Diese professionellen Selbstwerber kommen dann mit ihrer Technik (Harvester und Forwarder), organisieren und realisieren die Durchforstung völlig selbstständig. Der Waldbesitzer hat dabei lediglich Kontrollaufwand, ob der Selbstwerber die ihm zugewiesenen Bäume (die in der Regel durch den Waldbesitzer oder den Förster markiert wurden) fällt.

Vorteile	Nachteile
Keine Ausgaben erforderlich. Zeitlicher Aufwand für den Waldbesitzer nur zur Beauftragung des Selbstwerbers. Kurzer Zeitraum zwischen Einschlag des Holzes und Überweisung des Geldes auf das Konto des Waldbesitzers. Fristgerechte und professionelle Arbeitserledigung. Durchforstung großer Waldbestände in kürzester Zeit möglich.	Deutlich geringerer Holzpreis als bei der Durchführung in eigener Regie. Für den Waldbesitzer ist nicht nachvollziehbar, welche Sortimente aus der Durchforstung resultierten. Deshalb sollte auf eine getrennte Abrechnung nach Sortimenten geachtet werden. Angebotseinholung erforderlich.

Tabelle 19:
Vor- und Nachteile des Selbstwerbereinsatzes aus Sicht des Waldbesitzers.

Eine Gegenüberstellung der Vor- und Nachteile des Selbstwerbereinsatzes ergibt das Bild, das in Tabelle 19 dargestellt wird.

Dadurch, dass der Selbstwerber selbst den Holzeinschlag und die Rückung übernimmt, bekommt der Waldbesitzer einen Nettoerlös, der vor Beginn des Einschlags vereinbart wird, genannt. An dieser Stelle ist eine genaue Kalkulation notwendig, bei welchem der beiden Verfahren (Selbstwerberverfahren oder im Verfahren „eigene Regie“) der höhere Nettoholzerlös erzielt werden kann (→Abschnitt 5.9).

Merke:
Vor jeder Durchforstung sollte ein Waldbesitzer genau kalkulieren, welche Variante bei seinen Bedingungen die optimale ist. Welches Verfahren der Holzernte aus Sicht des Waldbesitzers optimal ist, hängt entscheidend vom Holzpreis und der Sortimentsstruktur des Waldbestandes ab. Deshalb kann auch ein Selbstwerbereinsatz in älteren Waldbeständen vorteilhaft sein.

Die Bedeutung des Selbstwerbereinsatzes wird sich in den kommenden Jahren erheblich vergrößern. Große internationale Holzfirmen bieten bereits heute Durchforstungen auf großen Flächen an. Dadurch, dass bei Selbstwerbung die Lohnunternehmer als Zwischenstufe wegfallen, kann der Selbstwerber Effizienzpotenziale nutzen. Darüber hinaus kann der Selbstwerber den Einschlag an seinen betrieblichen Zeitablauf und an den

Holzbedarf anpassen und ist nicht auf die fristgerechte Arbeitsausführung der Lohnunternehmer gebunden. Diese Flexibilität der Selbstwerber und die Tatsache, das der Waldbesitzer finanziell nicht in Vorleistungen gehen muss, ist positiv zu bewerten. Es ist zu erwarten, dass der Selbstwerbereinsatz in Zukunft eine größere Bedeutung in der Brandenburgischen Forstwirtschaft bekommt.

5.10 Kalkulationsverfahren zur Herleitung der optimalen Alternative zwischen „eigener Regie" und Selbstwerber

Es wurde gezeigt, dass sich die Holzernte in eigener Regie oder in Selbstwerbung aus Sicht des Waldbesitzers grundsätzlich unterscheidet. Im Folgenden soll deshalb an Beispielen gezeigt werden, wie der Waldbesitzer das aus seiner Sicht optimale Verfahren auswählt, um die größten Nettoerlöse zu erzielen.

Die Ergebnisse aus dem Beispiel 9 dürfen nicht verallgemeinert werden, wie das Beispiel 10 zeigt. Die beiden Beispiele verdeutlichen, dass das Bestandesalter und die damit verbundene Veränderung des BHD des Waldbestandes einen gravierenden Einfluss auf die Erlössituation des Waldbesitzers hat.

Da mit steigendem BHD des Waldbestandes häufiger Sortimente anfallen, für die ein höherer Holzpreis bezahlt wird, schwankt die Vorteilhaftigkeit der beiden Verfahren. Es kann deshalb für den Waldbesitzer günstiger sein, den Holzeinschlag und die Rückung in eigener Regie durchzuführen und das Holz separat zu verkaufen. Der Selbstwerbereinsatz ist vor allem für minderwertige Sortimente, für die nur ein geringer Holzpreis bezahlt wird und deshalb die Holzerntekosten gerade so gedeckt sind, sinnvoll.

Beispiel 9:
Anton möchte eine Bestandespflege in seinem 1 ha großen, 50-jährigen Kiefernbestand durchführen. Anton hat folgende Angebote:

1. Möglichkeit
Holzhändler Andi bietet ihm 30 Euro/fm für gerücktes Holz des Sortiments LAS und 17 Euro/rm für das Sortiment IS. Für die Holzernte und die Rückung der beiden Sortimente beauftragt Anton den Lohnunternehmer Meier, der für die Holzernte 8 Euro/fm bzw. 6,5 Euro/rm und für die Rückung 6 Euro/fm bzw. 5 Euro/rm verlangt. Insgesamt fallen 30 fm bei der Durchforstung an, die sich in 7 fm LAS und 28,75 rm IS unterteilen (28,75 rm entsprechen ca. 23 fm, weil 1 rm ca. 0,8 fm sind).
Die Kalkulation Antons lautet:

Zeile		Sortimente LAS	Sortimente IS	Gesamt
1	**Erlöse aus dem Holzverkauf**	30,00 EUR/fm	17,00 EUR/rm	
	Kosten für…			
2	… die maschinelle Holzernte (=Holzerntekosten):	8,00 EUR/fm	6,50 EUR/rm	
3	...die Rückung (=Rückekosten):	6,00 EUR/fm	5,00 EUR/rm	
4	**Erlösüberschuss (holzerntekostenfreier Erlös) pro Einheit** [Zeile 1–Zeile 2–Zeile 3]	16,00 EUR/fm	5,50 EUR/rm	
5	Erntemenge	7,00 fm/ha	28,75 rm/ha	
6	**Nettoerlös insgesamt** [Zeile 4 x Zeile 5]	112,00 EUR/ha	158,13 EUR/ha	**270,13 EUR**

Anton würde also, wenn er den 1 ha Kiefernbestand in „eigener Regie“ durch einen Lohnunternehmer durchforsten lässt, insgesamt 270,- Euro netto erhalten.

2. Möglichkeit
Der Holzhändler Ruprecht bietet Anton pauschal 10 Euro/fm für alle Sortimente, wenn er den Kiefernbestand als

Zeile		Selbstwerber pauschal	Gesamt
1	**Erlöse aus dem Holzverkauf**	10,00 EUR/fm	
	Kosten für…		
2	… die maschinelle Holzernte (=Holzerntekosten):	0,00 EUR/fm	
3	...die Rückung (=Rückekosten):	0,00 EUR/fm	
4	**Erlösüberschuss (holzerntekostenfreier Erlös) pro Einheit** [Zeile 1–Zeile 2–Zeile 3]	10,00 EUR/fm	
5	Erntemenge	30,00 fm	
6	**Nettoerlös insgesamt** [Zeile 4 x Zeile 5]	300,00 EUR	**300,00 EUR**

Selbstwerber durchforsten darf. Anton kalkuliert:
Bei dieser Möglichkeit würde Anton insgesamt 300,- Euro bekommen, also ca. 11 % mehr, als wenn er den Bestand in eigener Regie durchgeforstet hätte. Zusätzlich hat er den zeitlichen Aufwand zur Beauftragung des Lohnunternehmers gespart.

Beispiel 10:
Der benachbarte Waldbesitzer Bert, erstaunt über die Erfolge Antons, plant, seinen 80-jährigen Kiefernbestand zu durchforsten. Er kalkuliert wie Anton beide Varianten, wobei ihm die Holzhändler Andi und Ruprecht die gleichen Angebote unterbreiten wie Anton (siehe Beispiel 9): Insgesamt fallen 45 fm, wobei ca. 80 % als LAS (= 36 fm) und 20 % als IS (= 9 fm, was ca. 11,25 rm entspricht).
Für die erste Möglichkeit ergibt sich:

Zeile		Sortimente LAS	Sortimente IS	Gesamt
1	**Erlöse aus dem Holzverkauf**	30,00 EUR/fm	17,00 EUR/rm	
2	**Kosten** für… … die maschinelle Holzernte (=Holzerntekosten):	8,00 EUR/fm	6,50 EUR/rm	
3	...die Rückung (=Rückekosten):	6,00 EUR/fm	5,00 EUR/rm	
4	**Erlösüberschuss (holzerntekostenfreier Erlös) pro Einheit** [Zeile 1–Zeile 2–Zeile 3]	16,00 EUR/fm	5,50 EUR/rm	
5	Erntemenge	36,00 fm/ha	11,25 rm/ha	
6	**Nettoerlös insgesamt** [Zeile 4 x Zeile 5]	576,00 EUR/ha	61,88 EUR/ha	**637,88 EUR**

Beauftragt Bert in eigener Regie einen Lohnunternehmer für den Holzeinschlag und die Rückung und verkauft es dann selbst an den Holzhändler Andi, bekommt er nach Abzug der Holzernte- und Rückekosten 637,- Euro.

Verkauft er aber das Holz an den Selbstwerber Ruprecht, ergibt sich folgende Kalkulation:

Zeile		Selbstwerber pauschal	Gesamt
1	**Erlöse aus dem Holzverkauf**	10,00 EUR/fm	
2	**Kosten** für… … die maschinelle Holzernte (=Holzerntekosten):	0,00 EUR/fm	
3	...die Rückung (=Rückekosten):	0,00 EUR/fm	
4	**Erlösüberschuss (holzerntekostenfreier Erlös) pro Einheit** [Zeile 1–Zeile 2–Zeile 3]	10,00 EUR/fm	
5	Erntemenge	45,00 fm	
6	**Nettoerlös insgesamt** [Zeile 4 x Zeile 5]	450,00 EUR	**450,00 EUR**

Beauftragt Bert also auch den Selbstwerber wie Anton, würde er nur 450,- Euro bekommen. Entkoppelt Bert den Holzeinschlag und die Rückung vom Holzverkauf (wählt er also das Verfahren „in eigener Regie"), würde er einen ca. 40 % höheren Nettoerlös bekommen!

5.11 Grundlegende finanzielle Aspekte der Holzernte

5.11.1 Einführung in das ökonomische Prinzip

Bei der Kulturpflege steht die Kultur als Ganzes im Interesse, störende Wildgräser, Wildkräuter und einzelne Bäume (z. B. Birken) werden entnommen. Das Wachstum eines konkreten Baumes interessiert den Waldbesitzer zu diesem Zeitpunkt noch nicht.

Bei der Bestandeserziehung wird zunehmend der Blick auf einzelne Bäume gerichtet, die durch ihr gutes Wachstum oder durch ihre herausragende Qualität gefördert werden. Das Ziel besteht darin, diese Bäume besonders zu fördern.

Mit Abschluss der Bestandeserziehung richtet sich der Blick des Waldbesitzers ausschließlich auf den Einzelbaum. Jetzt wird entschieden, ob ein Baum geerntet werden muss oder kann.

Zentrale Frage bei der Einzelbaumförderung ist aber: Nach welchem Prinzip wird eine Auswahl der Bäume, die gefördert oder gefällt werden, getroffen? Nach dem Alter, dem BHD, der Höhe? Die Antwort auf diese wichtige Frage gibt das ökonomische Prinzip, auf das im Folgenden kurz eingegangen werden soll. Jeder Waldbesitzer, egal welches Ziel er mit seiner Waldbewirtschaftung verfolgt, sollte sich dieses ökonomische Prinzip sehr genau anschauen und durchdenken, da es der zentrale Schlüssel für das Verständnis der Grundprinzipien einer erfolgreichen Waldbewirtschaftung ist!

5.11.2 Das ökonomische Prinzip bei der Holzernte

Das ökonomische Prinzip, das jeder Entscheidung zum Fällen eines Baumes zu Grunde liegt, lässt sich am Beispiel eines Sparbuches erklären: Jeder Baum, egal wie alt, groß oder dick er ist, hat einen Wert. Aus Gründen der Vereinfachung soll zunächst unterstellt werden, dass sich dieser Wert des Baumes aus dem Verkauf seines Holzes ergibt (= Nettoerlös). Dieser Wert (Nettoerlös) beträgt z. B. 50 EUR.

Umgangssprachlich wird oft gesagt, dass ein Baum einen „ästhetischen Wert“ oder einen „ideellen Wert“ hat. Da hierbei nur für Fachleute der finanzielle Wert bekannt ist, sollen diese Werte zunächst vernachlässigt werden.

Dieser sich aus dem Holzwert abgeleitete Wert des Baumes nimmt mit steigendem Alter bis zu einem bestimmten Alter zu, weil u. a. das Volumen des Baumes zunimmt. Durch den Einschlag und Verkauf des Baumes bekommt der Waldbesitzer Geld. Jeder Waldbesitzer hat nun immer eine Alternative: Entweder er schlägt den Baum ein, kassiert das Geld und legt es auf dem Sparbuch an, *oder* er lässt den Baum wachsen. Die 50 EUR, die der Waldbesitzer auf das Sparbuch einzahlt, verzinsen sich (z. B. mit 2 %), so dass nach einem Jahr der Wert auf dem Sparbuch zugenommen hat (auf genau 51 EUR). Doch was passiert, wenn der Baum nicht gefällt worden wäre? Der Wert des Baumes hätte sicherlich auch zugenommen. Aber wie viel?

- Angenommen, der Wert des Baumes ist, nachdem der Baum ein Jahr länger wachsen konnte, auf 60 EUR gestiegen. Dann war die Entscheidung, den Baum wachsen zu lassen anstatt einzuschlagen, richtig, da der Waldbesitzer mehr Geld bekommt als auf dem Sparbuch.
- Angenommen, der Wert des Baumes beträgt nach diesem einen Jahr nicht 60 EUR, sondern 50,50 EUR. Dann wäre es aus Sicht des Waldbesitzers besser gewesen, den Baum letztes Jahr einzuschlagen und das Geld auf dem Sparbuch bei 2 % anzulegen.

Merke:
Eine erfolgreiche Waldwirtschaft ist immer damit verbunden, zwischen Alternativen abzuwägen! Die Alternative, die dem Waldbesitzer „mehr Wert“ ist, sollte er wählen. Grundlage für seine Entscheidung ist aber, dass er sich über den Wert der Alternativen klare Vorstellungen verschafft. Dazu gehört auch, dass jeder Baum als Wert angesehen wird, wie Schmuck, ein Auto, ein Sparbuch etc.

Das Beispiel zeigt, worauf es bei dem ökonomischen Prinzip ankommt: Der Waldbesitzer sollte für jeden Baum ab dem Zeitpunkt, an dem verkaufsfähige Sortimente entstehen, den Geldwert sehen, der durch diesen Baum repräsentiert wird. Durch den Verkauf des Holzes wird das Holzvermögen in Geldvermögen umgewandelt! Der Waldbesitzer bekommt Geld, um dieses für andere Zwecke zu verwenden, z. B.: Anlegen auf dem Sparbuch, eine Reise, ein Auto, ein neuer Computer. Darum ist es so wichtig, dass jeder Waldbesitzer weiß, dass im Wald Geld „steht“!! Der Verzicht auf die Nutzung des Baumes ist legitim, wobei dem Waldbesitzer dann aber dieses Geld verloren geht. Dies sind die Kosten der alternativen Nutzen (z. B. ideeller Wert). Deshalb ist jede Entscheidung, einen Baum zu fällen oder wachsen zu lassen, eine Abwägung zwischen Alternativen! Jeder Waldbesitzer sollte ganz genau abwägen, ob der Wertzuwachs des Baumes, der durch das Weiterwachsen des Baumes entsteht, größer oder gleich dem Wertzuwachs anderer

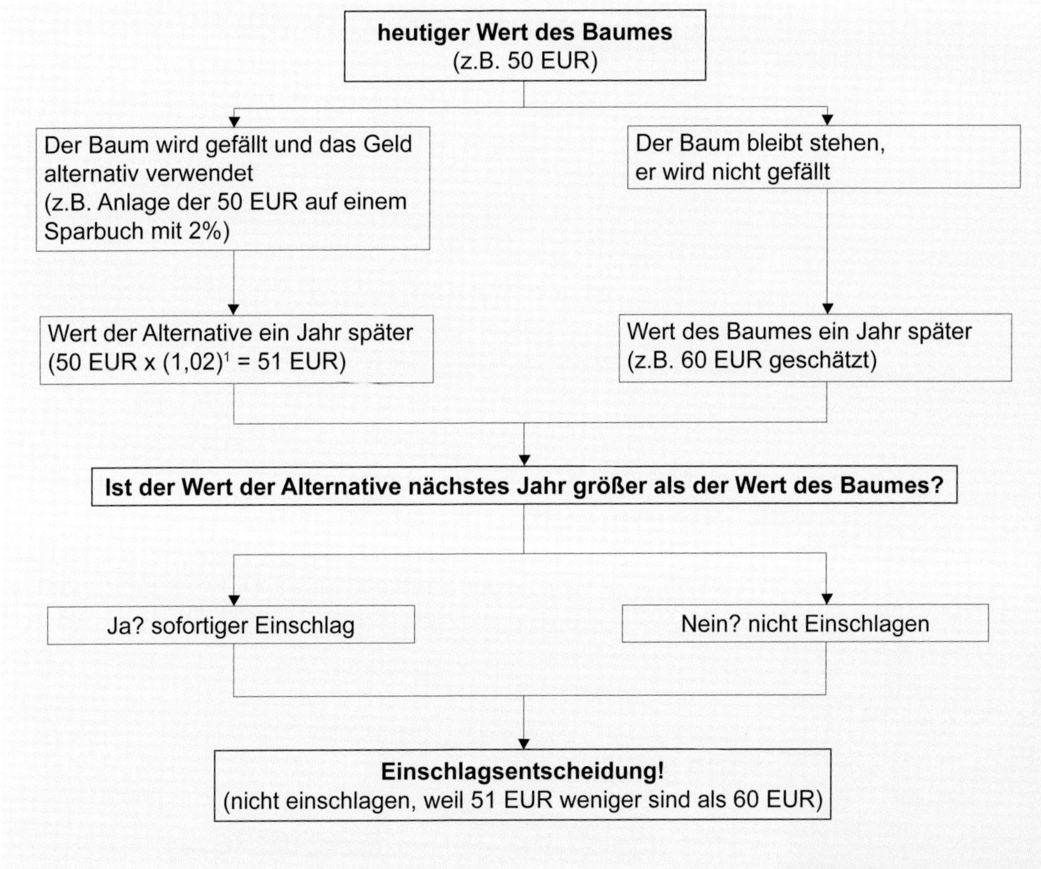

Abbildung 30:
Das ökonomische Prinzip der Einschlagsentscheidung.

Alternativen ist. Ist der Wertzuwachs bei dem Baum kleiner, wird er gefällt! So einfach und simpel ist das grundlegende ökonomische Prinzip, was so bedeutungsvoll für eine erwerbswirtschaftlich ausgerichtete Waldbewirtschaftung ist. Die Abbildung 30 soll den Entscheidungsweg des Waldbesitzers verdeutlichen, der in Gedanken (ideell) abläuft.

Nun ist damit aber nicht gleichzeitig gesagt, dass jeder Waldbesitzer seinen Wald als Kapitalanlage sieht. Erwähnt werden sollte, dass sich der Wert des Baumes häufig nicht ausschließlich aus seinem Holzerlös, sondern auch aus anderen Werten zusammensetzt. Dazu zählt z. B.:

- der ideelle Wert (den Baum hat mein Großvater gepflanzt)
- ästhetischer Wert (z. B. die schöne alte Eiche am Bestandesrand)
- Vermögensreserve („Sparkassenfunktion", d. h. der Waldbesitzer kann, wenn er dringend Geld benötigt, Bäume verkaufen).

Merke:
Jeder Waldbesitzer muss selbst klären, wie lange er einen Baum wachsen lassen möchte. In der Entscheidung zum Fällen eines Baumes gibt es nur eine richtige Entscheidung: Die des Waldbesitzers selbst! Wird ein Baum früher oder später als seine finanziell optimale Umtriebszeit gefällt, verzichtet der Waldbesitzer auf ein höheres Einkommen, weil ihm offenbar andere Ziele wichtiger sind. Dies ist durchaus legitim.

Das ökonomische Prinzip besagt nun, dass diese Werte natürlich auch mit in den Abwägungsprozess einbezogen werden. So z. B. die Aussage: Der ästhetische Wert dieses Baumes ist „mehr wert“ als der entgangene Ertrag von 9 EUR (60 EUR - 51 EUR = 9 EUR). Deshalb wird der Baum nicht gefällt.

Doch wie lange soll ein Baum wachsen bzw. wann ist der optimale Zeitpunkt gekommen, das Werk vorheriger Generationen zu vollenden und den Baum, der so lange gewachsen ist, endlich zu fällen und zu verkaufen? In diesem Zusammenhang werden immer zwei Begriffe genannt, die bereits eingeführt wurden (→Abschnitt 5.4):

- Der Zielstärkendurchmesser
- Die Umtriebszeit.

Natürlich kann im Rahmen dieses Buches nicht auf die seit langem geführte Diskussion zu diesem Thema eingegangen werden, da eine Erklärung der Zusammenhänge oft nur mit komplizierten wissenschaftlichen Modellen möglich ist.

5.12 Astung

Merke:
Die Astung ist eine Investition, deren wirtschaftlicher Erfolg von vielen verschiedenen Faktoren (Zeitpunkt, Bestand, Ausführung, Anzahl usw.) abhängig ist. Die Maßnahme sollte deshalb gut geplant und nur realisiert werden, wenn alle Kriterien erfüllt werden.

5.12.1 Möglichkeiten und praktische Umsetzung

Die Astung ist eine grundlegende Maßnahme zur Produktion von Wertholz, z. B. bei Kirsche, Eiche und Nadelhölzern. Ziel ist es, einen astfreien Mantel des Stammes von 2/3 des Baumdurchmessers zum Zeitpunkt der Ernte zu erzielen.

Vorrangig sollten Bäume geastet werden, die stabile Bestände bilden, die wüchsig sind und voraussichtlich einen Zieldurchmesser von mindestens 45 cm erreichen werden. Astungswürdig sind Bäume, die die Kriterien eines Z-Baums erfüllen und möglichst vorwüchsig sind. Auch die Anzahl der zu astenden Bäume sollte sich an der Anzahl der Z-Bäume orientieren (siehe Tabelle 11).

Welche Astungsart ist unter bestimmten Umständen zu empfehlen? Bei der Trockenastung werden Totäste entfernt, dabei sind keine Pilzinfektion der Bäume zu befürchten. Dadurch können auch stärkere Äste entfernt werden. Besonders Kiefer, Strobe, Kirsche, Esche, und Birke werden trocken geastet. Dies ist allerdings nur möglich, wenn die natürliche Astreinigung bereits eine entsprechende Höhe erreicht hat. Grünastung wird fast ausschließlich bei den restlichen Nadelhölzern durchgeführt. Dabei werden trockene und grüne Äste bis in den unteren Kronenbereich entfernt. Geastet wird meist von Hand. In einer ersten Astungsstufe sollte auf 4 bis 6 m und in einer zweiten Astungsstufe auf 6 bis 8 m geastet werden. Darüber hinaus können Baumarten wie Douglasie, Küstentanne und Sitkafichte unter Nutzung von Leitern geastet werden, da wegen des größeren Zuwachses entsprechende Durchmesser erreicht werden können. Damit ein ausreichend astfreier Holzmantel gebildet werden kann, soll die Astung bei einem Brusthöhendurchmesser (BHD) von 10 bis 12 cm (Bierkrugstärke) beginnen. Der Astungszeitpunkt innerhalb des Jahres sollte so gewählt werden, dass die Überwallung und Verharzung schnellstmöglich beginnen kann, also zu Beginn der Vegetationsperiode.

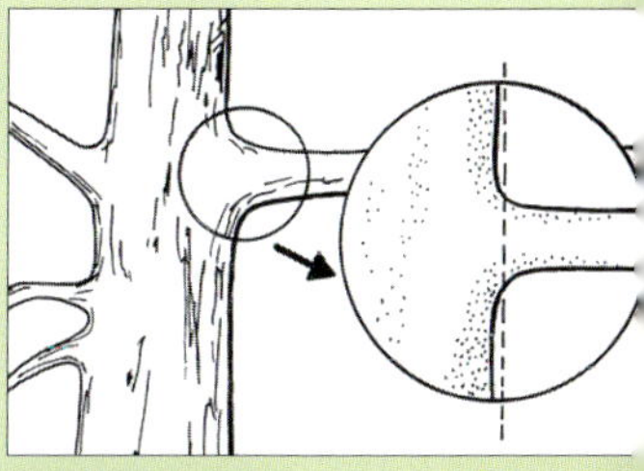

Abbildung 31: *Führung des Astungsschnittes.*

Wichtig ist vor allem eine sorgfältige Ausführung der Astung mit glattem Schnitt, dicht am Stamm, ohne die Rinde zu verletzen. Außerdem sollten grüne Äste lediglich bis zu einem Durchmesser von ca. 3 cm entfernt werden, da die Überwallung sonst eine zu lange Zeit in Anspruch nimmt und damit die Infektionsgefahr durch Pilze zu groß ist.

Abbildung 32: *Die Astung sollte möglichst sorgfältig ausgeführt werden, mit glattem Schnitt, dicht am Stamm und ohne die Rinde zu verletzen.* (Foto: Bergmann)

Da die Bestände meist erst in der nächsten Waldbesitzergeneration geerntet werden, ist die Dokumentation der Astung sehr wichtig, um die Maßnahme bei den Verkaufsverhandlungen glaubhaft nachweisen zu können. Außerdem dient dies auch zur Information des Waldbesitzers bei einem Eigentümerwechsel. Der Nachweis kann z. B. über so genannte Astungslagerbücher gewährleistet werden. Im Zweifelsfall kann es beim Holzverkauf allerdings notwendig sein, einen Astquirlschnitt zu führen, um die Astung eindeutig zu belegen. Dabei wird anhand mehrerer Schnitte versucht ein Astquirl zu finden, um anhand der Stirnfläche des Stammes zu belegen, dass die Äste im Holz nicht bis zum Stammmantel reichen.

Da die Astung eine ganz erhebliche Investition ist, steht die eigentliche Frage nach dem Sinn dieser Maßnahme. Im folgenden Abschnitt wird deshalb gezeigt, welche wirtschaftlichen Überlegungen der Waldbesitzer vor der Durchführung der Astung zu tätigen hat.

5.12.2 Kalkulation und Wirtschaftlichkeitsüberlegungen einer Astungsmaßnahme

Grundüberlegung bei der Kalkulation einer Astungsmaßnahme sollte für jeden Waldbesitzer sein, dass er eine Investition durchführt, damit er (oder sein Nachkomme) Erträge aus dieser Investition beziehen kann. Der Waldbesitzer hat bei dieser Investitionsentscheidung zu überlegen, ob sich es „lohnt", das Geld für eine Astung auszugeben oder es stattdessen in den Sparstrumpf zu stecken.

Die Astungsmaßnahme, durch die ja wertvolles Holz produziert werden soll, kostet natürlich auch Geld. Wie viel Geld ein Waldbesitzer für diese Maßnahme auszugeben hat, hängt entscheidend von der Art der Durchführung ab. Denn, wie bereits erläutert wurde, ist die Astung eine körperliche Tätigkeit, die kaum maschinell ausgeführt werden kann. Folglich sind die Lohnkosten der entscheidende Kostenfaktor bei der Astung.

Der Waldbesitzer hat die Möglichkeit, selbst am Wochenende, quasi als Freizeitbeschäftigung, die Äste von den entsprechend markierten Bäumen abzusägen. Ausgaben sind dafür nicht erforderlich.

Teurer wird es allerdings, wenn ein forstliches Unternehmen mit der Durchführung beauftragt wird. Dann fallen Kosten an, die die Investition Astung schnell unattraktiv erscheinen lassen. Tabelle 20 zeigt die Kalkulation der Astungskosten.

Aus der Übersicht ist zu erkennen, dass die Ausgaben für die Astung eines Baumes ca. 3,30 EUR und pro Hektar ca. 500 EUR betragen, also genau den Betrag, den Anton auf das Sparbuch legen könnte. Zusätzlich ist es erforderlich, das Volumen des Wertholzes, welches in 60 Jahren verkauft werden kann, zu bestimmen:

Aus der Berechnung wird deutlich, dass insgesamt ca. 143,07 fm Wertholz pro Hektar geerntet werden können. Die Entscheidungssituation für den Waldbesitzer stellt sich deshalb wie in Tabelle 22 erläutert.

Beispiel 11:
Anton hat 500,- Euro und überlegt, ob er dieses Geld dafür nutzen soll, in seinem Wald Bäume zu asten oder ob er das Geld auf das Sparbuch für sichere 5 % pro Jahr (5 % p. a.) anlegen soll. Die Laufzeit beträgt in beiden Fällen exakt 60 Jahre.
Wie wird sich Anton entscheiden? Nun, er weiß, dass er nach 60 Jahren auf seinem Sparbuch (500 EUR x 1,0560) 9335 EUR bekommen wird. Dieses Einkommen ist ihm oder seinen Kindern sicher. Doch nun muss er auch noch ermitteln, wie viel Einkommen aus der Astung zu erwarten ist.

Beispiel 12:
In Bezug auf das Beispiel 11 kann also gefolgert werden, dass die 500 EUR nicht benötigt werden, Anton folglich das Geld auf das Sparbuch einzahlen kann und nach 60 Jahren neben den 9335 EUR aus dem Sparbuch zusätzlich das wertvolle Holz hat.

Tabelle 20: *Kalkulation der Astungskosten für die Baumart Kiefer.*

Zeile		Menge
1	Zeitbedarf pro Baum	6,67 min
2	Wie viele Bäume werden pro ha geastet? (entspricht der Anzahl der Z-Bäume)	150,00 Stück
3	Was kostet eine Arbeitsstunde (d.h. EUR/60min)…	30,00 EUR/h
4	…dann kostet eine Minute? [Zeile 3 / 60]	0,50 EUR/min
	⇩	
5	Was kostet die Astung von einem Baum? [Zeile 1 x Zeile 4]	3,33 EUR/Baum
6	Was kostet die Astung von einem Hektar? [Zeile 5 x Zeile 2]	500,00 EUR/ha

Tabelle 21: *Berechnung der Wertholzmenge.*

Zeile		Menge
7	Länge des Wertholzstammes	6,00 m
8	Mittendurchmesser des Wertholzstammes	45,00 cm
9	Einzelbaumvolumen des Wertholzstammes [3,14/4 x (Zeile 8/100)^2 x Zeile 7]	0,95 fm/Baum
10	Wertholzvolumen pro Hektar	143,07 fm/ha

Tabelle 22: *Herleitung der Entscheidungssituation zur Wertastung.*

Zeile		Astung Wertholz	Keine Astung Bauholz
11	Aufarbeitungs- und Rückekosten für die Bereitstellung des Holzes pro fm	25,00 EUR/fm	15,00 EUR/fm
12	Aufarbeitungs- und Rückekosten für die Bereitstellung des Holzes pro ha [Zeile 11 x Zeile 10]	3.576,75 EUR/ha	2.146,05 EUR/ha
13	Astungskosten [Zeile 6 x 1,05^{60}]	9.339,59 EUR/ha	
14	geschätzter Holzpreis	140,00 EUR/fm	60,00 EUR/fm
15	Holzerlös pro Hektar [Zeile 14 x Zeile 10]	20.029,28 EUR/ha	8.584,20 EUR/ha
16	Nettoerlös pro ha [Zeile 14–Zeile 13–Zeile 12]	7.113,46 EUR/ha	6.438,15 EUR/ha
17	Gewinn aus der alternativen Anlage des Geldes auf dem Sparbuch [500 EUR x 1,05^{60}–500 EUR]		8.839,59 EUR
18	Gesamtgewinn für den Walbesitzer [Zeile 16+Zeile 17]	**7.113,03** EUR/ha	**15.277,46** EUR/ha

In den Zeilen 11 und 12 sind die Aufarbeitungs- und Rückekosten dargestellt, wobei berücksichtigt wurde, dass die Aufarbeitung des Wertholzes oft aufwändiger ist im Vergleich zum ungeasteten Holz. Diese höheren Kosten entstehen z. B. durch die besonders vorsichtige Holzernte oder einzelstammweise Rückung. In Zeile 13 sind die Astungskosten, die zum Zeitpunkt der Astung anfallen, auf den Einschlagszeitpunkt (also für 60 Jahre), mit 5 % verzinst. Der Zeitraum von 60 Jahren stellt dabei die Zeit dar, die zwischen dem Zeitpunkt der Astungsmaßnahme und der Hiebsreife des Baumes erforderlich ist. In Abhängigkeit von den Wachstumsbedingungen und der Baumart schwankt diese Zeit. So erreicht die Douglasie den Zieldurchmesser, bei dem der Baum eingeschlagen und das Wertholz verkauft werden kann, bei günstigen Wuchsbedingungen schneller (ca. 40 Jahre). Deshalb werden die Astungskosten in diesem Fall nur für 40 Jahre verzinst.

Merke:
Bevor Ausgaben zur Astung getätigt werden ist es ratsam, durch eine Investitionsrechnung zu überprüfen, ob Erträge zu erwarten sind. Astungsmaßnahmen sind auf besseren Standorten eher sinnvoll als auf schlechten Standorten, weil die Bäume auf den besseren Standorten schneller den erforderlichen Durchmesser erreichen und damit als Wertholz verkauft werden können. Der Zinseffekt bei den Astungskosten ist dann nicht so groß.

Entscheidungsrelevant für den Waldbesitzer sind die Zeilen ab Zeile 14. Maßgeblich ist der geschätzte Holzpreis, der durch den Verkauf des Wertholzes erzielt werden kann. Da niemand weiß, welcher Holzpreis in 60 Jahren zu realisieren ist, bezieht man sich häufig auf den heutigen Holzpreis. Ist der Preis des Wertholzes 140 EUR/fm, beträgt der Nettoerlös 7113 EUR/ha. Das heißt, unter diesen Annahmen erhält der Waldbesitzer 7113 EUR (Zeile 16) mehr aus dem Verkauf des Wertholzes, als ihm die Astung und die Aufarbeitung gekostet hätte. Wenn der Waldbesitzer nicht astet, erhält er einen Nettoerlös von 6437 EUR/ha (Zeile 16) und damit ca. 675 EUR weniger als im Vergleich zur Astung. Doch dies bedeutet nicht, dass die Astungsmaßnahme deshalb aus Sicht des Waldbesitzers besser ist. Falls nämlich auf eine Astung verzichtet wird, kommt natürlich noch der Gewinn aus der Anlage des Geldes auf dem Sparbuch hinzu, was man nicht vergessen sollte. Dies wird in Zeile 17 dargestellt. In der Zeile 18 ist schließlich der Gesamtgewinn ausgewiesen. Es zeigt sich, dass der Waldbesitzer bei Verzicht der Astung einen Gesamtgewinn von 15 277 EUR hätte, bei der Astung allerdings nur 7113 EUR. Der Gewinn des Waldbesitzers ist mehr als doppelt so hoch, wenn er auf die Astung verzichtet und stattdessen das Geld auf dem Sparbuch anlegt. Entscheidend dafür, ob eine Astungsmaßnahme einen höheren Gewinn verspricht, sind insbesondere die Ertragsleistung des Baumes, der zu erzielende Holzpreis und die Astungskosten.

Entstehen beispielsweise keine Astungskosten, weil der Waldbesitzer die Bäume in seiner Freizeit astet, ist eine Astung immer rentabel!

Abschließend ist Folgendes zu bedenken:

1. Astet der Waldbesitzer die Bäume selbst, fallen keine Astungskosten an, so dass die Investition immer vorteilhaft ist. Denn in dem vorherigen Beispiel war die Astung deshalb nicht wirtschaftlich, weil die Kosten der Astung einen wesentlichen Gewinn aus dem höheren Holzpreis aufbrauchen.
2. Das Geld, das für die Bezahlung der Astungskosten verwendet wird, könnte alternativ auf dem Sparbuch angelegt werden. Die verzinsten Rückzahlungen in 60 Jahren sind relativ sicher. Allerdings kann eine Weltwirtschaftskrise oder eine Währungsreform das Geld verringern. Der Holzpreis für das Wertholz in 60 Jahren ist demgegenüber aber ebenfalls unsicher vorauszusagen. Im Allgemeinen kann aber davon ausgegangen werden, dass der „Gewinn" aus der Anlage des Geldes auf dem Sparbuch in der Regel sicherer ist als der „Gewinn" einer Astungsmaßnahme.
3. Was passiert, wenn der geastete Baum nicht bis zu seiner Hiebsreife „überlebt", also z. B. durch einen Sturm umgeworfen wird? Die Ausgaben für die Astung wären dann verloren!

Einen wesentlichen Einfluss darauf, ob eine Astungsmaßnahme sinnvoll ist, hat der Wertholzpreis. In Tabelle 23 werden die Preise, die derzeit bei Meistgebotsverkäufen (→Abschnitt 6.2) für Wertholz erzielt werden können, gezeigt. Diese Preise wurden aber für absolute Spitzenstämme erzielt. Die durchschnittlichen Preise für Wertholz liegen deutlich darunter.

Baumart	Holzpreise
Kiefer	170 EUR/fm
Eiche	293 EUR/fm
Lärche	260 EUR/fm
Ahorn	387 EUR/fm
Erle	265 EUR/fm

Tabelle 23: *Durchschnittliche Holzpreise für Wertholz (nach Submission) (Stand: 2004).*

6 Holznutzung

6.1 Die Sortierung des Holzes

6.1.1 Das Qualitätssiegel des Holzes: „EWG-sortiert“

Als Sortierung bezeichnet man die Einteilung eines Baumes in vordefinierte Sortimente. Die Klassifizierung eines Baumes (oder eines Baumteiles) erfolgt dabei nach bundeseinheitlichen Regelungen. Bereits 1969 wurde dafür in Deutschland eine EG-Verordnung umgesetzt, die eine einheitliche Sortierung von Rohholz ermöglicht. Grundlage dafür ist derzeit das „Gesetz über gesetzliche Handelsklassensortierung für Rohholz (HKS)“ vom 25.02.1969 (BGBI. I S. 149). Jeder Waldbesitzer, der sein Holz als „EWG-sortiertes Rohholz“ vermarkten möchte, muss sich an die Vorschriften der HKS zwingend halten.

Erklärung:
Rohholz *ist gefälltes, entwipfeltes und entastetes Holz [...]“ (aus: Gesetz über gesetzliche Handelsklassensortierung für Rohholz vom 25.02.1969 (BGBl. I S. 149).*

Entzopfen *wird das Absägen der Krone vom Stamm genannt.*

Darüber hinaus wird derzeit eine neue EU-Norm diskutiert, die für jede Baumart Anforderungen beschreibt. Da diese EU-Norm derzeit noch keine weite Verbreitung gefunden hat und es noch zahlreiche Diskussionen dazu gibt, soll im Folgenden ausführlich auf die deutsche HKS eingegangen werden.

Ziel der HKS ist es, homogene Produktgruppen (sog. Handelsklassen) bei Rohholz zu bilden. Denn im Grunde ist jeder Baum ein individuelles Objekt, das sich von einem anderen Baum ganz klar unterscheidet, z. B. in der Astanzahl, dem Durchmesser oder der Höhe. Die HKS erlaubt somit eine allseits anerkannte Klassifizierung des Holzes, so dass der Begriff „EWG-sortiert“ letztlich ein Qualitätssiegel und eine Standardisierung für das Produkt Holz darstellt.

Beispiel 13:
Anton möchte an den Holzhändler Andi 50 fm Holz verkaufen. Ohne die HKS müssten sie theoretisch sämtliche Eigenschaften des Holzes, wie z. B. Länge, Durchmesser, Anzahl der Äste, erlaubte Krümmung des Holzes, Anteil der Holzfäule an dem Holz, die Farbe etc..., aushandeln und vertraglich festhalten. Mit der HKS ist es nunmehr möglich, dass Anton Andi anbietet, 50 fm Stammholz 3a, Güteklasse B, 16 m zu liefern. Mit diesen wenigen Informationen sind alle übrigen Informationen, die Andi benötigt, bekannt, da die Begriffe Stammholz und Güteklasse in der HKS definiert sind und sich Anton an sie hält.

Nun ist es im Rahmen dieses Buches natürlich nicht möglich, alle Feinheiten des überaus ausführlich erarbeiteten Gesetzes darzustellen. Dennoch soll im Folgenden kurz auf die wesentlichen Handelsklassen eingegangen werden, die gerade für den Brandenburger Waldbesitzer von zentraler Bedeutung sind. Verwiesen wird an dieser Stelle auf eine Broschüre der Landesforstverwaltung Brandenburg, in der Sortierung sehr detailliert erläutert wird (Bezugsmöglichkeit siehe Anhang).

6.1.2 Sorteneinteilung für Brandenburger Holz

Die HKS erlaubt die Sortierung des Holzes nach folgenden Kriterien:

A. nach dem Durchmesser (sog. Stärkesortierung)
B. nach der Güte (sog. Gütesortierung)
C. nach dem besonderen Verwendungszweck.

In der HKS werden Fachbegriffe verwendet, die sich in der forstlichen Praxis sehr verbreitet haben.

Mittendurchmesser: Ist der Durchmesser des liegenden und getrennten Baumstammes, der genau in der Hälfte des liegenden Stammes gemessen wird, abzüglich der Rinde.

Zopfdurchmesser: Ist der Durchmesser am dünnsten Ende des liegenden Baumstammes, d.h. an dem z.B. die Krone abgetrennt wurde.

Die Stärkesortierung ist ausschließlich für Langholz anwendbar. Als Langholz werden in diesem Zusammenhang der ganze Stamm oder Stammteile des Baumes bezeichnet. Für eine korrekte Bezeichnung nach der HKS ist die Angabe der Länge und der Klasse erforderlich.

Merke:
Ziel der Holzsortierung ist es, für das Rohholz den höchst möglichen Holzpreis zu erzielen, der bei den vorhandenen Holzeigenschaften erreicht werden kann. Da die Sortierung sehr anspruchsvoll und die Gefahr sehr groß ist, durch kleine Fehler viel Geld zu verschenken, wird dringend empfohlen, die Sortierung durch einen Förster oder einen forstlichen Berater durchführen zu lassen. Durch ihre Erfahrungen wissen sie am besten, wie das Rohholz sortiert und der maximale Holzpreis erzielt werden kann! Darüber hinaus hat die Landesforstverwaltung Brandenburg spezielles Informationsmaterial herausgegeben, in dem die Sortierung des Rohholzes ausführlich und vertiefend dargestellt wird.

Tabelle 24:
Stärkeklassen.

Klasse	Mittendurchmesser ohne Rinde	Klasse	Mittendurchmesser ohne Rinde
L 0	unter 10 cm	L 3a	30 – 34 cm
L 1a	10 – 14 cm	L 3b	35 – 39 cm
L 1b	15 – 19 cm	L 4	40 – 49 cm
L 2a	20 – 24 cm	L 5	50 – 59 cm
L 2b	25 – 29 cm	L6	ab 60 cm

Beispiel 14:
Die korrekte Bezeichnung eines Festmeters Kieferstammholzes mit einem Mittendurchmesser von 33 cm und einer Länge von 10 m ist somit:
Ki L 3a, 10 m.

Eine besondere Bedeutung hat derzeit das Sortiment LAS (=Langholzabschnitte). Im Unterschied zu den Stämmen (deren Länge oft nur durch die technischen Einschränkungen der Abfuhr gegeben wird) resultieren die Langholzabschnitte aus der Teilung eines Stammes in mehrere Abschnitte. Diese Abschnitte haben oft eine feste Länge von 4 m oder 6 m. Aus dem Sortiment LAS wird mit einem speziellen Verfahren (sog. Profilzerspanertechnik) das

Merke:
Die Sortierung des Rohholzes erfolgt nach dem Mittendurchmesser, wobei derzeit das Sortiment LAS besonders bedeutend ist. Für das klassische Stammholz hingegen finden sich derzeit kaum Holzaufkäufer.

typische Profilholz (auch Kanteln, Latten etc.) hergestellt, das in Baumärkten angeboten wird.

Doch die Sortierung des Rohholzes allein nach der Stärke sagt noch nichts über die Güte des Holzes aus. So ist ein Festmeter Holz mit sehr vielen Ästen, einer Harzlachte oder mit Faulstellen sicherlich nicht so wertvoll wie ein fehlerloser Stamm. Deshalb bietet die HKS die Möglichkeit, Rohholz zusätzlich nach der Güteklasse zu sortieren.

Tabelle 25:
Beschreibung der HKS-Güteklassen.

Güteklasse	Beschreibung der Güte des Rohholzes
A	Gesundes Holzes mit ausgezeichneten Eigenschaften (keine Äste, Faulstellen etc.), mögliche Verwendung als Furnierholz.
B	Holz mit normaler Qualität (wenige Äste, geringe Krümmung etc.); Verwendung als typisches Bauholz.
C	Holz, was aufgrund der zahlreichen Fehler noch gewerblich genutzt werden kann (viele oder starke Äste, Fäule etc.); teilweise noch als Bauholz verwendbar.
D	Holz, was nicht zu A, B oder C zählt, aber noch zu mindestens 40 % gewerblich genutzt werden kann.

Die Einteilung des Sortiments in die Güteklasse ist eine besonders anspruchsvolle Tätigkeit, weil die Holzpreise zwischen den einzelnen Güteklassen erheblich schwanken können.

Tabelle 26:
Durchschnittliche Holzpreise für Langholz und Langholzabschnitte für die Baumart Kiefer.

Güteklasse	**Langholz** (L 3a) **(EUR/fm)**	**LAS** (2b) **(EUR/fm)**
A	ca. 100	
B	ca. 50	40
C	oft ca. 25% unter dem Preis der Güte B	
D	ca. 15	

In der forstlichen Praxis ist seit jüngerer Zeit zu beobachten, dass nicht mehr die klassische Güteklasseneinteilung angewendet wird, sondern zunehmend „Mischsortimente“ angeboten werden. Das heißt, einem Sortiment wird nicht mehr eindeutig die Güte B oder C zugeordnet, sondern es wird als Güteklasse B/C bezeichnet. Diese Bezeichnung besagt, dass das Sortiment sowohl Stämme (oder Stammteile) der Güteklasse B und C enthält und die jeweiligen Anteile vorher zwischen dem Holzkäufer und dem Waldbesitzer frei ausgehandelt und vertraglich vereinbart wurden. Der Anteil der Menge mit der Güte B ist in der Regel deutlich größer als der Anteil C.

Beispiel 15:
Waldbesitzer Anton und Holzhändler Andi haben den Holzpreis von 35,- Euro/fm für LAS 3a B/C beschlossen. Das bedeutet, Anton bekommt nur dann 35,- Euro/fm, wenn er Langholzabschnitte in der vereinbarten Länge (z.B. 6 m), mit dem Mittendurchmesser (ohne Rinde) zwischen 30 und 34 cm liefert, wobei sich die Menge aus der Güte B und C zusammensetzt.

Die dritte Möglichkeit der Sortierung bietet die HKS nach dem besonderen Verwendungszweck. Das heißt, die Sortierung richtet sich ausschließlich nach der zukünftigen Nutzung des Holzes.

Industrieholz	Rohholz, das mechanisch oder chemisch aufgeschlossen wird.
	IN: Gesundes, nicht grobastiges Holz.
	IF: Leicht brüchiges, krummes Holz.
	IK: Stark brüchiges Holzes.
Parkett	Rohholz, das für die Herstellung von Parkett weiterverarbeitet wird.
Schwellenholz	Holz für die Herstellung von Eisenbahnschwellen.
Brennholz	siehe Abschnitt 6.5
Pfähle	aus Eiche oder Robinie hergestellt, meistens nicht länger als 3 m.

Der Unterschied zwischen dem Langholz/LAS und dem Industrieholz besteht darin, dass das Langholz/LAS als Sägeholz weiterverarbeitet wird, während das Industrieholz nur der Grundstoff für ein neues Produkt ist. Das Industrieholz wird vor allem für die Herstellung von Zellstoff, Spannplatte oder Faserplatten verwendet. Aufgrund dieser minderwertigeren Verwendung des Industrieholzes ist der Holzpreis deutlich geringer als für das LAS.

Güteklasse	EUR/rm
IN	23,00
IF	13,00
IK	9,00

Tabelle 27: *Durchschnittliche Holzpreise unterschiedlicher Industrieholzqualitäten für die Baumart Kiefer.*

6.2 Der Ablauf des Holzverkaufs

Schon vor dem Beginn einer Holzerntemaßnahme muss der Waldbesitzer darüber Klarheit haben, an wen er das geschlagene Holz verkaufen möchte. Denn nichts ist für ihn wohl schlimmer, als wenn er den wertvollen Baum erst fällt, zersägt und dann einen Käufer für sein Holz sucht. Jeder Waldbesitzer sollte Klarheit darüber haben, dass er mit der optimalen Aufteilung des Baumes in verschiedene Sortimente den Grundstein für ein maximales Einkommen aus der Waldbewirtschaftung legt. Wer verschenkt schon gerne Geld, indem er hochwertiges Holzes entweder gar nicht oder für einen Spottpreis verkauft?

Erklärung:
*Als **Aushaltung** wird die Tätigkeit bezeichnet, den Baum in die Sortimente aufzuteilen, die vom Holzkäufer gewünscht werden (im Gegensatz zur →Sortierung).*

In der forstlichen Praxis ist es gerade für große Holzmengen verbreitet, erst einen Käufer für das zu erwartende Holz einer Erntemaßnahme zu suchen und anschließend mit diesem gemeinsam die Kriterien für die Aushaltung festzulegen. Dadurch ist gewährleistet, dass der Waldbesitzer sein Holz auch wirklich zu den vorab ausgehandelten Holzpreisen verkaufen kann und dass der Käufer Planungssicherheit über die anfallende Holzmenge hat. Die Vergabe des Holzes an einen Holzhändler wird in diesem Zusammenhang auch als Freihandverkauf bezeichnet, und weil der Verkauf vor dem Einschlag stattfindet, auch als Vorverkauf. Hinzuweisen ist an dieser Stelle aber auf Probleme, die zuweilen in der Praxis bei Vorverkäufen beobachtet werden können: Waldbesitzer sollten darauf drängen, dass der einmal vorab ausgehandelte Holzpreis auch wirklich vom Holzkäufer gezahlt wird. Nicht selten versuchen Holzkäufer, durch nachträgliches Ändern der Bezugsmenge (von rm in fm) den Holzpreis zu senken. So wird beispielsweise ein Preis von 20 EUR/rm vereinbart, abgerechnet aber ein Preis von 20 EUR/fm. Auch kommt es häufig vor, dass der Holzkäufer bei der Übergabe des Holzes besonders streng mit der Qualitätsprüfung ist und Holz, das eigentlich in die Güteklasse B (nach HKS) sortiert werden muss, als C-Holz deklariert. Im Ergebnis dessen kann es dem Waldbesitzer passieren, dass er zwar einen hohen B-Holzpreis ausgehandelt hat, diesen aber durch die Umsortierung als C-Holz nie erreicht.

Manchmal können aber auch Situationen entstehen, bei der nicht immer vor einer Hiebsmaßnahme ein Holzkäufer gefunden werden kann; z. B. wenn der Waldbesitzer entweder nicht exakt weiß, welche verschiedenen Holzsortimente anfallen oder die zu erwartende Holzmenge gering ist (bis zu 100 fm). Diese Verkäufe werden auch als Nachverkauf bezeichnet. Der Vorteil dieses Verfahrens ist, dass absolute Klarheit über die Holzmenge und die angefallene Holzqualität besteht, nachteilig wirkt aber, dass der Zwang zum Verkauf des Holzes besteht, damit es nicht ungenutzt im Wald verbleibt.

Mit der Steigerung der Holzqualität steigt das Interesse potenzieller Holzkäufer. Dies versucht man auszunutzen, indem besonders das durch die Astung gewonnene Wertholz gegen Meistgebot verkauft wird (sog. Meistgebotsverkäufe). Zu den Meistgebotsverkäufen gehören die folgenden Methoden:

1. Submission: Bei der Submission müssen die Holzkäufer ein schriftliches Gebot abgeben.
2. Versteigerung: Bei der Versteigerung versammeln sich alle interessierten Holzkäufer und ersteigern mündlich das Holz.

Abbildung 33: *Auf dem Submissionsplatz werden wertvolle Furnierstämme dem Käufer präsentiert.* (Foto: Bergmann)

Der Verkauf wertvoller Stämme über Meistgebotsverkäufe dient dazu, den maximal zu erzielenden Marktpreis zu erreichen. Bisher war es üblich, dass die Landesforstverwaltung zwei Submissionen pro Jahr anbietet, auf denen jeweils besonders wertvolle Laub- oder Nadelhölzer den potenziellen Holzkäufern präsentiert werden können, auch aus dem Privatwald. Der Vorteil einer Submission liegt darin, dass die dort erzielten Holzpreise deutlich höher sind, als für den gleichen Stamm im Freihandverkauf erzielt werden könnte.

Damit der Waldbesitzer sein Holz optimal den potenziellen Holzkäufern anbieten kann, sind Kenntnisse über die Sortierung oder Aushaltung des Holzes von elementarer Bedeutung. Dies gilt auch, wenn der Waldbesitzer einen Förster mit dem Verkauf des Holzes beauftragt (→Abschnitt 11.1), weil auch dann der Waldbesitzer in den Entscheidungsprozess über den Holzkäufer mit eingebunden ist. Letztlich sollte sich der Waldbesitzer immer vor Augen führen, dass er ein hochwertiges, gefragtes Produkt auf einem Markt anbietet. Der Waldbesitzer ist ein Unternehmer und sollte deshalb stets mit seinen Geschäftspartnern in Kontakt bleiben und auf deren Wünsche eingehen.

Merke: *Waldbesitzer sollten ihren Förster kontaktieren, wenn sie vermuten, dass bestimmte Bäume in ihrem Wald besonders qualitativ hochwertig sind. Der Förster prüft dann, ob es sinnvoll ist, diese Bäume zu versteigern.*

6.3 Der Holzmarkt in Brandenburg

Derzeit findet auf dem internationalen Holzmarkt ein Globalisierungsprozess statt, der auch den Holzmarkt in Brandenburg beeinflusst. Die Globalisierung zeigt sich insbesondere dadurch, dass es wenige große, international agierende Sägewerke gibt, die Holz auf- und verkaufen. Holzaufkäufer dieser Firmen möchten große Holzmengen pro Verkaufstrakt aufkaufen (Einzelverkaufsmengen von 1000 fm sind keine Seltenheit), während kleine Mengen (z. B. 20 fm) nicht beachtet werden. Dies ist auch verständlich, da der gewaltige Jahreseinschnitt des Sägewerkes nicht mit Kleinstmengen lukrativ abzudecken ist. Folglich besteht gerade für den Kleinprivatwaldbesitzer die Notwendigkeit, mit anderen Waldbesitzern zu kooperieren und ihre Einschläge abzustimmen und zu bündeln (→Abschnitt 17.3).

Der Holzmarkt in Brandenburg wird durch die Dominanz der Baumart Kiefer geprägt. Aus dem Zusammenbruch bestehender Holz verarbeitender Betriebe Anfang der 90er-Jahre formierten sich in Brandenburg mehrere dieser Betriebe neu, so dass heute in Brandenburg sowohl große, international agierende, als auch kleine und mittelständige Unternehmen tätig sind. Sehr bedeutend sind in Brandenburg die Betriebe, die die Sortimente LAS und IS aufkaufen und zu Profilzerspanerholz bzw. Span- oder Faserplatten weiterverarbeiten. Der Absatz dieser Sortimente für die Baumart Kiefer ist in Brandenburg sehr gut. Derzeit ist ein reger Holzmarkt zu verzeichnen, die Nachfrage nach Holz ist beachtlich.

Um den Absatz des Kiefernholzes insgesamt zu fördern, wurde von der Landesforstverwaltung Brandenburg das Label „Märkische Kiefer" kreiert, um die regionale Herkunft der Kiefer zu dokumentieren. Der Markt für diese „Märkische Kiefer" ergibt sich vor allem durch die Weiterverarbeitung der Schnitthölzer zu Konstruktionsholz, Leimholz oder Hobelware, die sich für den Außenbereich (Hof, Spielplätze) etc. bewährt haben.

Merke:
Besonders Waldbesitzer mit wenigen Hektar sollten sich um eine Kooperation mit benachbarten Waldbesitzern bemühen, da sie anderenfalls auf höhere Holzerlöse verzichten. Bedenkt man, dass mit dem Einschlag des Baumes die Früchte mehrer Generationen geerntet werden, ist es schwer nachvollziehbar, warum gerade im alles entscheidenden Moment – dem Holzverkauf – nicht alle Möglichkeiten ausgeschöpft werden, um einen maximalen Holzerlös zu erzielen!

Abbildung 34:
Dokumentiert die regionale Herkunft der Kiefer: das Label „Märkische Kiefer".

6.4 Zertifizierung

Zur Sicherung des Holzverkaufs haben sich in den letzten Jahren verschiedene Zertifizierungssysteme in der Forstwirtschaft als Marketinginstrumente etabliert. Vor allem die beiden Zertifizierungssysteme FSC und PEFC sind in Deutschland sehr verbreitet. Das Ziel beider Systeme ist es, die nachhaltige und ordnungsgemäße Waldbewirtschaftung des Waldbesitzers zu überprüfen und zu dokumentieren. So wird in großen Baumärkten häufig nur noch Holz angeboten, das ein Zertifizierungssiegel trägt. Das Zertifizierungssiegel zeigt: Das Holz stammt aus nachhaltiger, permanent überprüfter und einer über der ordnungsgemäßen Forstwirtschaft hinausgehenden Waldbewirtschaftung. Tabelle 28 stellt die beiden Zertifizierungssysteme stark vereinfacht dar.

Merke:
Waldbesitzer in Brandenburg sollten genau prüfen, ob und ggf. welchem Zertifizierungssystem sie sich anschließen. Es wird sich in den nächsten Jahren zeigen, ob eine höhere Nachfrage nach zertifiziertem Holz höhere Holzpreise bewirkt.

Inwieweit für zertifiziertes Holz auch ein höherer Preis erzielt werden kann, damit sich die jährlichen Ausgaben amortisieren, lässt sich schwer feststellen. Da für den Waldbesitzer keine Verpflichtung zur Zertifizierung besteht, sollte er die Kosten mit den möglichen Mehrerlösen vergleichen. Bisher kann jedoch nicht festgestellt werden, dass Holzkäufer für zertifiziertes Holz einen höheren Holzpreis zahlen als für nicht zertifiziertes Holz.

Tabelle 28: *Gegenüberstellung der beiden bekannten Zertifizierungssysteme in Brandenburg.*

FSC www.fsc-deutschland.de	**PEFC** www.pefc.de
Global anwendbar.	Auf Europa begrenzt.
Zertifikatsinhaber (Waldbesitzer) bleibt so lange im Besitz seines Zertifikats, wie er die Zertifizierungsrichtlinie einhält.	Waldbesitzer können ihr Zertifikat auch verlieren, wenn Waldbesitzer der Region sich nicht an PEFC-Richtlinie halten.
Zahlreiche und detaillierte Anforderungen an die Standards der Waldbewirtschaftung.	Wenige grundsätzliche Standards für die Waldbewirtschaftung.
Kosten für Erstzertifizierung und vierjährliche Folgeprüfungen: 0,25-2,5 EUR/ha/a (abhängig von der Flächengröße); es besteht die Möglichkeit der Gruppenzertifizierung.	Kosten: 11 EUR einmalig für Zertifikatsvergabe und 0,13 EUR/ha/a für die Zertifikatsnutzung.

Abbildung 35:
Auch schlechte Holzqualität findet einen Markt: hier als Brennholz.
(Foto: Bergmann)

6.5 Die energetische Holznutzung

6.5.1 Brennholz als alternativer Energieträger

Nicht immer ist es möglich, das gesamte Holz zu verkaufen. Gründe dafür könnten z. B. sein:

- Die Baumart wird nicht nachgefragt (trifft teilweise für die Birke oder Hainbuche zu).
- Schlechte Holzqualität: Besonders Holz der Güteklasse D ist oft schwer zu verkaufen.

In diesen Fällen bietet es sich an, nach alternativen Verwendungsmöglichkeiten für dieses Holz zu suchen: Als Brennholz!

Die Brennholznutzung ist in den letzten Jahren – nicht zuletzt durch den steigenden Öl- und Gaspreis – stark gewachsen. Viele Leute erkennen, dass durch das Heizen mit heimischem Holz Geld gespart und gleichzeitig lokale Waldbesitzer unterstützt werden können. Der Marktpreis für Laubholz (z. B. Buche oder Hainbuche) beträgt derzeit durchschnittlich 10 EUR/rm, für Nadelholz (Kiefer) ca. 5 EUR/rm bei Selbstwerbung (→Abschnitt 5.9.3). Das heißt, der Waldbesitzer bekommt für Holz, das er nicht an Holzhändler verkaufen kann, 10 EUR/rm, ohne dass ihm dafür irgendwelche Kosten entstehen! Deshalb kann jedem Waldbesitzer, der qualitativ schlechte Bäume in seinem Wald hat, nur geraten werden, Brennholz aktiv zu vermarkten. Um potenzielle Interessenten für das Brennholz zu finden, gibt es verschiedene Möglichkeiten:

- Zusammenarbeit mit dem Waldbesitzer- oder Waldbauernverband (→Abschnitt 17.2), da viele Interessenten zuerst den Waldbesitzerverband kontaktieren.
- Kontaktaufnahme zu heimischen Brennstoffhändlern, an die oft Anfragen zur Brennholzgewinnung gestellt werden.
- Vorstellen bei den Generalvertretern für Brennstofföfen, die ihrerseits ein starkes Interesse haben, Kunden mitzuteilen, woher sie günstig den Brennstoff für den neuen Ofen beziehen können.
- Teilnahme mit einem Infostand auf einem Dorffest, da so die Dorfgemeinschaft Kenntnis darüber erlangt, wie Brennholz bezogen werden kann und was es kostet.
- Anzeigen in Wochenblättern.
- Kontaktaufnahme mit dem Förster.

Merke:
Der Verkauf von Brennholz ist eine gute Gelegenheit, qualitativ schlechte Bäume wirtschaftlich zu nutzen. Das Resultat ist ein gepflegter Waldbestand und Einnahmen aus dem Holzverkauf. Wird das Brennholz hingegen im eigenen Haus verheizt, führt dies zur Senkung der Heizkosten.

Ziel aller Maßnahmen sollte es sein, den Menschen zu verdeutlichen, dass Holz eine echte Alternative zu Öl und Gas ist. Dies wird deutlich, wenn die durchschnittlichen Energiewerte verglichen werden: 1 rm lufttrockenes Eichenholz (ca. 450 kg) hat die gleiche Energiemenge wie 210 l Heizöl oder 385 kg Briketts. Ein Vergleich der Preise zeigt: Während ein Raummeter Eichenbrennholz nur ca. 10 EUR kostet (zuzüglich den Kosten für das Spalten), beträgt der Preis für Heizöl ca. 0,50 EUR/l. Dadurch kosten 210 Liter ca. 105 EUR. Voraussetzung für diesen Vergleich ist aber, dass das Holz absolut lufttrocken ist, also mindestens ein Jahr, besser zwei Jahre, an einem trockenen, luftigen Ort trocknen konnte.

Abbildung 36 zeigt die jährlichen Brennstoffkosten für einen Wärmebedarf von 30 000 kwh. Sie verdeutlicht, dass selbst dann, wenn Holz gekauft wird, die Brennstoffkosten immer noch deutlich geringer sind als bei Erdgas. Am geringsten sind die Kosten, wenn das Kiefernholz selbst im Wald geworben wird (Selbstwerber).

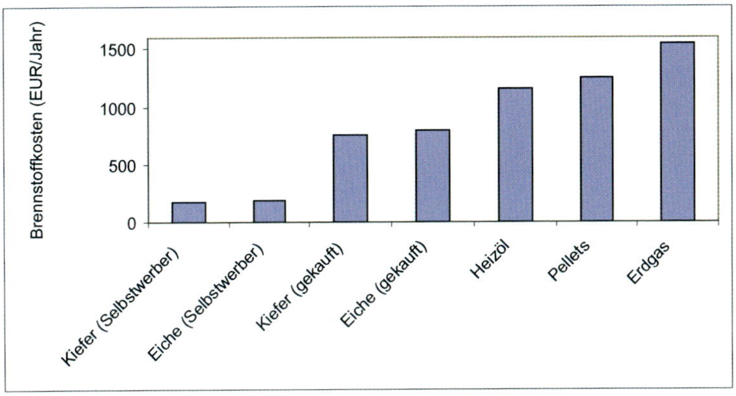

Abbildung 36: *Vergleich der jährlichen Brennstoffkosten bei 30 000 kwh. [In Anlehnung an MULF].*

6.5.2 Weitere Möglichkeiten der energetischen Holznutzung

Neben der Nutzung von Brennholz in Scheiten wird Holz zunehmend auch in der Form von Hackschnitzeln oder Pellets energetisch genutzt.

Unter dem Begriff Hackschnitzel sind eine Vielzahl verschiedener Hackschnitzelsortimente zu verstehen, die sich jeweils in ihrer Qualität und in ihrer Feuchte unterscheiden. Für den Waldbesitzer sind vor allem die Waldhackschnitzel interessant, weil sie dadurch entstehen, dass frisches Waldholz maschinell gehackt wird. So sollten Waldbesitzer überlegen, ob sie nicht

- starkastige Kronenteile, die beim Einschlag in Altbeständen im Bestand belassen wurden oder
- Kalamitätsholz, soweit es anderweitig nicht mehr zu verkaufen ist (z. B. das dünnastige, trockene Astholz) oder
- dürres oder krummes Holz

Merke:
Der Waldbesitzer kann das Holz, für das er keine Holzkäufer findet, durch Selbstwerber zu Hackschnitzeln weiterverarbeiten lassen. Dadurch bekommt der Waldbesitzer einen Erlös für Holz, was er anderenfalls im Wald liegengelassen hätte.

maschinell hacken lassen. Die Maßeinheit für Hackschnitzel ist Schüttraummeter (srm), wobei zusätzlich eine Unterscheidung des Gewichts in lufttrocken (lutro) und maschinell getrocknet (atro) vorgenommen wird. Lässt der Waldbesitzer die Hackschnitzel durch einen Selbstwerber anfertigen, bekommt er ca. 2 bis 3 EUR/srm. Folgende Umrechnungen gelten:

2,5 srm = 1 fm = 1,25 rm = 0,2 t atro

Der Hackschnitzelpreis, den die Verbraucher an den Zulieferer bezahlen müssen, ist aufgrund der hohen Herstellkosten deutlich höher. Dennoch sind die ca. 10 bis 14 EUR/srm im Vergleich zu den fossilen Energieträgern deutlich billiger.

Die Hackschnitzelherstellung wird in Brandenburg in den nächsten Jahren sicherlich erheblich zunehmen.

Schon heute existieren zahlreiche Heizkraftwerke, besonders für kommunale Einrichtungen, die ihren Wärmebedarf über Hackschnitzel decken. Waldbesitzer sollten deshalb ihren Förster fragen, ob es in der Region Selbstwerber für Hackschnitzel gibt, die ihrerseits die entsprechenden Abnehmer kennen.

Merke:
Für die Deckung des Heizenergiebedarfs für ein Einfamilienhaus mit einem Energiebedarf von ca. 12 kW werden pro Jahr ca. 31 Schüttraummeter Hackschnitzel (Weichholz) benötigt. Umgerechnet bedeutet dies ca. 2,6 srm/kW, was letztlich ca. 0,0128 Euro/kwh entspricht. Dadurch fallen durchschnittlich 372 Euro/Jahr an Heizkosten für das Einfamilienhaus an.

Holzpellets hingegen sind aufgrund des einfacheren Transports deutlich verbreiteter und werden sicherlich auch in Zukunft ihren Marktanteil erhöhen. Sie entstehen dadurch, dass naturbelassene Holzspäne (meist aus den Sägewerken und anderen Holz verarbeitenden Unternehmen) gepresst werden und zu kleinen, zylindrischen Zapfen geformt werden. Durch die Zugabe von Inhaltsstoffen werden die Pellets formstabil und beständig.

Die in Deutschland käuflich zu erwerbenden Pellets unterliegen der DIN 51731, in der die Größe, der Durchmesser und die Zusammensetzung geregelt werden. Der Heizwert der Holzpellets liegt bei 4,9 kWh/kg, was etwa dem Heizwert von einem halben Liter Heizöl entspricht.

Für den Waldbesitzer ergeben sich aber keine Möglichkeiten, Holzpellets herzustellen, da aufgrund der strengen DIN kein frisches Waldholz verwendet wird.

7 Forsteinrichtung im Privatwald

7.1 Einführung

Die Forsteinrichtung ist eine Dienstleistung, die der Forstwirtschaft aller Eigentumsformen zur Verfügung steht, um eine nachhaltige Bewirtschaftung der Wälder zu sichern. Das bedeutet, dass die verschiedenen Ansprüche des Waldbesitzers dauerhaft (über einen langen Zeitraum) erfüllt werden, ohne den Wald zu zerstören oder gegen bestehende Waldgesetze zu verstoßen. Bezogen auf das für viele Waldbesitzer wichtigste Ziel der Holzernte und des Holzverkaufs heißt das vereinfacht, es soll langfristig nicht mehr Holz geerntet werden als nachwächst.

Erklärung:
Nachhaltige Bewirtschaftung *des Forstbetriebes sichert dauernde und optimale Holznutzungen, Infrastrukturleistungen und sonstige Güter zum Nutzen gegenwärtiger und späterer Generationen.*

Im Vorfeld der Forsteinrichtung muss der Waldbesitzer die Oberziele für seinen Betrieb formulieren, damit die Planung im Rahmen des Forsteinrichtungswerks auf die Realisierung der Ziele abgestellt werden kann (→ Kapitel 1). Die Forsteinrichtung gibt keine Ziele vor, sondern ist lediglich Mittel zum Zweck. Im Zuge der erstmaligen Forsteinrichtungen erhält der Waldbesitzer genaue Einblicke hinsichtlich der Naturalausstattung (z. B. Zuwachs, Vorrat, Baumarten- und Altersverteilung) aber auch über die ökologischen und infrastrukturellen Gegebenheiten seines Forstbetriebes. Bei Folgeeinrichtungen ist es dem Waldbesitzer dann möglich seine Ziele zu präzisieren. So kann über mehrere Perioden ein Regelkreis entstehen. Grundsätzlich greift die Forsteinrichtung nicht in betriebliche Abläufe ein und erhebt somit auch keine Betriebsdaten des Forstbetriebes. Sie kann deshalb auch nicht als Unternehmensberatung verstanden werden, sondern würde lediglich die Voraussetzung für eine Unternehmensberatung liefern. Vielmehr hilft die Forsteinrichtung bei der Regelung der „natürlichen Produktion" im Forstbetrieb.

Merke:
Die Forsteinrichtung hilft, die Leistungen des Waldes vor dem Hintergrund der Waldbesitzerziele nachhaltig zu sichern, so dass auch spätere Generationen diese in gleichem Umfang nutzen können.

Im Wesentlichen werden mit der Forsteinrichtung drei Ziele verfolgt:

1. Folgeeinrichtungen dienen der Erfolgskontrolle der letzten zehn Jahre (Forsteinrichtungszeitraum). Dabei wird die Planung des letzten Forsteinrichtungswerkes mit der Realisation im Planungszeitraum verglichen und entsprechende Konsequenzen für die folgende Periode gezogen.
2. Eine Inventur dient der Erhebung der Naturaldaten des Betriebes. Dazu werden ausführlich die wichtigsten Bestan-

desdaten des Betriebs vor Ort ermittelt (z. B. Zuwachs, Vorrat, Baumarten- und Altersverteilung).

3. Die Erstellung eines Wirtschaftsplans mit einem nachhaltig nutzbaren Hiebssatz für den gesamten Forstbetrieb. Dieser legt die Planungsdaten für die nächste zehnjährige Periode fest und bildet die Grundlage für die Erfolgskontrolle bei der nächsten Einrichtung.

Das Gesamtergebnis der Forsteinrichtung wird im Forsteinrichtungswerk (→ Abschnitt 7.3) zusammengefasst.

Zu begrifflicher Verwirrung führt oft der Umstand, dass sowohl die Realisierung als auch das im Ergebnis vorliegende Werk umgangssprachlich als Forsteinrichtung bezeichnet werden. Richtigerweise handelt es sich um das Forsteinrichtungs- oder Betriebswerk (→ Abschnitt 7.3). Ein Betriebsplan oder Betriebsgutachten beinhaltet eine weniger umfängliche Planung für kürzere Zeiträume. Diese sind wegen des geringeren Aufwandes für den Kleinprivatwald zu empfehlen.

7.2 Praktische Durchführung der Forsteinrichtung

Während die Forsteinrichtung im Landeswald obligatorisch durch die Landesforstverwaltung durchgeführt wird, besteht laut Brandenburger Landeswaldgesetz keine Verpflichtung für den Privatwaldbesitzer. Ausnahme sind hier allerdings die Käufer von BVVG-Wald, die in der Regel ab einer Größe von 30 ha zur Forsteinrichtung verpflichtet sind. Diese muss laut des Kaufvertrages unverzüglich (meist innerhalb von zwei Jahren) erfolgen.

Große Bedeutung erlangt die Forsteinrichtung auch aus dem Steuer- und Entschädigungsrecht heraus. Der als eines der Hauptergebnisse des Forsteinrichtungswerkes nachhaltig nutzbare Hiebssatz bildet eine Grundlage für den Nutzungssatz. Der Nutzungssatz ist die Voraussetzung für die steuerliche Anerkennung außerordentlicher Nutzungen (→Abschnitt 8.6.4). Nur bei Vorlage eines forstlich fundierten Nutzungssatzes, z. B. im Rahmen eines Forsteinrichtungswerks, kann ein ermäßigter Steuersatz gegenüber dem Finanzamt bei außerordentlichen Einkünften (z. B. bei Käferkalamitäten) aus dem Forstbetrieb geltend gemacht werden.

Erklärung:
*Der **Hiebssatz** ist der Holzertrag, der nach Menge und Struktur in dem betreffenden Forstbetrieb nachhaltig genutzt werden kann. Er muss nicht mit dem steuerlich relevanten **Nutzungssatz** identisch sein. Im Gegensatz zum Hiebssatz wird beim Nutzungssatz dem subjektiven Ermessen des Waldbesitzers weniger Gewicht beigemessen. Es ist lediglich die volle Ertragsfähigkeit des Forstbetriebes ausschlaggebend, die nachhaltig erzielt werden kann.*

Nach den Richtlinien des Bundesfinanzministeriums für die Bemessung von Nutzungssätzen von 1956 (Richtlinie für die Bemessung von Nutzungssätzen nach § 34 b EstG) muss eine Forsteinrichtung zur steuerlichen Anerkennung des Nutzungssatzes folgende Bestandteile beinhalten:

- Flächenverzeichnis
- zahlenmäßige Bestandesbeschreibung (Flächengröße, Holzart, Alter, Ertragsklasse, Bestockungsgrad, Vorrat)
- Altersklassenübersicht
- Angaben über den laufenden Zuwachs
- Nutzungssatz (nach summarischer und waldbaulicher Einzelplanung sowie nach Hiebsweiser).

Im Kleinprivatwald genügt oft ein pauschaler Nutzungssatz. Auch wenn in der Forstwirtschaft keine genau definierte Grenze für den Kleinprivatwald existiert, kann sie in diesem Zusammenhang zwischen 30 und 50 ha gezogen werden.

Erklärung:
*Die **Ertragsklasse** ist ein relativer Maßstab für die Leistung des Bestandes. Sie wird mit einer Ertragstafel für die betreffende Baumart anhand der Bestandeshöhe und des Bestandesalters ermittelt.*

Mit der Forsteinrichtung können freiberufliche Forstsachverständige beauftragt werden, deren Anschriften beim Bundesverband freiberuflicher Forstsachverständiger (BvFF) zur Verfügung stehen (→Anschriftenverzeichnis). Diese ermitteln neben dem Hiebssatz auch den steuerlich relevanten Nutzungssatz auf Grundlage der bei der Forsteinrichtung ermittelten Daten.

Die Kosten sind u. a. stark von den Anforderungen des Waldbesitzers an das Forsteinrichtungswerk, der Größe oder der Lage des Forstbetriebes abhängig. Als grobe Orientierungshilfe kann mit 15 bis 30 EUR/ha geplant werden.

In der Mehrzahl der Fälle wird die Forsteinrichtung während der Vegetationsperiode durchgeführt und sollte deshalb im zeitigen Frühjahr ausgeschrieben werden. Als Voraussetzung für die Forsteinrichtung sollte der Waldbesitzer folgende Vorleistungen erbringen:

- Flurstücksverzeichnisse
- Flurstücks- und Forstkarten (auf Kataster- und Forstämtern erhältlich)
- gegebenenfalls vorhandene Forsteinrichtungen (z. B. Datenspeicher Wald, Primärdatenerhebung bei BVVG-Wald Käufern)
- Kennzeichnung der Waldaußengrenzen.

Darüber hinaus sind auch folgende Unterlagen sehr hilfreich:
- Luftbilder (Landesvermessungsamt Brandenburg)
- Standortkartierung (Amt für Forstwirtschaft)
- Waldbiotopkartierung (Amt für Forstwirtschaft)
- Informationen über die Nutzung der letzen Jahre
- spezielle Fachplanungen (z.B. Landschaftsrahmenpläne, Pflegepläne, Forstliche Rahmenpläne, Waldfunktionskartierungen).

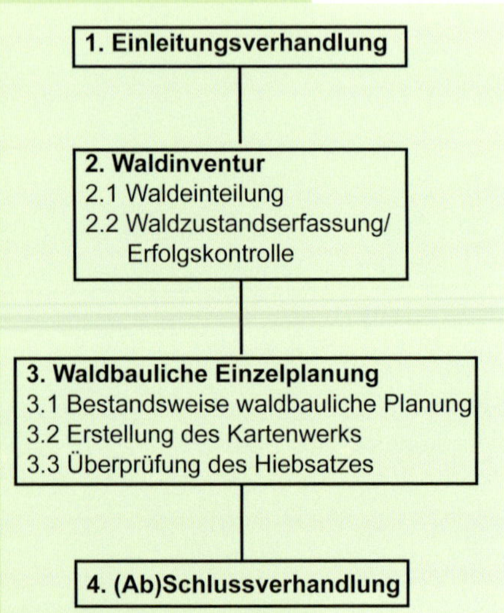

Abbildung 37:
Schematischer Ablauf einer Forsteinrichtung (stark vereinfacht).

Der Ablauf der Forsteinrichtung ist stark vom jeweiligen Forstsachverständigen und den Anforderungen des Waldbesitzers abhängig. In der Abbildung 37 sind die wichtigsten Schritte dargestellt, aus der eine Forsteinrichtung grundsätzlich besteht.

Im Folgenden sollen diese einzelnen Schritte kurz inhaltlich vorgestellt werden:

1. Einleitungsverhandlung

Die Veranstaltung ist keine Verhandlung im herkömmlichen Sinn, sondern dient vorrangig dem Zweck, dem Forsteinrichter die Oberziele des Waldbesitzers zu vermitteln und die daraus resultierenden Bewirtschaftungsgrundsätze (z. B. waldbauliche, ökonomische, ökologische, infrastrukturelle, evtl. jagdliche) zu formulieren. Außerdem werden dem Forsteinrichter die notwendigen Unterlagen zur Verfügung gestellt. Meist findet ein Waldbegang statt, bei dem ein Eindruck vermittelt wird, auf Besonderheiten hingewiesen werden kann und unklare Grenzverläufe erläutert werden. Die Ergebnisse dieser Veranstaltung werden niedergeschrieben und gelten als verbindlich.

2. Waldeinteilung

Im Rahmen der Waldeinteilung wird der Forstbetrieb flächig gegliedert. Auch hier gibt es kein einheitliches Vorgehen, da der Gesetzgeber die Forsteinrichtung im Privatwald nicht vorschreibt und sich die einzelnen Verfahren in Details voneinander unterscheiden können. In Abbildung 38 ist anhand eines gebräuchlichen Beispiels erläutert, wie eine Flächengliederung aufgebaut sein kann.

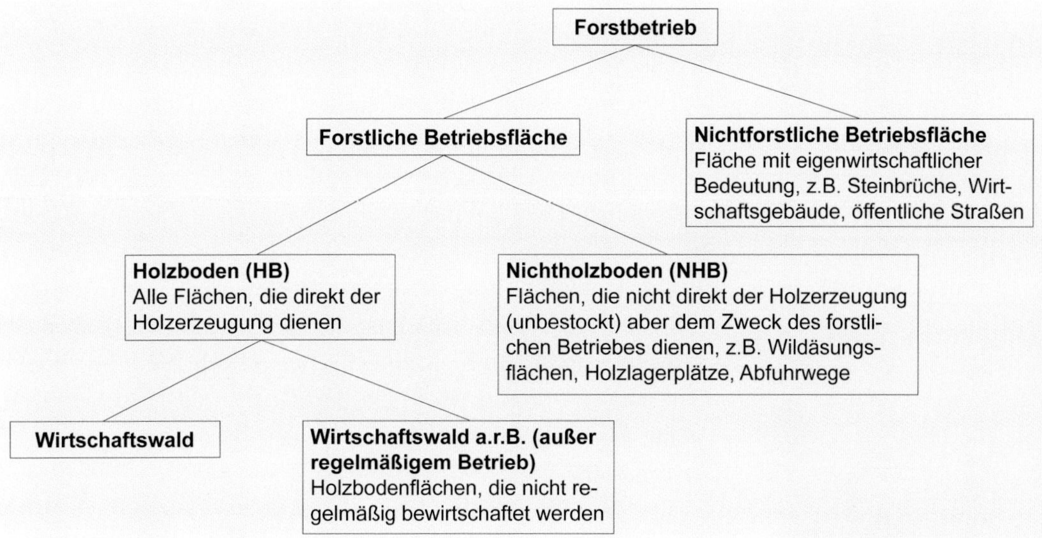

Abbildung 38:
Flächengliederung nach Nutzungsarten.

Die Holzbodenfläche (HB) wird nun weiterhin in Abteilungen, Unterabteilungen und Teilflächen unterteilt. Die Nichtholzbodenflächen werden meist lediglich laufend nummeriert. Die Waldeinteilung ermöglicht eine genaue Ortsbestimmung im Wald und bildet die Grundlage für die Waldzustandserfassung, die Planung und die Kontrolle. Im Ergebnis ist jeder Forstort im Betrieb durch eine genaue Forstadresse lokalisierbar. Im Folgenden werden die Gliederungseinheiten kurz vorgestellt.

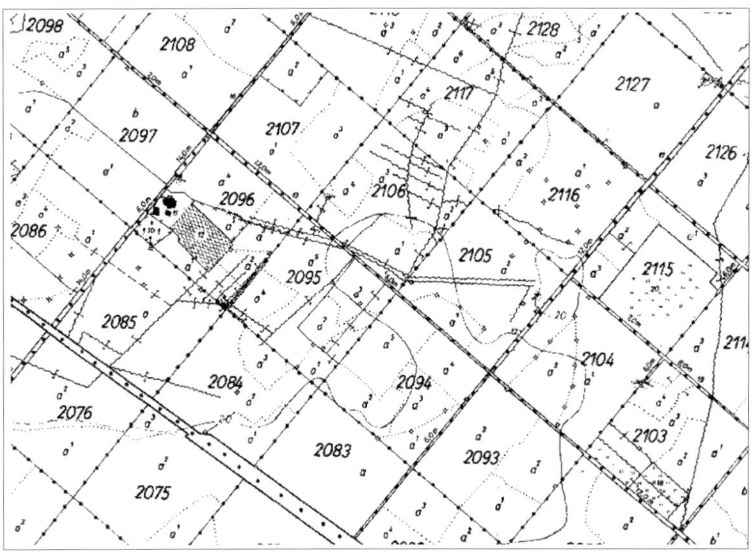

Abbildung 39:
Beispiel einer Forstgrundkarte für den Brandenburger Landeswald.

a) Abteilung

Die Abteilung ist die obere Gliederungseinheit der forstlichen Holzbodenfläche mit einer Größe von ca. 20 bis 40 ha. Das vorhandene Abteilungsnetz bleibt weitgehend erhalten und wird durch künstliche oder natürliche Linien in der Natur begrenzt. Die Nummerierung erfolgt mit arabischen Ziffern.

b) Unterabteilung

Die Unterabteilung dient der Verbesserung der Übersichtlichkeit. Sie wird auch ausgewiesen, wenn innerhalb einer Abteilung mehrere Splitterflächen durch Nichtholzboden räumlich getrennt sind. Die Größe beginnt bei etwa 5 ha. Die Bezeichnung erfolgt mit kleinen Buchstaben.

c) Teilfläche

Die Teilfläche stellt die untere Gliederungseinheit der Holzbodenfläche dar. Sie wird durch deutliche Bestockungsunterschiede abgegrenzt, die eine unterschiedliche waldbauliche Behandlung erfordern. Sie ist veränderbar und mit einer Mindestgröße von ca. 0,5 ha die kleinste Gliederungseinheit, die in Forstkarten dargestellt wird. Auf der Einheit der Teilfläche finden die Zustandserfassung und die Planung im Rahmen der Forsteinrichtung statt. Die Nummerierung erfolgt in der Regel mit einstelligen, hochgestellten, arabischen Ziffern.

d) Bestand

Der Bestand ist die kleinste waldbauliche Einheit, die jedoch nicht in Karten dargestellt wird. Sie wird bei kleinflächigen Bestockungsunterschieden innerhalb der Teilfläche und bei unklaren Bestockungsgrenzen ausgewiesen, die nicht auf der Karte darstellbar sind. In der Regel ist der Bestand identisch mit der Teilfläche.

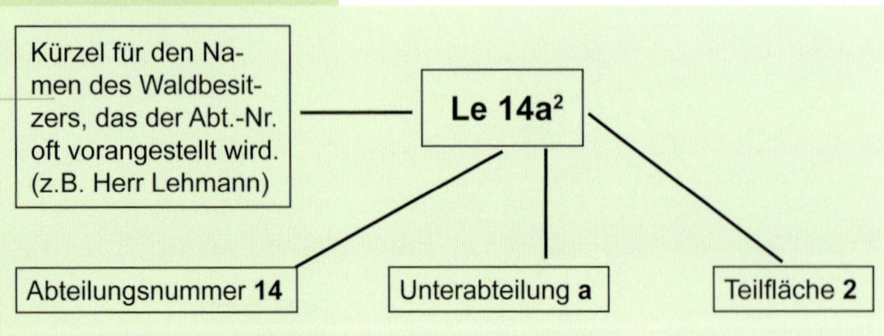

Abbildung 40:
Zusammensetzung der Bestandesnummer.

In Abbildung 40 soll eine Forstortsbezeichnung erläutert werden.

Die Waldeinteilung wird im forstlichen Kartenwerk dargestellt, das ebenfalls ein Teil des Forsteinrichtungswerkes ist (→Abschnitt 7.3).

3. Waldzustandserfassung/Erfolgskontrolle
   Bei der Waldzustandserfassung wird mit Hilfe von Stichprobenverfahren eine Inventur des Waldbestandes durchgeführt. Der Forsteinrichter erhebt in Abhängigkeit von Dichte der Bestockung, Alter und Baumart anhand unterschiedlich häufiger Stichproben in jedem Bestand die wichtigsten Daten der Bestockung. Auch hier differiert die Anzahl der erhobenen Daten. In der Regel werden:
   - Alter,
   - Baumart (BA),
   - Bestockungsgrad (BO),
   - Grundfläche (GF),
   - Vorrat (V),
   - Brusthöhendurchmesser (BHD),
   - Schichtigkeit,
   - Bestandestyp (BT) ermittelt und
   - die Flächengröße überprüft.

Darüber hinaus wird eine verbale Beschreibung des Bestandes und eine Einschätzung des Standortes abgegeben.

Neben den klassischen Forsteinrichtungsverfahren hat in den letzten Jahren auch das „Kontrollstichprobenverfahren" an Bedeutung gewonnen. Dieser Begriff ist etwas irreführend, da es sich bei Einrichtungen immer um Stichproben handelt. Dieses Verfahren hat gegenüber dem klassischen Verfahren für den Waldbesitzer den Vorteil der geringeren Kosten, da die Daten mit geringerem Aufwand erhoben werden. Besonders bei folgenden Forsteinrichtungen macht sich dieser Vorteil bemerkbar, da bei der Ersteinrichtung Kontrollpunkte dauerhaft gekennzeichnet werden, die dann immer wieder aufgesucht werden können. Vorteile hat dieses Verfahren in stark plenterartig strukturierten, baumartenreichen Beständen. Nachteil ist allerdings die Tatsache, dass der Waldbesitzer keine teilflächenscharfen Informationen, sondern nur noch einen Gesamtüberblick über den Forstbetrieb erhält.

Handelt es sich bei der Einrichtung um eine Folgeeinrichtung, wird im Zuge dieses Arbeitsschrittes auch eine Erfolgskontrolle der Bewirtschaftung für den letzten Forsteinrichtungszeit-

Merke:
Der brandenburger Waldbesitzer ist per Waldgesetz nicht zur Durchführung einer Forsteinrichtung verpflichtet. Allerdings ist ein Forsteinrichtungswerk nötig, wenn ein ermäßigter Steuersatz bei außerordentlichen Einkünften (z. B. Sturmschäden) aus dem Forstbetrieb gegenüber den Finanzbehörden geltend gemacht werden soll. Die Forsteinrichtung ist für den Waldbesitzer ein Managementplan, der eine effiziente Waldbewirtschaftung sichert.

raum durchgeführt. Dabei wird die Planung der letzten Forsteinrichtung mit dem Vollzug verglichen. Die Auswertung der Kontrolle wird meist zusammenfassend für den Forstbetrieb im Rahmen der Abschlussverhandlung vorgestellt.

3.1 Bestandesweise Planung
Im Zuge der Waldzustandserfassung vor Ort wird auch die bestandesweise waldbauliche Planung durchgeführt. Je nach Alter der Bestände wird die Bestandeserziehung, die Bestandespflege oder die Bestandesverjüngung vor dem Hintergrund der Eigentümerziele detailliert für den Forsteinrichtungszeitraum geplant. Darüber hinaus, können je nach Auftrag an den Forsteinrichter, auch Hinweise und Empfehlungen zum Forstschutz, zum Wegebau oder zur Holzverwendung/Holzvermarktung gegeben werden.

4. Hiebssatzüberprüfung
Die Ergebnisse der waldbaulichen Einzelplanung werden auf Nachhaltigkeit und Plausibilität geprüft, indem der gesamte Hiebssatz des Betriebes mit verschieden Rechenmodellen abgeglichen werden kann.

5. Abschlussverhandlung
Bei der Abschlussverhandlung (die auch oft Schlussverhandlung, Schlussbegang, Schlussbereisung, Projektverteidigung genannt wird) werden die Ergebnisse der Forsteinrichtung vorgestellt, an den Zielen des Waldbesitzers und den Vereinbarungen der Einleitungsbesprechung gemessen und bei einem Waldbegang erläutert und diskutiert. Auch bei dieser Veranstaltung führt der Begriff Verhandlung in die Irre, da nichts verhandelt wird.

Das Ergebnis der Forsteinrichtung ist das Forsteinrichtungswerk. Die darin enthaltene Betriebsplanung bildet die Grundlage für die jährliche Planung und den Vollzug im Forstbetrieb über einen Zeitraum von zehn Jahren. Ist die Realisierung der Forsteinrichtungsplanung infolge von Katastrophen oder gravierender Änderung der Wirtschaftsprinzipien oder der Holzmarktlage nicht mehr möglich, so können Zwischenprüfungen mit Abwandlung der ursprünglichen Planung durchgeführt werden.

Nach Abschluss der Forsteinrichtung sollte der Waldbesitzer das zuständige Amt für Forstwirtschaft informieren. Diesem ist es dann anhand der neuen Karten möglich, den Forstbetrieb in zentrale Planungen von gesamtgesellschaftlichem Interesse einzubeziehen (z. B. Waldbrandkarten).

7.3 Das Forsteinrichtungswerk

Der Inhalt des Forsteinrichtungs- oder Betriebswerks kann sehr unterschiedlich sein, umfasst aber im Wesentlichen folgende Bestandteile:

- Kartenwerk
- Wirtschaftsbuch
- Tabellenwerk
- Schriftsatz.

Kartenwerk

Zum Kartenwerk gehören ein Flächenverzeichnis und die Karten. Der Umfang der Karten kann stark variieren. In der Regel schließt ein Kartensatz etwa vier Karten ein. Dazu gehören Forstgrundkarten, Revierkarten verschiedenen Inhalts (Baumarten-, Planungs-, Altersgruppenkarte, Wegekarten usw.) oder Übersichtskarten, die die Umgebung und den Anschluss an die benachbarten Forstbetriebe darstellen.

Im Flächenverzeichnis wird ein Überblick über alle zum Forstbetrieb gehörenden Flurstücke gegeben.

Wirtschaftsbuch

Das Wirtschaftsbuch, auch Revierbuch, Betriebsbuch oder Bestandesblätter genannt, umfasst die verbale und zahlenmäßige Bestandesbeschreibung sowie die waldbauliche Einzelplanung jeder einzelnen Teilfläche. In der Regel ist auch genügend Platz vorgesehen, um den Vollzug der Wirtschaftsmaßnahmen differenziert protokollieren zu können. Im Beispiel 16 ist dargestellt wie ein Bestandesblatt des Forstortes Le 14 a^2 gestaltet sein kann.

Beispiel 16:

Privatwald Lehmann
Seite 1
Amt f. Forstw. **Doberlug-Kirchhain**
Revier **Hintergupfelsdorf**
Abt. **Le 14 a ² = 1,31 ha**

Bestandesbeschreibung
1. Kiefern-Bestand, Stangenholz, einschichtig, Hochwald (Altersklassenwald);
100 % KI

weitere Baumarten: Birke;
Hinweise zum Bestand: Bisher ungepflegtes, geschlossen bis gedrängtes Stangenholz mit geringen Differenzierungen.

Baumart	Fläche		Alter	Mittelhöhe	Ekl	BHD	B°	Vorrat		LJZ
	Oberstand (ha)	Unterstand (ha)						Vfm/ha	Vfm	Vfm/ha
Ki	1,31		34	12	1,7	10	1,3	181	237	12,3

Baumart	Maßnahme	Dringlichkeit	Fläche ha	Nutzung		
				%	Efm o.R./ha	Efm o.R.
Ki	Jungbestandes-pflege	dringend	1,31	21	30	39

Planung
Hinweise zur Planung: Auswahl von 100 Z-Bäumen, Entnahme von 3 Bedrängern pro Z-Baum.

Standortsbeschreibung
Naturraum:
Wuchsgebiet: Düben-Niederlausitzer Altmoränenland
Wuchsbezirk Ruhlander Niederung

Standort:
Tm-T Z S 2 Tiefland mit mäßig trockenem Klima,
100 % mäßig frischer, ärmerer Sand-Standort

Gelände:
100 m über NN eben/schwach geneigt;

keine besonderen **Schutz- und Erholungsfunktionen**

Erläuterung der Abkürzungen:
EKL Ertragsklasse
BHD Brusthöhendurchmesser
B° Bestockungsgrad
LJZ Laufender jährlicher Zuwachs

Tabellenwerk

Das Tabellenwerk, auch Hauptergebnisse oder Hauptübersicht genannt, beinhaltet Tabellen, Übersichten und Verzeichnisse, in denen Informationen nach gewünschten Kriterien einzelflächenweise und für den Forstbetrieb insgesamt zusammengefasst dargestellt sind. In Beispiel 17 ist die Darstellung der Altersklassenverteilung des gesamten Forstbetriebes, gegliedert nach den verschiedenen Baumarten, abgebildet. In dieser Form können alle im Zuge der Forsteinrichtung erhobenen Daten aufbereitet werden.

Beispiel 17:

	Altersklassen										
Fläche (ha)	**I**	**II**	**III**	**IV**	**V**	**VI**	**VII**	**VIII**	**IX**	**VIII**	**Summe**
Kiefer	18,47	12,47	67,13	44,01	18,20	22,78	12,34	0,00	0,00	0,00	195,40
Fichte	1,23	4,58	16,23	14,00	2,28	0,00	0,00	0,00	0,00	0,00	38,32
Eiche	1,24	0,81	0,00	0,00	0,69	5,98	10,27	3,21	1,25	0,59	24,04
Birke	1,26	0,89	8,57	17,81	1,39	0,00	0,00	0,00	0,00	0,00	29,92
Summe	**22,20**	**18,75**	**91,93**	**75,82**	**22,56**	**28,76**	**22,61**	**3,21**	**1,25**	**0,59**	**287,68**

(eine Altersklasse umfasst immer den Zeitraum von 20 Jahren)

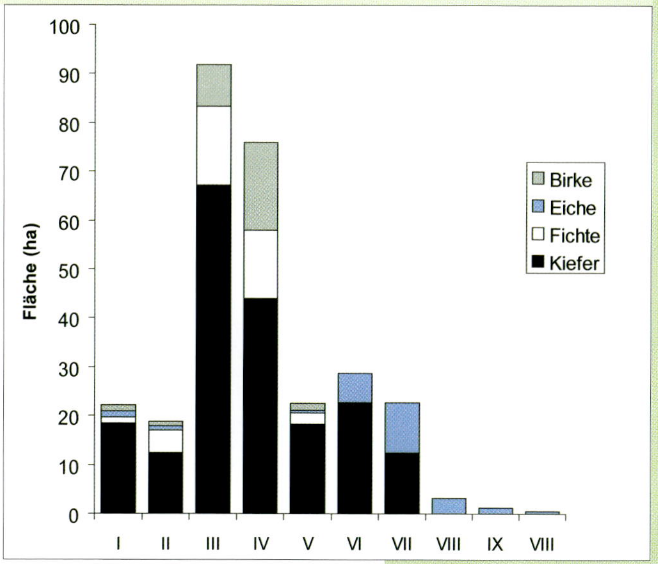

Schriftsatz

Der Schriftsatz umfasst die komplette verbale Darstellung der Forsteinrichtung. Er beinhaltet die Aufzeichnungen der Einleitungs- und Abschlussverhandlung, den Ablauf ebenso wie die Herleitung des Hiebssatzes und eine ausführliche verbale Beschreibung des Forstbetriebes.

8 Steuern im Forstbetrieb

8.1 Einführung

Steuern und die Auseinandersetzungen mit ihnen sind grundlegende Umstände in unserer zivilisierten Gesellschaft, die für den Privatmann, wie auch für den Betrieb existenziell sind. Besonders bei der betriebswirtschaftlichen Entscheidungsfindung, so im Rechnungswesen, bei Investitionen und der Planung sind grundlegende Kenntnisse im Steuerrecht unumgänglich. Aus diesem Grund haben sich die Autoren entschlossen, diesem Thema ein Kapitel zu widmen.

Nun haben steuerrechtliche Vorschriften häufig nur eine kurze Lebensdauer. Insbesondere Zahlen (z. B. Freibeträge, Tabellenwerte) ändern sich sehr schnell. Außerdem handelt es sich beim Steuerecht um eine so vielschichtige und komplizierte Thematik, die aufgrund des Umfangs wie auch der fachlichen Kompetenz hier nicht ausführlich abgehandelt werden kann. Vielmehr soll ein Überblick über die wichtigsten Steuerarten im Forstbetrieb gegeben werden. Unabhängig davon sei bei der individuellen Steuerberatung an den ausgebildeten Steuerfachmann verwiesen, da im Einzelfall die Gefahr haftungsrechtlicher Konsequenzen gegeben ist. In diesem Kapitel sollen folgende Steuerarten angesprochen werden:

- Umsatzsteuer
- Grundsteuer
- Grunderwerbsteuer
- Erbschafts- und Schenkungssteuer
- Einkommensteuer.

Grundsätzlich sind Steuern Geldleistungen, die keine Gegenleistungen für eine besondere Leistung darstellen und vom öffentlich rechtlichen Gemeinwesen zur Erzielung von Einnahmen allen auferlegt werden, bei denen der Tatbestand laut Gesetz zutrifft. Demgegenüber kann bei Gebühren eine konkrete Gegenleistung erwartet werden, während dies bei Beiträgen nicht unmittelbar der Fall ist. Sie eröffnen allerdings das Recht zur tatsächlichen Inanspruchnahme einer Einrichtung. Steuern werden wie in Tabelle 29 dargestellt gegliedert.

Besitzsteuer	Ertragsteuer	Verkehrsteuer	sonst. Steuer
Grundsteuer	Einkommensteuer Körperschaftssteuer Gewerbeertragssteuer	Umsatzsteuer Grunderwerbsteuer Erbschafts- bzw. Schenkungssteuer Kfz-Steuer	Mineralölsteuer Tabaksteuer Versicherungssteuer

Tabelle 29: *Gliederung der Steuern.*

Die Land- und Forstwirtschaft wird gegenüber Gewerbebetrieben z. T. steuerlich günstiger behandelt. Die wichtigsten Steuervergünstigungen sind:

- Befreiung von der Gewerbesteuer
- Umsatzsteuerpauschalierung (§ 24 UStG)
- geringere Steuersätze bei der Einkommensteuerpauschalierung
- Einkommensteuerfreibeträge (§§ 13 und 14 EStG)
- ermäßigte Steuersätze bei außerordentlichen Forsteinkünften (§ 34 EStG).

8.2 Umsatzsteuer

Die Umsatzsteuer, auch umgangssprachlich als Mehrwertsteuer bekannt, ist der Erläuterung der Steuerarten vorangestellt, da sie im alltäglichen Betrieb am häufigsten in Erscheinung tritt. Das Umsatzsteuergesetz enthält neben anderen Branchen einige Steuerbefreiungen, die auf die Land- und Forstwirtschaft zutreffen:

- Umsätze, die unter das Grunderwerbsteuergesetz fallen
- Einnahmen aus Vermietung und Verpachtung
- Entgelte für die Überlassung von Grundstücken zur Ausbeutung von Bodenschätzen
- Entgelte für die grundbuchliche Absicherung von Leitungsrechten.

Der Umsatzsteuer unterliegen Lieferungen und sonstige Leistungen, die ein Unternehmer gegen Entgelt im Rahmen seines Unternehmens ausführt. Unternehmer sind sowohl Gewerbetreibende und Freiberufler als auch Land- und Forstwirte, natürliche Personen sowie Personengesellschaften und juristische Personen. Damit sind auch Waldbesitzer grundsätzlich Unternehmer. Die genaue Unternehmereigenschaft ist im § 2 Umsatzsteuergesetz (UStG) geregelt. Der Waldbesitzer ist demnach nur dann Unternehmer, wenn er mit dem Holzverkauf selbstständig und nachhaltig tätig wird.

- Selbstständig tätig ist der Waldbesitzer auch dann, wenn das Holz über das Forstamt oder eine privatrechtliche Vermarktungsgesellschaft verkauft wird.
- Nachhaltig wird eine Tätigkeit ausgeübt, wenn sie dauerhaft zur Erzielung von Einnahmen angelegt ist. Die Absicht Gewinn zu erzielen, ist dabei nicht erforderlich. Kriterien mit Hilfe derer sich nachhaltiges Handeln belegen lässt können sein:
  - mehrjährige Tätigkeit
  - planmäßiges Handeln
  - auf Wiederholung ausgelegtes Handeln
  - die Ausführung mehr als nur eines Umsatzes.

Wird aus dem forstwirtschaftlichen Grundstück also Holz verkauft, liegt meist eine unternehmerische Tätigkeit vor, da die forstliche Tätigkeit planmäßig auf Wiederholung ausgelegt ist. Allerdings kommt die Regelung bei einem stark aussetzenden Betrieb an ihre Grenzen. Wenn die Nutzung sehr unregelmäßig stattfindet und die Einnahmen sehr klein sind, kann also auch nach Umsatzsteuerrecht nicht von einem forstlichen Unternehmen gesprochen werden. Eine Mindestgröße anhand derer eine einfache Abgrenzung möglich wäre, schreibt der Gesetzgeber nicht vor. Die Grenze dürfte jedoch unter der für Geringfügigkeit im Einkommensteuerrecht (→Einkommensteuer) liegen. Allerdings kann davon ausgegangen werden, dass ein Waldbesitz von z. B. 0,05 ha den Status eines land- und forstwirtschaftlichen Unternehmens nicht erfüllt. Es wird deutlich, dass eine Abgrenzung äußerst schwierig ist und im Zweifel immer eine Einzelfallentscheidung darstellt. Grundsätzlich muss der Waldbesitzer die Frage nach der Unternehmereigenschaft selbst beantworten und sollte bei Unklarheit einen steuerlichen Berater hinzuziehen.

Ist der Waldbesitzer nach der Analyse seiner wirtschaftlichen Tätigkeit zu dem Schluss gekommen die Unternehmereigenschaft zu erfüllen, kann beim Finanzamt die Erteilung einer Umsatzsteuernummer beantragt werden. Grundsätzlich unterliegt jeder Unternehmer der Regelbesteuerung. Alle gegen Entgelt in Anspruch genommenen Waren und Dienstleistungen unterliegen somit der

Umsatzsteuer. Dabei stellt die Umsatzsteuer für den Unternehmer mit Regelbesteuerung nur einen Durchlaufposten dar. Das bedeutet, dass zur Produktion des Produktes (z. B. Holz) Waren und Dienstleistungen (z. B. Motorsäge oder der Holzeinschlag durch einen forstlichen Lohnunternehmer) eingekauft werden und die dafür auf den Rechnungen ausgewiesenc Umsatzsteuer (Vorsteuer) gezahlt wird. Verkauft der Waldbesitzer seine Waren (z. B. Holz), stellt er die Umsatzsteuer in Rechnung. Die Differenz der Vorsteuer für die Vorleistungen und der Umsatzsteuer für sein Produkt meldet er vierteljährlich oder monatlich (je nach Umsatz) dem Finanzamt. Ist der Betrag negativ, wird die USt. vom Finanzamt erstattet, ist der Betrag positiv, muss die USt. an das Finanzamt gezahlt werden.

Da die grundsätzliche Umsetzung der Regelbesteuerung sowohl für den Privatwaldbesitzer als auch für die Finanzbehörden einen unangemessen hohen Aufwand darstellt, räumt der Gesetzgeber für land- und forstwirtschaftliche Betriebe eine Sonderregelung ein. Nach § 24 UStG wurde die Durchschnittsbesteuerung, auch Pauschalierung genannt, geschaffen. Diese Besteuerungsform ist wahrscheinlich für den Großteil der Waldbesitzer die günstigste und wird sicher auch am häufigsten angewendet.

Die Finanzbehörden setzen zunächst diese Regelung bei allen Waldbesitzern voraus. Der Gesetzgeber geht bei der Pauschalierung von der Annahme aus, dass der Forstbetrieb relativ wenig Waren und Dienstleistungen in Anspruch nimmt. Daher wurden bestimmte Durchschnittssätze bei der Besteuerung ermittelt, deren Höhe so bemessen ist, dass sie der Vorsteuerbelastung des Sektors Land- und Forstwirtschaft entsprechen und deshalb eine Steuerzahllast nicht entsteht. Die wichtigsten Steuersätze sind in Tabelle 30 ersichtlich.

Produkte	Regelbesteuerung %	Pauschalierung %
Rundholz	19	5,5
Schmuckreisig	7	5
Brennholz	7	5
Sägewerkserzeugnisse	19	19
Wildbret	7	9

Tabelle 30:
Die wichtigsten Steuersätze bei der Regel- und der Pauschalbesteuerung (gültig ab 01.01.2007).

Ohne Steuerzahllast kann der Waldbesitzer die vereinnahmte Umsatzsteuer als Einnahme behalten. Die gezahlte Vorsteuer ist hingegen für den pauschalierenden Forstbetrieb reine Ausgabe. Die Vorsteuer kann nicht abgezogen werden und der Forstbetrieb ist damit nicht vorsteuerabzugsberechtigt. In der Regel bestätigt dies das zuständige Finanzamt, da dieser Umstand bei der forstlichen Förderung wichtig ist. Ein weiterer Vorteil der Pauschalierung ist die Entbehrlichkeit umsatzsteuerlicher Aufzeichnungen und der Verzicht auf die Abgabe einer Umsatzsteuererklärung für den Waldbesitzer. Allerdings muss ein Kassenbuch geführt werden, da sich das Finanzamt vorbehält, in Einzelfällen die Buchführung zu überprüfen. Auch für diese Form der Besteuerung ist eine Umsatzsteuernummer nötig.

Merke:
Ab einer relativ geringen Waldbesitzgröße ist der Waldbesitzer verpflichtet, eine Umsatzsteuernummer beim Finanzamt zu beantragen, um nicht gegen das Steuerecht zu verstoßen. Für den weitaus größten Anteil der Waldbesitzer ist es dann sinnvoll zu pauschalieren (UStG § 24), da damit der Verwaltungsaufwand minimiert wird. Zur Regelbesteuerung sollte nur bei einem größeren Investitionsumfang in den kommenden Jahren optiert werden. Für diese Entscheidung sollte auf jeden Fall ein Steuerberater befragt werden.

Die Auswirkung der Pauschalierung in der Praxis soll an Beispiel 18 verdeutlicht werden.

Dieses Beispiel darf aber nicht zu ungunsten der Pauschalierung verallgemeinert werden. Neben Investitionen, wie Voranbauten, werden sicher auch zum größeren Teil Bestandespflegen und Holzernten durchgeführt, bei denen der Waldbesitzer einen Einnahmeüberschuss erzielt. Dabei ist der Saldo aus vereinnahmter und verausgabter Umsatzsteuer positiv oder ausgeglichen. Außerdem ist der erheblich geringere bürokratische Aufwand gegenüber der Regelbesteuerung nicht zu unterschätzen, so dass die Entscheidung bei der Wahl der Besteuerung unter der Berücksichtigung aller geplanten Maßnahmen über einen längeren Zeitraum getroffen werden sollte.

Plant der Waldbesitzer für die kommenden Jahre erhebliche Investitionen, kann es sinnvoll sein, zur Regelbesteuerung zu optieren (siehe oben). Aufgrund dieser Option wird der Waldbesitzer auch Optierer genannt. Da der Gesetzgeber zuerst grundsätzlich davon ausgeht, dass der Waldbesitzer pauschaliert, muss eine entsprechende Erklärung gegenüber dem Finanzamt abgegeben werden. Wenn die Absicht besteht, bereits im laufenden Jahr zu optieren, muss diese Erklärung bis zum 10.1. des Folgejahres beim zuständigen Finanzamt eingehen. An diese Entscheidung ist der Waldbesitzer dann für mindestens fünf Jahre mit allen Konsequenzen gebunden (z.B. vierteljährliche oder monatliche Abgabe einer Umsatzsteuervoranmeldung). Für die Betriebsgröße setzt der Gesetzgeber beim Wechsel zur Regelbesteuerung keine

Beispiel 18:
Anton will nach einem Kiefereinschlag mit den Erlösen des Holzverkaufs auf einem Hektar seiner Waldfläche einen Voranbau mit 70% Buche und 30% Bergahorn unter dem Schirm des Kiefernaltholzes anlegen.

Zeile	Maßnahme	Erlöse/Kosten netto (EUR)	USt. %	USt. EUR	Erlöse/Kosten brutto (EUR)
1	Durch den Verjüngungshieb fallen **120 fm Kiefernholz** an Der Holzverkaufserlös bringt bei einem Durchschnittspreis von 40,00 Euro/fm (120 fm x 40,00 Euro/fm)	4.800			
2	zuzügl. Umsatzsteuer (4.800 Euro x 0,055)		5,5	264	**5.064,00**
3	Der forstliche Lohnunternehmer berechnet für den Holzeinschlag und die Rückung 15,00 Euro/fm (120 fm x 15,00 Euro/fm)	-1.800			
4	zuzügl. Umsatzsteuer (-1.800 Euro x 0,19)		19	-342	**-2.142,00**
5	Für die Pflanzung werden Pflanzen angeschafft	-1.000			
6	zuzügl. Umsatzsteuer (-1.000 Euro x 0,19)		19	-190	**1.190,00**
7	Es sind 500 lfm Zaun nötig	-250			
8	zuzügl. Umsatzsteuer (-250 Euro x 0,19)		19	-48	**-297,50**
Einnahmenüberschuss bei selbst durchgeführter Pflanzung				-316	**1.434,50**

Da Anton die Zeit hat führt er die Pflanzung der Bäume selbst durch und baut den Zaun. Sein Nettoerlös liegt somit bei 1.434,50 €. Seine Steuerausgaben liegen bei 316 €.

Zeile	Maßnahme	Erlöse/Kosten netto (EUR)	USt. %	USt. EUR	Erlöse/Kosten brutto (EUR)
1	Der forstliche Lohnunternehmer führt die Pflanzung und den Zaunbau durch	-2.300			
2	zuzügl. Umsatzsteuer (-2.300 € x 0,19)		19	-437	**-2.737,00**
Einnahmenüberschuss bei Pflanzung durch Unternehmer				-753	**185,00**

Bert muss also bei der Pauschalierung insgesamt 753 € (-316 € - 437€) an Umsatzsteuer bezahlen.

Grenze. Diese Entscheidung kann und muss der Waldbesitzer allein treffen. Sie sollte vorrangig von dem Investitionsumfang in den kommenden Jahren abhängig gemacht werden.

Eine Grenze für die Flächengröße des Betriebes gibt es nicht. Allerdings kann davon ausgegangen werden, dass mit zunehmender Betriebsgröße die Sinnhaftigkeit der Regelbesteuerung steigt. Im Zweifelsfall sollte ein Steuerberater zu Rate gezogen werden.

Beispiel 19:
Nachdem Bert gemerkt hat, dass er bei der letzten Voranbaumaßnahme viel Geld an Steuern verausgabt hat, entschied er sich zur Regelbesteuerung zu optieren. Dann führte er die gleiche Maßnahme auf der Nachbarteilfläche noch einmal durch.

Zeile	Maßnahme	Erlöse/Kosten netto (EUR)	USt. %	USt. EUR	Erlöse/Kosten brutto (EUR)
1	Durch Bestandespflege fallen **120 fm Kiefernholz** an Der Holzverkaufserlös bringt bei einem Durchschnittspreis von 40,00 Euro/fm (120 fm x 40,00 Euro/fm)	4.800			
2	die Umsatzsteuer wird vereinnahmt (4.800 Euro x 0,19)		19	912,00	**5.712,00**
3	Der forstliche Lohnunternehmer berechnet für den Holzeinschlag und die Rückung 15,00 Euro/fm	-1.800			
4	Die Umsatzsteuer wird verausgabt (-1.800 Euro x 0,19)		19	-342,00	**-2.142,00**
5	Für die Pflanzung werden Pflanzen angeschafft	-1.000			
6	Die Umsatzsteuer wird verausgabt (-1.000 Euro x 0,19)		19	-190,00	**1.190,00**
7	Es sind 500 lfm Zaun nötig	-250			
8	Die Umsatzsteuer wird verausgabt (-250 Euro x 0,19)		19	-47,50	**-297,50**
Einnahmenüberschuss bei Pflanzung durch Unternehmer		**1.750**		332,50	**2.082,50**

Da die Umsatzsteuer nunmehr lediglich ein Durchlaufposten ist erzielt Bert einen Nettoerlös von 1.750 €.

Zeile	Maßnahme	Erlöse/Kosten netto (EUR)	USt. %	USt. EUR	Erlöse/Kosten brutto (EUR)
1	Der forstliche Lohnunternehmer führt die Pflanzung und den Zaunbau durch	-2.300			
2	zuzügl. Umsatzsteuer (-2.300 € x 0,19)		19	-368	**-2.668,00**
Einnahmenüberschuss bei Pflanzung durch Unternehmer		**700**		202	**902,00**

Würde er die Pflanzung mit Hilfe eines forstlichen Lohnunternehmers durchführen reduzierte sich der Nettoerlös auf 700 €.

Auch für diesen Fall wollen wir unser bereits bekanntes Beispiel noch einmal aufgreifen (siehe Beispiel 19).

Neben der Regelbesteuerung gibt es für Kleinunternehmer eine besondere Besteuerungsform. Bei der Kleinunternehmerregelung darf der maßgebliche Umsatz im vorausgegangenen Kalenderjahr 17500 Euro nicht überstiegen haben und im laufenden Kalenderjahr voraussichtlich 50000 Euro nicht übersteigen (Stand Oktober 2004). Zum maßgeblichen Umsatz gehören alle Bruttoeinnahmen, einschließlich Umsatzsteuer, aus Lieferungen und Leistungen

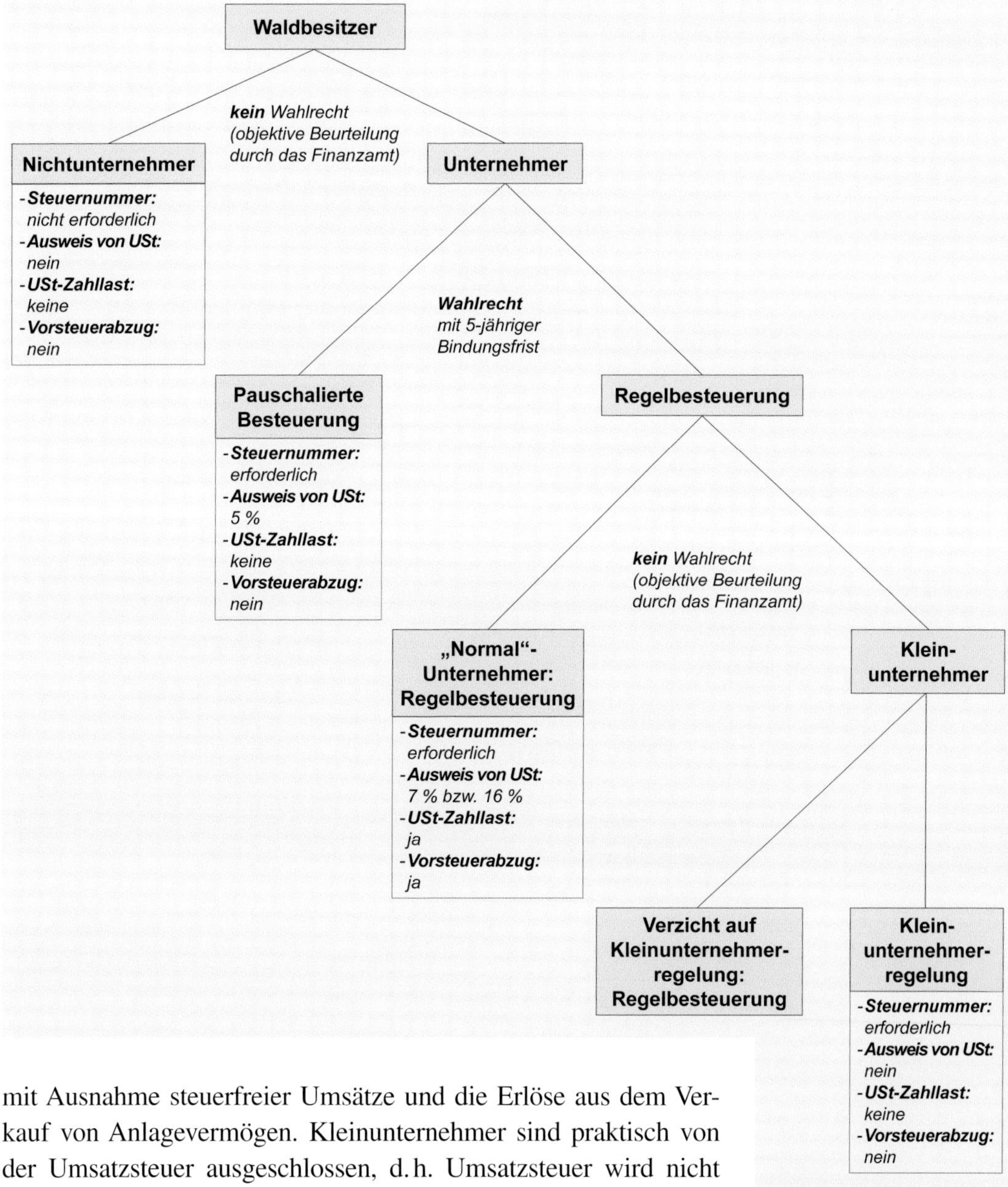

Abbildung 41:
Entscheidungsmöglichkeiten des Waldbesitzers bei der Umsatzsteuer.

mit Ausnahme steuerfreier Umsätze und die Erlöse aus dem Verkauf von Anlagevermögen. Kleinunternehmer sind praktisch von der Umsatzsteuer ausgeschlossen, d.h. Umsatzsteuer wird nicht erhoben und kann als Abzug nicht geltend gemacht werden.

Auch für diese Form der Besteuerung ist eine Umsatzsteuernummer notwendig.

In Abbildung 41 soll noch einmal deutlich gemacht werden, welche Möglichkeiten der Umsatzbesteuerung für den Waldbesitzer bestehen.

8.3 Grundsteuer

Merke:
Die Grundsteuer hat aufgrund der Höhe für den Waldbesitzer eine untergeordnete Bedeutung und wird von der Gemeinde erhoben.

Die Ermittlung der Grundsteuer A in Ostdeutschland unterscheidet sich von der in Westdeutschland. Während in den alten Ländern nach der Einheitsbewertung vorgegangen wird, stellen in den neuen Bundesländen die Ersatzwirtschaftswerte die Grundlage für die Berechnung dar. Auf jeden Fall wird die Grundsteuer von der Gemeinde erhoben. Sie ist eine Jahressteuer und wird am 31.3. des Kalenderjahres vierteljährlich (jeweils am 15.2., 15.5., 15.8., 15.11.) fällig. Auf Antrag kann die Grundsteuer erlassen werden, wenn die Erhaltung des Grundbesitzes wegen seiner Bedeutung für:

- Kunst
- Geschichte
- Wissenschaft oder
- Naturschutz im öffentlichen Interesse liegt oder
- der Ertrag (Einnahmen) die jährlichen Kosten unterschreitet.

Beispiel 20

Anton besitzt ein 1,2 ha großes Waldstück Hintergupfelsdorf. Der Hebesatz der Gemeinde liegt bei 400 %. Die Grundsteuer errechnet sich dort wie folgt aus dem Produkt:

Zeile			
1	Grundsteuermesszahl		0,006
2	Ersatzwirtschaftswert	Euro/ha	63,91
3	Fläche	ha	1,2
4	Hebesatz	%	400
	Grundsteuer (Zeile 1 x Zeile 2 x Zeile 3 x Zeile 4)	**Euro**	**1,84**

Sein Bekannter Bert, dessen Wald in der Nachbargemeinde Neufriedow liegt, bezahlt trotz 2,4 ha Waldfläche den gleichen Betrag, da der Hebesatz der Gemeinde bei nur 200 % liegt.

Zeile			
1	Grundsteuermesszahl		0,006
2	Ersatzwirtschaftswert	€/ha	63,91
3	Fläche	ha	2,4
4	Hebesatz	%	200
	Grundsteuer (Zeile 1 x Zeile 2 x Zeile 3 x Zeile 4)	**Euro**	**1,84**

Hinsichtlich der Erhebung wird zwischen

- Grundsteuer A für land- und forstwirtschaftlichen Grundbesitz und
- Grundsteuer B für den übrigen Grundbesitz unterschieden.

Die Berechnung der Grundsteuer (→Abschnitt 9.1.3) für Wald in den neuen Bundesländern ermittelt sich aus dem Produkt:

Ersatzwirtschaftswert/ha x Grundsteuermesszahl x Fläche x Hebesatz

Dabei beträgt der

- Ersatzwirtschaftswert/ha (Wald) = 63,91 Euro
- Grundsteuermesszahl = 6/1000
- Hebesatz wird von der Gemeinde, in der der Wald liegt, festgelegt und beträgt ca. 200 bis 400 %.

8.4 Grunderwerbsteuer

Grunderwerbsteuer wird bei Erwerbsvorgängen inländischer Grundstücke erhoben. Dazu zählen auch Meistgebots- und Zwangsversteigerungsverfahren. Als Bemessungsgrundlage dient der Kaufpreis oder der Wert der Gegenleistung. Ist dieser Wert nicht vorhanden oder nicht zu ermitteln, gelten die Werte, die auch für die Erbschafts- und Schenkungssteuer die Grundlage bilden. Der Steuersatz beträgt 3,5 %. Die Information erfolgt grundsätzlich vom Notar an das zuständige Finanzamt. Die Steuer wird in einem Bescheid festgesetzt und ist innerhalb von vier Wochen fällig. Das Grundbuchamt darf den Eigentumsübergang erst eintragen, wenn die Unbedenklichkeitsbescheinigung des zuständigen Finanzamtes vorliegt. Steuerschuldner sind der Käufer und der Verkäufer. In der Regel ist allerdings im Kaufvertrag vereinbart, dass der Erwerber die Steuer trägt.

Merke:
Im Falle eines Grundstücksgeschäftes ist grundsätzlich eine Grunderwerbsteuer fällig, worüber das zuständige Finanzamt vom Notar informiert wird. Die Steuergrundlage beträgt immer 3,5 % des Kaufpreises oder der Gegenleistung.

Auch von der Grunderwerbsteuer kann man befreit werden, bei

- einem Kaufpreis von weniger als 2556 Euro (Bagatellegrenze)
- Grundstücksübergang wegen Todes (→Abschnitt 8.5)
- Grundstücksübergang wegen Schenkung (→Abschnitt 8.5)
- Grundstückserwerb an den Ehegatten in Folge Scheidung
- Grundstücksübergang in Folge eines Flurbereinigungsverfahren
- Grundstückserwerb von Verwandten in gerader Linie (Vater – Sohn, Großvater – Enkel).

8.5 Erbschafts- und Schenkungssteuer

Die Komplexität der Sachverhalte, die für die Ermittlung der Erbschafts- und Schenkungssteuer wichtig sind, ist so groß, dass sie hier nicht ausführlich behandelt werden kann. Dennoch soll auf einige Grundsätze eingegangen werden. Im konkreten Fall sollte ein Steuerberater konsultiert werden.

Die Erbschafts- und Schenkungssteuer entsteht mit dem Tod des Erblassers oder mit der Schenkung durch Lebende. Die Bewertung des Grundbesitzes erfolgt zeitnah, d.h. aus eben dem konkreten Anlass, und orientiert sich nicht am Verkehrswert, sondern am Betriebswert nach Bewertungsgesetz. In der Forstwirtschaft gelten Festsätze, die von der Betriebsgröße und vom Bestand abhängig sind. In Tabelle 31 sind einige Ertragsmesszahlen aufgeführt, die allerdings vor dem Hintergrund häufig wechselnder Steuergesetze relativ rasch an Aktualität verlieren können.

Merke:
Die Erbschafts- und Schenkungssteuer orientiert sich am Betriebswert nach Bewertungsgesetz. Die im Rahmen dieses Verfahrens ermittelten Werte liegen deutlich unter dem Verkehrswert. In Verbindung mit den geltenden Freibeträgen ist eine Erbschafts- und Schenkungssteuer zumindest im Kleinprivatwald nicht fällig.

Bevor allerdings Steuern fällig werden, können zunächst erhebliche Freibeträge geltend gemacht werden. So müssen Grundstücksübertragungen bis zu einem Wert von 256000 Euro nicht versteuert werden, wenn es sich um land- und forstwirtschaftliches Betriebsvermögen handelt, also kein unternehmensfreier Waldbesitz vorliegt. Indiz für diese Tatsache ist die Abgabe einer Einkommensteuererklärung (→Abschnitt 8.6) mit der Anlage für Einkünfte aus der Land- und Forstwirtschaft. Damit wurde der Status eines land- oder forstwirtschaftlichen Betriebes im einkommensteuerrechtlichen Sinn nachgewiesen. Darüber hinaus existieren persönliche Freibeträge, die je nach Verwandtschaftsgrad zwischen 5000 und 300000 Euro liegen.

Tabelle 31: *Ertragsmesszahlen verschiedener Baumartengruppen (Stand: Okt. 2004).*

Kategorie	Ertragsmesszahlen EUR/ha
Betriebe bis 10 ha Nichtwirtschaftswald Baumartengruppe Kiefer Baumartengruppe Fichte bis 60 Jahre Baumartengruppe Buche und sonst. Laubholz Baumartengruppe Eiche bis 140 Jahre	0,026
Baumartengruppe Buche und sonst. Laubholz über 100 Jahre	0,50
Baumartengruppe Eiche über 140 Jahre	1,00
Baumartengruppe Fichte von 60 bis 80 Jahre Plenterwald	0,75
Baumartengruppe Fichte 80 bis 100 Jahre	1,50
Baumartengruppe Fichte über 100 Jahre	2,00

Außerdem gehören zum land- und forstwirtschaftlichen Vermögen alle Wirtschaftsgüter, die lt. § 33 BewG einem land- und forstwirtschaftlichen Betrieb dauernd zu dienen bestimmt sind. Dazu gehören lt. § 34 Absatz 1 BewG der Wirtschaftsteil und der Wohnteil.

8.6 Einkommensteuer

8.6.1 Abgrenzung steuerpflichtiger Forstbetriebe

Wie auch bei der Schenkungs- und Erbschaftssteuer ist die Einkommensteuer ein komplexes Thema, das nur durch einen Steuerfachmann ausführlich dargestellt werden könnte. Die genaue Ermittlung ist individuell sehr unterschiedlich und sollte von einem Steuerberater unterstützt werden. Unabhängig davon sollen in diesem Abschnitt die wichtigsten Grundlagen vermittelt werden.

Der Gesetzgeber betrachtet den Waldbesitz als einen forstwirtschaftlichen Betrieb. Der Waldbesitzer ist damit grundsätzlich einkommensteuerpflichtig. Allerdings existiert auch hier eine Abgrenzung zum nicht steuerpflichtigen Waldbesitz, die nicht genau definiert ist. Diese Abgrenzung unterscheidet sich jedoch von den Regelungen bei der Umsatzbesteuerung. So ist der Waldbesitzer steuerpflichtig, wenn er sich mit Gewinnerzielungsabsicht am Markt beteiligt und seine Tätigkeit ständig und nachhaltig ausübt. Bei der Beurteilung der Umsatzsteuerpflicht ist besonders die Gewinnerzielungsabsicht nicht ausschlaggebend (→Abschnitt 8.2). Der Bundesfinanzhof hat das Vorliegen eines Forstbetriebes wegen der erforderlichen Gewinnerzielungsabsicht von der Größe der Waldfläche abhängig gemacht. Lässt der Waldbesitz aufgrund zu geringer Größe oder ungünstiger Struktur keinen Gewinn erwarten, wird der Forstbetrieb als Hobby bzw. als Liebhaberei eingestuft – ist also kein steuerpflichtiger Forstbetrieb. Aber auch in diesem Fall werden vom Gesetzgeber keine konkreten Flächengrenzen vorgegeben. Es existieren jedoch verschiedene Urteile des Bundesfinanzhofs, die eine Einengung der Grenze zulassen. So wurde Waldbesitz mit einer Fläche von 3,2 ha und einem wertvollen Bestand, mit Hinweis auf eine planmäßige Aufforstung, als Forstbetrieb gesehen. In einem anderen Fall wurde der Waldbesitz von 0,7 ha trotz eines durchschnittlichen jährlichen Erlöses von 511 Euro als Hobby angesehen.

Merke:
Ab einer Flächengröße von ca. 3 ha wird der Waldbesitz vom Gesetzgeber als Forstbetrieb eingestuft. In der Konsequenz ist der Waldbesitzer zur Abgabe einer Einkommensteuererklärung mit Einkünften aus Land- und Forstwirtschaft verpflichtet.

8.6.2 Buchführungspflicht

Buchführungspflicht besteht für den Waldbesitzer ab

- mehr als 260 000 Euro Umsatzerlöse je Kalenderjahr
- einer selbst bewirtschafteten Fläche mit einem Ersatzwirtschaftswert von 20 500 Euro (ab ca. 320 ha Wald)
- einem Gewinn aus Land- und Forstwirtschaft von 25 000 Euro je Kalenderjahr.

Mit der Überschreitung der Grenze von 25 000 Euro Gewinn ist die Pflicht zur Buchführung verbunden, die allerdings erst eintritt, wenn der Waldbesitzer vom Finanzamt aufgefordert wird. Diese Verpflichtung gilt dann für das auf die Aufforderung folgende Kalenderjahr und besteht für mindestens vier Jahre. Kommt es zu einer einmaligen Überschreitung dieser Grenze, was bei einem aussetzenden Betrieb nicht ausgeschlossen ist, sollte dies dem Finanzamt ausdrücklich mitgeteilt werden. Es liegt dann im Ermessen des Finanzamtes, von der Verpflichtung zur Buchführung abzusehen.

8.6.3 Einnahmenüberschussrechnung

Merke:
Je nach Steuerwert des Waldbesitzes und nach Einkommen aus dem Forstbetrieb, existieren verschiedene Möglichkeiten der Gewinnermittlung und daraus folgend der Einkommensbesteuerung. Dabei können auch Pauschalbeträge in Ansatz gebracht werden. Aufgrund individueller Besonderheiten und großer Komplexität des Einkommensteuerrechts muss jede Möglichkeit separat geprüft werden.

Alle Waldbesitzer, die keine der oben genannten Grenzen überschreiten, können ihren Gewinn aus der Forstwirtschaft nach den Grundsätzen einer Einnahmenüberschussrechnung ermitteln. Aber auch hier werden noch einmal Unterschiede gemacht. Wenn der Wert der selbst bewirtschafteten forstwirtschaftlichen Flächen nicht über 1022,60 Euro liegt, kann von dem Gewinn ein Freibetrag gem. § 13a Abs. 6 EStG in Höhe von 1534 Euro im Wirtschaftsjahr abgezogen werden. Bei einem in Ostdeutschland gültigen Ersatzwirtschaftswert von 63,91 Euro ist der Hektarwert von 1022,60 Euro bei etwa 16 ha Forstfläche erreicht. Die Betriebsausgaben brauchen bei Forstbetrieben dieser Größenordnung nicht glaubhaft gemacht oder nachgewiesen werden. Die Einnahmen aus dem Holzverkauf müssen jedoch belegt werden. Auch Fördermittel gelten als Einnahmen in diesem Sinne. Diesen Einnahmen werden die Ausgaben pauschal nach bestimmten Prozentsätzen gem. § 51 EStDV gegen gerechnet. Um diese Pauschalierung in Ansatz bringen zu können, bedarf es eines Antrages beim zuständigen Finanzamt. Diese Form der Einkommensbesteuerung wird ebenfalls Pauschalierung genannt, ist jedoch nicht mit der Pauschalierung nach Umsatzbesteuerung zu verwechseln. Pauschalsätze, wie in Tabelle 32 dargestellt, können auf Antrag von den Einnahmen abgezogen werden.

Grundlage	Pauschalsatz für Betriebsausgaben aus Einnahmen aus der Holznutzung %
§ 51 EstG	65
§ 51 EstG bei Stockverkauf	40
§ 4 Forstschädenausgleichsgesetz	90
§ 4 Forstschädenausgleichsgesetz bei Stockverkauf	65

Tabelle 32: *Pauschalsätze für Betriebsausgaben gem. § 51 EStDV und Forstschädenausgleichsgesetz.*

Waldbesitzer, die nicht zur Buchführung verpflicht sind, deren Forstbetrieb jedoch die Grenzen für die Anwendung des § 13 a EStG übersteigen (Forstbetrieb größer als 16 ha) ermitteln den Gewinn ebenfalls mit der Einnahmenüberschussrechnung. Allerdings kann hier der Freibetrag gem. § 13 a Abs. 6 EStG in Höhe von 1534 Euro nicht in Ansatz gebracht werden. Außerdem existieren Steuervergünstigungen außerhalb der Gewinnermittlung, die z.B. von den sonstigen Einkünften des Waldbesitzers abhängen. Diese sollten beim Steuerberater in Abhängigkeit von der individuellen Situation erfragt werden. Im Beispiel 21 soll anhand einer exemplarischen Maßnahme die Gewinnermittlung anhand des Pauschalsatzes mit der konkreten Gewinnermittlungsrechnung verglichen werden.

Beispiel 21:
Anton hat in seinem Betrieb im zurückliegenden Jahr eine Bestandespflege durchgeführt. Dabei sind 120 fm Kiefernholz angefallen.
Bei der Gewinnermittlung anhand des Pauschalsatzes ergibt sich ein zu versteuernder Gewinn von 1680,- Euro.

Zeile	Maßnahme	**Erlöse/Kosten** EUR	**Pauschalsatz** EUR	**Kosten** EUR
1	Durch die Bestandespflege fallen **120 fm Kiefernholz** an Der Holzverkaufserlös bringt bei einem Durchschnittspreis von 40,00 Euro/fm (120 fm x 40,00 Euro)	4.800		
2	Der forstliche Lohnunternehmer berechnet für den Holzeinschlag und die Rückung 15,00 Euro/fm (120 fm x 15,00 Euro)	-1.800		
3	Pauschalsatz von den Einnahmen aus der Holznutzung (4.800 Euro x 0,65)		65	3.120
4	Erntekostenfreier Erlös, der besteuert wird (4.800 Euro–3.120 Euro)			**1.680**

Bert führt die gleiche Maßnahme durch, entscheidet sich aber für die Gewinnermittlungsrechnung anhand der tatsächlichen Kosten und Erlöse.
Bert muss seinen Gewinn in Höhe von 3000,- Euro versteuern.

Zeile	Maßnahme	**Erlöse/Kosten** EUR
1	Durch die Bestandespflege fallen **120 fm Kiefernholz** an Der Holzverkaufserlös bringt bei einem Durchschnittspreis von 40,00 Euro/fm (120 fm x 40,00 Euro)	4.800
2	Der forstliche Lohnunternehmer berechnet für den Holzeinschlag und die Rückung 15,00 Euro/fm (120 fm x 15,00 Euro)	-1.800
3	Erntekostenfreier Erlös, der besteuert wird (4.800 Euro–1.800 Euro)	**3.000**

8.6.4 Möglichkeiten einer ermäßigten Besteuerung bei außerordentlichen Einkünften aus der Forstwirtschaft

In einem Kalenderjahr zu versteuernde Einkünfte aus Holznutzungen, die über den Nutzungssatz (→Abschnitt 7.2) hinausgehen, werden gem. § 34 b EStG mit ermäßigten Sätzen besteuert, wenn alle der folgenden Voraussetzungen erfüllt sind:

- Der Nutzungssatz muss durch ein amtlich anerkanntes Betriebsgutachten oder Betriebswerk (→Abschnitt 7.3) periodisch für zehn Jahre festgesetzt sein. Für Forstbetriebe mit einer Fläche, die kleiner als 30 ha ist, wird auf ein Betriebsgutachten verzichtet. Hier gilt pauschal ein Nutzungssatz von 4,5 fm/ha und Jahr.
- Die im Wirtschaftsjahr erzielten Nutzungsmengen müssen nachgewiesen werden.
- Bei Holznutzungen infolge höherer Gewalt (Kalamitätsnutzungen) muss der Waldbesitzer die Schäden unverzüglich dem Finanzamt melden. Es muss damit gerechnet werden, dass das Finanzamt einen Sachverständigen zur Kontrolle beauftragt, und deshalb ist mit der Aufarbeitung nicht vor der Antwort durch das Finanzamt zu beginnen.

Merke:
Bei außerordentlichen Einkünften aus dem Forstbetrieb aufgrund von Kalamitäten oder aus wirtschaftlichen Gründen können ermäßigte Steuersätze für die Mengen, die den planmäßigen Nutzungssatz übersteigen, in Ansatz gebracht werden. Voraussetzung dafür ist u. a. ein amtlich anerkanntes Betriebsgutachten oder Betriebswerk.

Der Nutzungssatz im Sinne des EStG ist eine steuerliche Bemessungsgrundlage. Maßgebend für die Bemessung des Nutzungssatzes sind dabei nicht die Nutzungen, die nach dem Willen des Waldbesitzers erzielt werden können (Hiebssatz). Vielmehr ist die volle Ertragsfähigkeit des Forstbetriebes ausschlaggebend, die nachhaltig erzielt werden kann (Nutzungssatz). Obwohl die Daten genutzt werden, die im Rahmen der Forsteinrichtung auch zur Hiebssatzermittlung dienen (z.B. Holzart, Alter, Ertragsklasse, Bestockungsgrad), kann sich der Hiebssatz von dem Nutzungssatz unterscheiden. Letzterer wird nach einer relativ streng reglementierten Methode ermittelt, die dem Forsteinrichter wenig Spielraum lässt und von der Oberfinanzdirektion vor der Anerkennung überprüft wird. Neben dem Hiebssatz wird also auch ein separater Nutzungssatz im Rahmen der Forsteinrichtung ermittelt (→Abschnitt 7.2).

Grundsätzlich wird bei der ermäßigten Besteuerung in eine aus wirtschaftlichen Gründen und in eine aus Gründen höherer Gewalt (Kalamitätsnutzungen) unterschieden. Für beide bildet

Beispiel 22:
Anton hat die in seiner Forsteinrichtung geplante Hiebsmenge von 50 fm/ha pro Jahr in der Bestandespflege seines 10 ha großen Kiefernaltholzes genutzt. So wurden in den ersten drei Jahren jeweils 50 fm auf einem Hektar entnommen. Da er genau im Plan liegt, kann er keine außerordentlichen Holznutzungen und damit keine Steuervergünstigungen geltend machen.

Bert hat in den ersten drei Jahren nach Gültigkeit der Forsteinrichtung keine Pflegen durchgeführt. Im vierten Jahr pflegt er gleich 4 ha und entnimmt, der Forsteinrichtung entsprechend, 200 fm (4 Jahre x 50 fm). Damit wird die für dieses Jahr lt. Forsteinrichtung geplante Nutzungsmenge von 50 fm um 150 fm übertroffen. Da die eingesparten Nutzungen der letzten drei Wirtschaftsjahre bei der Bemessung von der außerordentlichen Nutzung abgezogen werden, (200 fm – 3 x 50 fm = 50 fm) fiel auch in dem vierten Jahr keine außerordentliche Nutzung an. Es kann auch in dem Fall keine Steuervergünstigung geltend gemacht werden.

die Existenz eines amtlich anerkannten Nutzungssatzes die Grundlage.

Außerordentliche Nutzungen, mit der Folge ermäßigter Besteuerung, aus wirtschaftlichen Gründen werden um die aus den letzten drei Wirtschaftsjahren eingesparten Nutzungen gekürzt. Das bedeutet, dass diese Nutzungen nicht in vollem Umfang steuerbegünstigt werden.

Nun gilt es noch zu klären, wann von wirtschaftlichen Gründen im Sinne des § 34b Abs. 1 Nr. 1 EstG gesprochen werden kann. Dies können zum einen volks- oder staatswirtschaftliche Gründe, wie z. B. behördlicher Zwang sein. So liegen aber auch wirtschaftliche Gründe vor, wenn ein von Enteignung bedrohter Waldbesitzer (z. B. aufgrund von Baumaßnahmen im öffentlichen Interesse) mit einer Hiebsmaßnahme den im Rahmen der Forsteinrichtung geplanten jährlichen Hiebssatz deutlich übertrifft. Auch wenn der Eingriff das Ziel hat, Teile des Bestandes zu liquidieren. Weitere privatwirtschaftliche Gründe für außerordentliche Holznutzungen können sein:

- Finanzmittelbedarf für privaten Hausbau
- Finanzmittelbedarf für Waldflächenankauf zur Vergrößerung des Forstbetriebes
- Refinanzierung von Waldankäufen.

Solche Sachverhalte müssen dem Finanzamt glaubhaft gemacht werden. Dies ist in den meisten Fällen ohne die Unterstützung eines Steuerberaters schwer möglich.

Neben der ermäßigten Besteuerung aus wirtschaftlichen Gründen, ist die ermäßigte Besteuerung infolge höherer Gewalt (Kalamitätsnutzungen) in der Forstwirtschaft ebenfalls von einer hohen Praxisrelevanz. Dazu zählen u. a. Brand, alle Schäden, die durch massiven Insektenbefall hervorgerufen wurden, Eis-, Schnee-, Windbruch und Windwurf (→Kapitel 10). Dazu gehören allerdings nicht Schäden, die regelmäßig in der Forstwirtschaft auftreten. Die Einkünfte aus Kalamitätsnutzungen unterliegen der Einkommensteuer nur mit der Hälfte des durchschnittlichen Steuersatzes, soweit sie den Nutzungssatz übersteigen. Liegen die Kalamitätsnutzungen sogar über dem doppelten Hiebssatz, werden diese Einkünfte nur mit einem Viertel des durchschnittlichen Steuersatzes belastet. Kalamitätsnutzungen innerhalb des Nutzungssatzes sind nicht mehr steuerlich begünstigt. Um eine entsprechende Situation zu verdeutlichen, soll das Beispiel 22 noch einmal verändert aufgegriffen werden.

Beispiel 23:
Anton hat die in seiner Forsteinrichtung geplante Hiebsmenge von 50 fm/ha pro Jahr in der Bestandespflege seines 10 ha großen Kiefernaltholzes genutzt. So wurden in den ersten drei Jahren 50 fm jährlich auf einem Hektar entnommen. Im vierten Jahr fallen Anton bei einem Sturm 80 fm Kiefernsturmholz an, das außerplanmäßig verkauft werden muss. Da auch für diese Jahr 50 fm Einschlag geplant waren, liegt die Zwangsnutzung mit 30 fm (80 fm – 50 fm = 30 fm) über dem regulären Hiebssatz und das daraus resultierende Einkommen kann mit der Hälfte des durchschnittlichen Steuersatzes in Ansatz gebracht werden.

Bert hat in den ersten drei Jahren nach Gültigkeit der Forsteinrichtung keine Pflegen durchgeführt. Im vierten Jahr fallen auch bei ihm durch den Sturm 80 fm Schadholz an. Da er lt. Forsteinrichtung bis zu dem einschl. vierten Jahr planmäßig 200 fm entnehmen kann, kann er keine außerplanmäßigen Nutzungen geltend machen, weil die 80 fm den planmäßigen Hiebssatz bis zu dem Zeitpunkt nicht übersteigen.

Abschließend soll noch einmal darauf hingewiesen werden, dass nur anhand eines anerkanntes Betriebsgutachten oder Betriebswerkes (Forsteinrichtung), das einen Hiebssatz ausweist, eine außerplanmäßige Nutzung (aus wirtschaftlichen oder aus Kalamitätsgründen) geltend gemacht werden kann.

8.7 Lohnsteuer

In diesem Abschnitt wird der Umgang mit der Lohnsteuer erläutert, die der Waldbesitzer erheben muss, wenn er Arbeitskräfte beschäftigt. Der Arbeitgeber, in diesem Fall der Waldbesitzer, hat bei einem festen Arbeitsvertrag die Lohnsteuer des Arbeitnehmers bei jeder Lohnzahlung einzubehalten. Anschließend muss er eine Lohnsteueranmeldung beim zuständigen Finanzamt einreichen und die einbehaltene Lohnsteuer abführen. Zu diesem Zweck muss der Arbeitnehmer dem Waldbesitzer eine Lohnsteuerkarte vorlegen. Ist er in mehreren Arbeitsverhältnissen beschäftigt, benötigt er die entsprechende Anzahl Lohnsteuerkarten.

Merke:
Für die Beschäftigung von Aushilfskräften mit typisch land- und forstwirtschaftlichen Aufgaben, kurzfristig Beschäftigten und gering entlohnten Beschäftigten, sieht das EStG die Möglichkeit einer pauschalen Abführung der Lohnsteuer durch den Waldbesitzer an das Finanzamt vor. Die Pauschalsteuersätze liegen bei 5 %, 20 % und 25 %. Eine Lohnsteuerkarte benötigt der Arbeitnehmer nicht.

Feste Arbeitsverhältnisse dürften jedoch nur in den großen Forstbetrieben die Regel sein. Häufiger werden Aushilfskräfte in kleinen Forstbetrieben mit typisch land- und forstwirtschaftlichen Aufgaben betraut. Für diese Art der Beschäftigung sieht der Gesetzgeber im EStG eine Pauschalierung vor. Unter Verzicht auf die Vorlage einer Lohnsteuerkarte gilt für Aushilfskräfte mit einer typisch land- und forstwirtschaftlichen Tätigkeit ein Pauschalsteuersatz von 5 % des Arbeitslohns.

Voraussetzung dafür ist, dass der Waldbesitzer

- den Lohnsteueranteil von 5 % übernimmt und an das Finanzamt abführt
- der Stundenlohn des Arbeitnehmers 12,00 Euro nicht übersteigt
- die Kirchensteuer in Höhe von 5 % der Lohnsteuer an das Finanzamt abführt
- zusätzlich zur Lohnsteuer einen Solidaritätszuschlag von 5,5 % der Lohnsteuer an das Finanzamt entrichtet.

Als Aushilfskräfte im Sinne dieser Regelung gelten Personen, die von Fall zu Fall von vorübergehender Dauer ein Dienstverhältnis mit dem Waldbesitzer eingehen. Folgende Arbeitnehmer können nicht als Aushilfskräfte bezeichnet werden:

- Land- und forstwirtschaftliche Fachkräfte
- Arbeitskräfte, die keine oder nur zeitweise typisch land- und forstwirtschaftliche Tätigkeiten im Forstbetrieb ausüben
- Arbeitskräfte, die laufend mit saisonbedingt wechselnden Beschäftigungen betraut werden
- Arbeitskräfte, die in einem Dauerarbeitsverhältnis stehen.

Allerdings kann von der Pauschalierung der Lohnsteuer nicht nur bei Aushilfskräften der Land- und Forstwirtschaft sondern auch bei kurzfristig Beschäftigten und bei gering entlohnten Arbeitnehmern Gebrauch gemacht werden. Auch in diesen Fällen kann auf die Lohnsteuerkarte verzichtet werden, wenn der Waldbesitzer die bereits genannten Voraussetzungen hinsichtlich Lohnsteuerabführung, Stundenlohn, Kirchensteuer und Solidaritätszuschlag erfüllt.

Eine kurzfristige Beschäftigung liegt vor, wenn

- der Arbeitnehmer gelegentlich, nicht regelmäßig wiederkehrend beschäftigt wird
- die Dauer der Beschäftigung 18 zusammenhängende Arbeitstage nicht übersteigt
- der Arbeitslohn 62,00 Euro je Arbeitstag im Durchschnitt nicht übersteigt
- die Beschäftigung zu einem unvorhergesehenen Zeitpunkt erforderlich wird.

Für diese Gruppe der kurzfristig beschäftigten Arbeitnehmer beträgt der Pauschalsteuersatz 25 % des Arbeitslohns. Wenn allerdings von Anfang an ein wiederholter Einsatz des Arbeitnehmers geplant ist, kann nicht mehr von einer gelegentlichen Tätigkeit gesprochen werden.

Eine Beschäftigung mit geringem Arbeitslohn liegt vor, wenn:

- die wöchentliche Arbeitzeit weniger als 15 Stunden beträgt,
- der Monatslohn 325,00 Euro nicht übersteigt.

Für diese Beschäftigungsverhältnisse beträgt der Pauschalsteuersatz 20 %.

9 Jährliche konstante Ausgaben im Forstbetrieb

9.1 Ausgaben aufgrund gesetzlicher Vorgaben

9.1.1 Landwirtschaftliche Berufsgenossenschaft

Alle privaten Waldbesitzer in Brandenburg mit einer Fläche größer als 0,12 Hektar sind kraft Gesetz (SGB VII) Mitglieder der Landwirtschaftlichen Berufsgenossenschaft Mittel- und Ostdeutschland mit Sitz in Hönow, Brandenburg. Die landwirtschaftliche Berufsgenossenschaft hat als Träger der gesetzlichen Unfallversicherung die Aufgabe, Unfälle bei der Arbeit und auf dem Arbeitsweg, Berufskrankheiten sowie arbeitsbedingte Gesundheitsgefahren zu verhüten und für eine wirksame Erste Hilfe zu sorgen. Bei Arbeitsunfällen oder Berufskrankheiten gewährleistet sie die medizinische, berufliche und soziale Rehabilitation der Verletzten und Berufserkrankten und sichert die Verletzten und Berufserkrankten sowie ihre Angehörigen und Hinterbliebenen durch Geldleistungen finanziell ab.

Merke:
Nur Waldbesitzer mit einer Flächengröße unter 0,25 ha können sich von der Mitgliedschaft in der Berufsgenossenschaft befreien. Für alle anderen Waldbesitzer besteht eine gesetzliche Pflichtmitgliedschaft.

Auch dann, wenn Waldbesitzer selbst eine private Unfallversicherung abgeschlossen haben, sind sie nicht von der Pflichtmitgliedschaft ausgeschlossen. Dazu führt die Landwirtschaftliche Berufsgenossenschaft Mittel- und Ostdeutschlands aus:

> „Unternehmer im Sinne der Unfallversicherung ist derjenige, dem das wirtschaftliche Ergebnis der im Unternehmen verrichteten Arbeit unmittelbar zum Vorteil oder zum Nachteil gereicht. Eine auf Erwerb gerichtete Tätigkeit oder ein Geschäftsbetrieb wird nicht vorausgesetzt. Auch Hobby- bzw. Kleinstbetriebe werden daher von der landwirtschaftlichen Unfallversicherung umfasst."

Beispiel 24:
Anton sägt sich in sein Bein, als er gerade einen vom Sturm geworfenen Baum aufarbeitet. Die Berufsgenossenschaft hilft in diesem Fall mit den notwenigen Rehabilitationsmaßnahmen und durch Geldleistungen, falls eine dauerhafte Behinderung verbleibt.

Waldbesitzer sind verpflichtet, den Waldbesitz der Berufsgenossenschaft innerhalb einer Woche anzumelden. Zu den meldepflichtigen Personen gehören u. a.:

- der Waldbesitzer
- alle weiteren im Forstbetrieb tätigen Personen, also auch Gehilfen
- ggf. Ehepartner, wenn für sie kein Antrag auf Befreiung von der Mitgliedschaft gestellt wurde.

Der Vorteil dieser Mitgliedschaft besteht darin, dass im Schadenfall die versicherten Personen abgesichert sind. Gerade unter dem Aspekt, dass in der Forstwirtschaft zahlreiche Arbeiten sehr gefährlich sind, sollten die Beiträge nicht nur als Belastung angesehen werden. Die Höhe des Mitgliedsbeitrages hängt von der Flächengröße des Waldes ab.

Tabelle 33: *Kalkulation des Beitrages für die Landwirtschaftliche Berufsgenossenschaft für einen Forstbetrieb von 4,2 ha Wald. (Stand: 2004)*

Zeile	Kalkulationsschritte		Bemerkungen
1	Grundbetrag (EUR):	30	ist in der Satzung der BG festgelegt
2	Einzelflächenwert EUR/ha:	51,13	ist in der Satzung der BG festgelegt
3	Flächengröße (ha):	4,2	Flächengröße des Forstbetriebes
4	Flächenwert:	200	Zeile 2 x Zeile 3 (gerundet auf Hundert)
5	Hebesatz (Bezugsjahr: 2002):	35,76	wird von der BG jährlich angepasst in Abhängigkeit von den Schäden im Vorjahr*)
jährlicher Beitrag (EUR):		**37,15**	Zeile 1+Zeile 4 x Zeile 5/1000

**) Es gibt zwei Hebesätze: Wird ein – sich jährlich immer ändernder – Mindestbeitrag nicht erreicht, ist der Hebesatz etwas höher.*

9.1.2 Wasser- und Bodenverbände

Brandenburger Waldbesitzer haben des Weiteren eine Beitragspflicht bei den regionalen Wasser- und Bodenverbänden (WBV). Zu den Aufgaben dieser Verbände zählt u. a. die

- Gewässerunterhaltung, d. h. die Entschlammung der Gräben und Bachläufe
- Mäharbeiten entlang des Wasserlaufs
- Schleusenunterhaltung
- Uferbau.

Auch wenn ein Waldbesitzer in seinem Wald keine Gräben oder Bäche hat, muss er trotzdem Beiträge an den Verband zahlen. Dies ist vom Gesetzgeber so geregelt, obwohl es die brandenburger

Tabelle 34: *Kalkulation des Beitrages für die Wasser- und Bodenverbände.*

Zeile	Kalkulationsschritte		Bemerkungen
1	Gebühr (EUR/ha):	10	wird jährlich von dem WBV angepasst
2	maßgeb. Flächengröße (ha):	4,2	Flächengröße des Forstbetriebes
3	**jährlicher Beitrag (EUR):**	**42**	Zeile 1 x Zeile 2

Waldbesitzer häufig benachteiligt. Die Höhe der Gebühr pro Hektar schwankt zwischen den regionalen WBV sehr stark, von 5 Euro/ha bis zu 15 Euro/ha.

Es wird sich in der Zukunft zeigen, ob die derzeitigen politischen Diskussionen ausreichen, Waldbesitzer von der Mitgliedspflicht zu befreien. Ein Argument in diesem Zusammenhang könnte sein, dass für die Leistungen des Waldes (Reinhaltung des Wassers sowie Speicherung und kontinuierliche Abgabe des Wassers über das Jahr) der Waldbesitzer nichts bekommt, aber seine Leistungen so verrechnet werden sollten, getreu dem Motto: Der Waldbesitzer pflegt seinen Wald, damit er positive Leistungen für die Wasserwirtschaft erbringen kann, weshalb ihm die Beiträge erlassen oder stark reduziert werden.

9.1.3 Grundsteuer

Die Kalkulation der Grundsteuer wurde bereits in Abschnitt 8.3 demonstriert. In Tabelle 35 soll deshalb die Grundsteuer für einen 4,2 ha großen Forstbetrieb bestimmt werden.

Tabelle 35: *Näherungsweise Bestimmung der Grundsteuer.*

Zeile		Wert
1	Grundsteuermessbetrag [fix]	0,006
2	Ersatzwirtschaftswert (EUR/ha) [vom Finanzamt festgelegt]	63,91
3	Fläche (ha)	4,2
4	Hebesatz (%) [von der Gemeinde festgelegt]	200,00
5	Grundsteuer (EUR) [Zeile 1 x Zeile 2 x Zeile 3 x Zeile 4]	3,22

9.1.4 Zusammenfassung der gesetzlich vorgegebenen Ausgaben

Die Ausgaben, die allein durch den Besitz des 4,2 ha großen Forstbetriebs für den Waldbesitzer jährlich anfallen, können wie in Tabelle 36 dargestellt zusammengefasst werden.

Ursache	jährliche Ausgaben für 1 ha (EUR)	jährliche Ausgaben für 4,2 ha (EUR)	jährliche Ausgaben für 10 ha (EUR)	jährliche Ausgaben für 100 ha (EUR)
Grundsteuer	0,77	3,22	7,67	76,69
Landw. Berufsgenossenschaft	41,68	46,73	56,82	208,17
Wasser- und Bodenverband	10,00	42,00	100,00	1.000,00
Summe insgesamt:	**52,45**	**91,95**	**164,49**	**1.284,86**
Summe pro Hektar:	**52,45**	**21,89**	**16,45**	**12,85**

Tabelle 36:
Fixkostenbelastung für Forstbetriebe bei verschiedenen Flächengrößen.

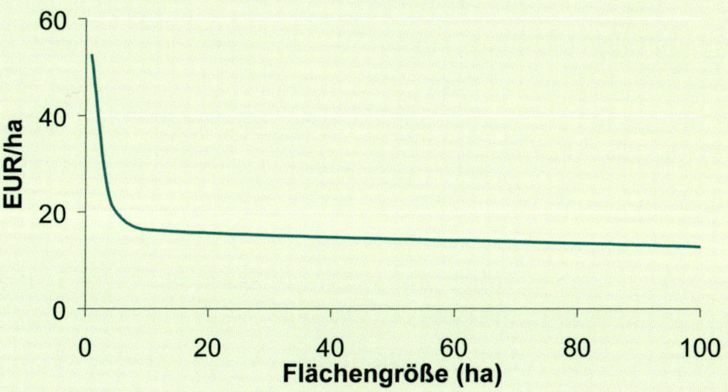

Graphische Darstellung der Fixkostenbelastung für Forstbetriebe bei verschiedenen Flächengrößen.

9.2 Freiwillige Ausgaben

9.2.1 Zertifizierung

Die beiden bekannten, in der Forstwirtschaft sehr verbreiteten, Zertifizierungssysteme wurden bereits an anderer Stelle in diesem Buch ausführlich beschrieben (→Abschnitt 6.4). Nunmehr kommt es darauf an, die für den 4,2 ha großen Beispielforstbetrieb die jährlich durchschnittlich anfallenden Ausgaben zu kalkulieren. Natürlich ist der Waldbesitzer nicht verpflichtet, seinen Forstbetrieb zertifizieren zu lassen.

Zeile		PEFC	FSC	Bemerkungen
1	jährlicher Beitrag (EUR/ha):	0,13	1,00*)	
2	Flächengröße (ha)	4,2	4,2	
	jährliche Kosten (EUR):	**0,55**	**4,2**	Zeile 1 x Zeile 2

**) der exakte jährliche Beitrag pro Hektar kann nur für den konkreten Forstbetrieb festgelegt werden. Der angegebene Wert ist deshalb nur ein Durchschnittswert für einen fünfjährigen Turnus.*

Tabelle 37:
Kalkulation und Vergleich der Zertifizierungsausgaben.

9.2.2 Waldbrandversicherung

Die Waldbrandgefährdung hat in weiten Teilen Brandenburgs eine herausragende Bedeutung. Deshalb wird in Abschnitt 10.1 ausführlich darauf eingegangen.

Im LWaldG vom 20.04.2004 des Landes Brandenburg ist in § 21 geregelt, dass Privatwaldbesitzer einen Zuschuss in Höhe von 80 % für die Verjüngungskosten erhalten können, die für die Wiederaufforstung nach Waldbränden anfallen. Brennt also ein Bestand ab, so dass er wieder aufgeforstet werden muss, beteiligt sich das Land mit einem 80 %igen Zuschuss an den Verjüngungskosten. Die übrigen 20 % muss der Waldbesitzer selbst aufbringen. In Abhängigkeit von den Baumarten, die verjüngt werden sollen, kann auch dieser Anteil noch sehr hoch sein (vergleiche dazu die Ausführungen zu den Verjüngungskosten im Abschnitt 5.2.5). Folglich kann es für einen Waldbesitzer, dessen Forstbetrieb in der Waldbrandgefahrenklassen A 1 liegt (zur Erklärung der Waldbrandgefahrenklassen siehe Abschnitt 10.1.1), ratsam sein, eine zusätzliche Waldbrandversicherung für die übrigen Verjüngungskosten abzuschließen. Allerdings sind gerade die Versicherungsprämien für solche Gebiete sehr hoch, so dass eine genaue Abwägung des örtlichen Brandrisikos – und damit über den Sinn einer Waldbrandversicherung – erforderlich ist. Eine genau Aussage über die Höhe der Versicherungsprämie kann deshalb an dieser Stelle nicht gegeben, sondern stattdessen lediglich eine durchschnittliche Prämie angenommen werden.

Tabelle 38: *Kalkulation der Waldbrandversicherung.*

Zeile	Kalkulationsschritte	Wert	Bemerkungen
1	Flächengröße (ha):	4,20	Es zählen nur die Waldflächen (HB), nicht aber Wege etc. (NHB).
2	durchschnittliche Versicherungsprämie (EUR/ha):	3,00	Stark abhängig von der territorialen Lage der Wälder.
	jährliche Versicherungsprämie (EUR):	**12,60**	Zeile 1 x Zeile 2

9.2.3 Haftpflichtversicherung

Der Waldbesitzer ist Grundeigentümer. Somit ist er den gleichen Gefahren gegenüber Dritten ausgesetzt wie beispielsweise ein Hauseigentümer. Im Landeswaldgesetz (§ 14) ist jedoch geregelt, dass ein Waldbesitzer nicht für natur- und atypische Gefahren haften muss. Dadurch ist die Haftung des Waldbesitzers erheblich eingeschränkt. So ist es für unseren gewählten Forstbetrieb mit 4,2 ha nur unter bestimmten Bedingungen sinnvoll, eine Haftpflichtversicherung abzuschließen. Dies sollte jeder Waldbesitzer für seinen konkreten Fall prüfen.

In Deutschland gibt es zahlreiche Versicherungen, die einen derartigen Schutz anbieten, sich hinsichtlich der Prämienhöhe aber deutlich unterscheiden.

Tabelle 39: *Kalkulation der jährlichen Versicherungsprämie für einen 4,2 ha großen Forstbetrieb.*

Zeile	Kalkulationsschritte	Wert	Bemerkungen
1	jährlicher Grundbeitrag (EUR/a):	50,00	Nicht bei jeder Versicherung.
2	Flächengröße (ha):	4,20	
2	jährlicher Beitrag (EUR/ha):	1,00	Abhängig von der territorialen Lage des Forstbetriebs.
	jährliche Kosten (EUR):	54,20	Zeile 1 + Zeile 2 x Zeile 3

9.2.4 Mitgliedschaft in weiteren Verbänden und Vereinen

Wie in Kapitel 17 zu zeigen ist, hat der Waldbesitzer viele Möglichkeiten, seine Interessen als Waldbesitzer durch Gemeinschaften und Verbände vertreten zu lassen. Da es jedem Waldbesitzer selbst überlassen ist, Mitglied in diesen zu werden, kann an dieser Stelle lediglich eine kleine Auswahl möglicher Ausgaben erfolgen.

Tabelle 40: *Durchschnittliche Beiträge für FBG und Waldbesitzerverbände.*

Grund	jährlicher Beitrag pro Hektar (EUR/ha*a)	jährlicher Beitrag für 4,2 ha (EUR/a)	Bemerkungen
Mitgliedschaft in einer Forstbetriebsgemeinschaft (FBG)	1	4,2	Schwankt sehr stark; hängt vom Typ der FBG ab; ggf. Grundbeitrag extra.
Waldbesitzervereinigungen: Waldbesitzerverband	0,77	3,23	Zzgl. eines Grundbeitrages, wird jährlich angepasst.
Waldbauernverband	0,25	5	Bis 20 ha pauschal 5 EUR, ab 20 ha 0,25 EUR/ha.

9.2.5 Forsteinrichtung

Bei Beauftragung eines freien Forstsachverständigenbüros ist mit – stark schwankenden – Ausgaben zwischen 10 bis 30 Euro/ha zu rechnen. Da eine Forsteinrichtung aber nur bei größeren Forstbetrieben sinnvoll ist, werden die Ausgaben für einen 4,2 ha großen Forstbetrieb nicht weiter berücksichtigt.

9.3 Zusammenfassung der jährlichen Ausgaben und Finanzierungsbeispiel

Die für den 4,2 ha großen Forstbetrieb anfallenden Pflichtausgaben belaufen sich auf 81,00 Euro. Der Waldbesitzer hat aber die Möglichkeit, diese jährlichen Ausgaben durch eine erfolgreiche Waldbewirtschaftung zu erwirtschaften. Durch regelmäßigen Holzeinschlag können Holzerlöse erzielt werden, die zur Abgeltung dieser Ausgaben beitragen können. Wie das möglich ist, zeigt das Beispiel in Tabelle 41.

Aus der dargestellten Kalkulation wird ersichtlich, dass allein durch die Bewirtschaftung von 2,5 ha der 4,2 ha die jährlich fixen Pflichtausgaben sowie ein Überschuss von 1440 Euro erwirtschaftet werden kann! Dieser Betrag steht theoretisch dem Waldbesitzer zur freien Verfügung, z. B. Mitglied in einer Waldbesitzervereinigung zu werden oder für andere freiwillige Zusatzausgaben.

Tabelle 41: *Finanzierungsvorschlag für die jährlich fixen Ausgaben.*

Zeile		Betrag
1	im Jahrzehnt anfallende (fixe) Ausgaben (EUR):	820
2	laut Tabelle 12 zu entnehmende Holzmenge pro Hektar im Jahrzehnt (Efm/ha):	30
3	Fläche, die innerhalb eines Jahrzehnts durchforstet werden kann (ha):	2,5
4	anfallende Holzmenge in 10 Jahren [Zeile 2 x Zeile 3]:	75
5	Holzerlöse pro Festmeter (EUR/fm):	40
6	Holzernte- und Rückekosten (EUR/fm):	10
7	Netto-Holzerlös pro Festmeter (EUR/fm) [Zeile 5–Zeile 6]:	30
8	Gesamterlös in 10 Jahren (EUR) [Zeile 4 x Zeile 7]:	2.250
	Damit verbleibt nach Abzug der jährlichen fixen Ausgaben ein Überschuss (EUR) [Zeile 8–Zeile 1]:	**1.440**

Das Beispiel macht deutlich, dass der Waldbesitzer prüfen sollte, ob er die jährlichen Pflichtausgaben nicht durch die Bewirtschaftung seines Waldes erwirtschaften kann und gleichzeitig als Ergebnis einen gepflegten Waldbestand erhält. Im Übrigen unterscheidet sich in diesem Zusammenhang der Waldbesitzer kaum von einem anderen Unternehmer: Ein Fabrikant, der jährliche Ausgaben für Miete etc. hat, versucht natürlich auch, diese Ausgaben durch Einnahmen aus seiner Wirtschaftstätigkeit zu begleichen! Warum soll dies nicht auch für einen Waldbesitzer gelten? Er hat schließlich Wirtschaftswald und keinen Nationalpark, der nicht erwerbswirtschaftlich bewirtschaftet werden soll!

10 Waldschutz

10.1 Waldbrand

10.1.1 Waldbrandgefährdung

Eine große Gefahr für Wälder in Brandenburg besteht durch Waldbrände. Unter Umständen können große Flächen vollständig abbrennen, so dass erheblicher finanzieller Schaden und Folgekosten entstehen. Tabelle 42 zeigt die durch Feuer vernichtete Waldfläche im Zeitrahmen von 2001 bis 2004 in Brandenburg, wobei die Schäden vor dem Hintergrund der Gesamtwaldfläche zu beurteilen sind.

Tabelle 42:
Übersicht über Waldbrände von 2001 bis 2004 in Brandenburg.

Jahr	Anzahl der Brände	vernichtete Waldfläche (ha)
2001	244	35,56
2002	200	34,25
2003	747	631,79
2004	187	100,87

Wesentliche Faktoren, die die Gefährdung eines Waldbestandes gegenüber einem Waldbrand erhöhen, sind z. B.:

- klimatische Ausgangsbedingungen (Waldbrandgefahrenklassen)
- Nadelbaumreinbestände, v. a. Dickungen und Jungbestände
- Vorhandensein von brennbarem Material (z. B. trockenes Gras)
- geringe Niederschläge in den Hauptgefährdungszeiträumen
- geringe Luftfeuchte (Verlauf am Tage)
- leichte Sandböden, die eine geringe Wasserbindung haben
- starke Winde und hohe Temperaturen.

Merke:
In Brandenburg unterliegen große Teile des Waldes einer akuten Waldbrandgefahr. Aufgrund der großen wirtschaftlichen Schäden, die ein Waldbrand verursachen kann, ist ein vorbeugender Waldbrandschutz unbedingt erforderlich.

Die höchste Gefährdung durch einen Waldbrand liegt im Frühjahr und im Sommer. Die Gefährdung im Frühjahr resultiert aus dem Vorhandensein von trockener Bodenvegetation aus dem Winter. Diese ist sehr leicht entzündbar. Im Sommer hingegen sind die Temperaturen sehr hoch und die Niederschläge gering, so dass die abwelkende Vegetation die Waldbrandgefahr erhöht.

Allgemein können zwei Typen von Waldbränden unterschieden werden:

1. Bodenfeuer (ca. 75 % aller Feuer): Diese Feuer „laufen“ am Boden, die Bäume werden dadurch nur wenig geschädigt (weil die Rinde Schutz bietet), die Kronen bleiben erhalten. Ältere Bestände, in denen ein Bodenfeuer auftrat, sind daran zu erkennen, dass die Stämme der Bäume dunkel bis schwarz gefärbt sind.
2. Vollfeuer (20 bis 25 % aller Feuer): Bei diesen Bränden brennen sowohl der Waldboden als auch die Kronen der Bäume. Durch herunterhängende Äste (so genannte „Feuerbrücken“) gelangt das Feuer in die Kronen, so dass es sich im Kronenbereich selbstständig ausbreiten kann. Solche Feuer zerstören die Bestände.

Aufgrund der zahlreichen Einflussfaktoren, die einen Waldbrand verursachen können, ist die Gefährdung der Wälder in Brandenburg unterschiedlich. Abbildung 42 verdeutlicht die Gebiete, die einer besonderen Gefährdung unterliegen.

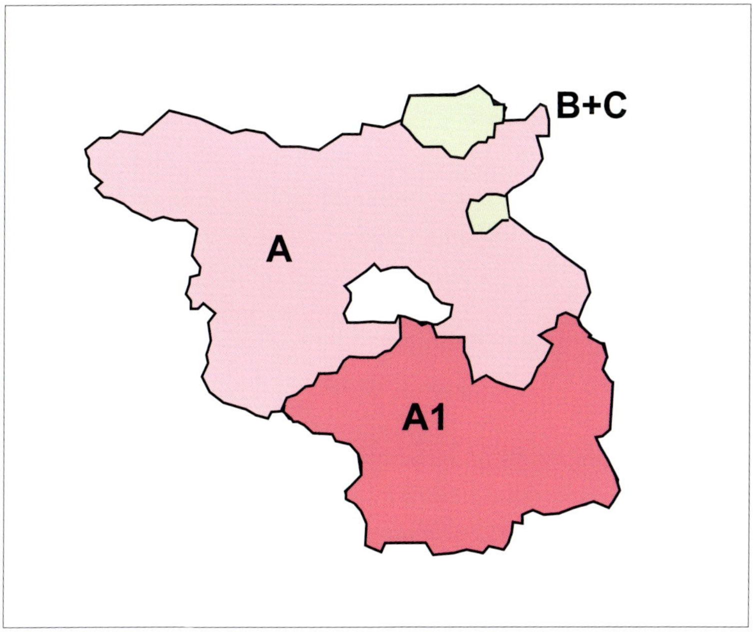

Abbildung 42:
Waldbrandgefahrenklassen in Brandenburg (Quelle: LFE).
A1: sehr hohe Waldbrandgefahr,
A: hohe Waldbrandgefahr,
B: mittlere Waldbrandgefahr,
C: geringe Waldbrandgefahr.

Abbildung 43:
Feuerwachturm Meyenburg.
(Foto: Bergmann)

Die Waldbrandgefährdung wird von der Forstverwaltung jedes Jahr vom 01. März bis zum 30. September geprüft. Anhand meteorologischer Daten wie Luftfeuchtigkeit, Lufttemperatur, dem 24-stündigen Niederschlag und der Windgeschwindigkeit wird eine Waldbrandwarnstufe berechnet und veröffentlicht. Diese sind auch für die Allgemeinheit verbindlich!
Folgende Waldbrandwarnstufen gibt es in Brandenburg:

1 = Waldbrandgefahr: erhöhte Vorsicht
2 = erhöhte Waldbrandgefahr
3 = hohe Waldbrandgefahr
4 = höchste Waldbrandgefahr

Wird für Waldgebiete, die in der Gefährdungsklasse A1 liegen, die Waldbrandwarnstufe 3 oder 4 ausgerufen, kann die Forstbehörde für den Wald – auch für den Privatwald – ein generelles Betretungs- und Befahrungsverbot aussprechen. Für Wälder in der Gefährdungsklasse A gilt dies ab der Waldbrandwarnstufe 4 (→Abschnitt 3.5).

Die Waldbrandwarnstufen dienen dazu, der Öffentlichkeit die erhöhte Gefährdung der Wälder zum gegenwärtigen Zeitpunkt zu verdeutlichen und zu einer besonderen Vorsicht zu ermahnen. Gleichzeitig werden entsprechende Waldbrandüberwachungsdienste aktiviert, die von einer Streife durch den Revierförster, der Besetzung von Feuerwachtürmen bis hin zu einer Überfliegung der gefährdeten Gebiete reichen kann. Derzeit wird darüber hinaus eine neue Technik landesweit eingeführt, bei der eine Kamera zur Waldbrandüberwachung verwendet wird.

10.1.2 Waldbrandvorbeugung

In § 20 (1) des LWaldG Brandenburg ist geregelt:

„Vorbeugender Waldbrandschutz wie die Anlage und Unterhaltung von Waldbrandschutzstreifen, Waldbrandschutzriegeln oder Löschwasserentnahmestellen sowie die Kontrolle brandgefährdeter Wälder, insbesondere nach Brand auf benachbarten Flächen, obliegt den Waldbesitzern."

Damit wird klar, dass jeder Waldbesitzer für seinen Wald selbst Vorsorge gegen einen Waldbrand treffen muss. Waldbesitzer haben häufig aber nur beschränkte Möglichkeiten, einen Waldbrand in ihrem Wald zu verhindern. Ursachen des Waldbrandes sind vor allem:

- vorsätzliche und fahrlässige Brandstiftung (mehr als 90 % aller Brände)
- Funkenflug (z. B. entlang von Bahnstrecken)
- Blitzschlag.

Folglich sollten sich die Bemühungen des Waldbesitzers darauf richten, Vorsichtsmaßnahmen für die Bekämpfung zu treffen, falls es zu einem Brand in seinem Wald kommt.

I. Waldbrandschutzstreifen

Waldbrandschutzstreifen sind bewuchsfreie Streifen, die die weitere Ausbreitung eines bereits entstandenen Bodenfeuers verhindern sollen. Diese müssen mit geeigneten Bodenbearbeitungsgeräten (Scheibenegge o. Ä.) ganzjährig bewuchsfrei gehalten werden (daher auch der Name „Wundstreifen"), Feuerbrücken sind zu vermeiden.

Normalerweise werden sie entlang von gefährdeten Bahnstrecken oder Straßen angelegt. Sie haben eine Breite von ca. 3 m (nicht unter 2,5 m).

Abbildung 44: *Ordnungsgemäß gepflegter Waldbrandschutzstreifen.* (Foto: Bergmann)

II. Waldbrandriegel

Waldbrandriegel sind bis zu 50 m breite Streifen in Nadelholzreinbeständen, die in der Regel aus Laubholz bestehen. Ziel ist es, mit der Beschattung des Bodens durch die Laubbäume Bodenbewuchs zu verhindern und so kein brennbares Material entstehen zu lassen. Wenn ein Feuer solch einen Riegel erreicht, verliert es Energie und erlischt entweder von selbst oder kann einfacher gelöscht werden. Dafür ist auf ärmeren Böden z. B. die Roteiche geeignet, da sie durch ihr dichtes Kronendach den Boden gut beschattet und so kaum Bodenbewuchs aufkommen lässt. Wenn die Möglichkeit besteht, sollten auch vorkommende Wasserflächen (Teiche, Bäche etc.) mit in das System der Waldbrandriegel einbezogen werden. Für die Anlage von Waldbrandriegeln können Fördermittel beantragt werden.

III. Löschwasserentnahmestellen

Besteht die Möglichkeit, dass die Feuerwehr aus einem bestehenden Teich Wasser entnehmen kann, so muss die Erreichbarkeit sichergestellt werden. Geprüft werden muss also, ob der Wegezustand eine starke Befahrung von mehreren LKW in kurzer Zeit standhält. Im Übrigen gibt es für die Instandhaltung dieser Wege Fördermittel, wie auch für die Errichtung von Löschwasserentnahmestellen. Besteht die Möglichkeit, einen künstlichen Teich zu errichten mit dem Ziel, Löschwasser zu bevorraten (und nicht etwa zum Zwecke des Naturschutzes), sollten Waldbesitzer prüfen, ob dies nicht zu realisieren ist.

Eine weitere Möglichkeit der Löschwasserentnahme stellen Flachspiegelbrunnen dar. Bei diesem Brunnen wird ein ca. 6 bis 8 m langes Rohr in die Erde getrieben, das am oberirdischen Ende eine Kupplung für Feuerwehrschläuche hat. Der Bau eines derartigen Brunnens wird ebenfalls vom Land gefördert.

IV. Wegebau

Grundvoraussetzung für eine schnelle Bekämpfung eines Waldbrandes ist es, dass die Feuerwehr zügig den Schadensort erreicht. Folglich ist es aus Sicht des Waldbesitzers dringend erforderlich, eine ausreichende Wegenetzdichte in seinem Forstbetrieb zu haben (→Kapitel 14). Da es für den Bau von Waldwegen umfangreiche Fördermittel gibt (→Abschnitt 12.2), wird empfohlen, ein sinnvolles Waldwegenetz im Forstbetrieb zu unterhalten. Auch wenn diese Wege eventuell von Waldbesuchern benutzt werden und es dadurch zur Beunruhigung im Wald kommt, sollte die Notwendigkeit einer raschen Feuerbekämpfung nicht übersehen werden.

10.2 Sturmschäden

Lokal können in Brandenburg auch Schäden durch Sturm entstehen. Auch wenn bisher in Brandenburg keine großen Sturmschäden aufgetreten sind, muss dies nicht bedeuten, dass auch in Zukunft keine Schäden auftreten.

Die Sturmgefährdung eines Waldbestandes ergibt sich aus verschiedenen Faktoren, wobei drei Aspekte eine herausragende Bedeutung haben:

- die Baumart und der Standort, auf dem der Baum stockt
- die Schaftform eines Baumes
- die Waldrandgestaltung.

Abbildung 45:
Sturmschäden bei Kiefer.
(Foto: Bergmann)

Die Baumart und der Standort sind deshalb so wichtig, weil nicht jede Baumart gleich stark sturmgefährdet ist. So ist die Kiefer und die Eiche aufgrund ihres Wurzelsystems weniger gefährdet als z. B. die Fichte. Problematisch sind aber wechselfeuchte Standorte, auf denen alle Bäume nur eine geringe Verankerungsmöglichkeit haben. Bäume auf diesen Standorten werden oft geworfen.

Beispiel 25:
Ein Baum ist 20 m hoch und hat ein BHD von 25 cm. Das h/d-Verhältnis beträgt (20/0,25=) 80. Hat dieser 20 m hohe Baum hingegen einen BHD von nur 20 cm, beträgt sein h/d-Verhältnis (20/0,20=) 100.

Eine große Bedeutung hat auch die Schaftform eines Baumes. Bäume, die sehr hoch sind und nur einen geringen BHD haben, sind anfälliger als Bäume, die eine geringere Höhe und einen stärkeren BHD haben. Der Fachmann spricht in diesem Zusammenhang von dem h/d-Verhältnis. Dieses Verhältnis beschreibt den Zusammenhang zwischen der Höhe und dem Durchmesser eines Baumes. Es berechnet sich, indem die Baumhöhe durch den BHD dividiert wird. Zur Abschätzung der Gefährdung gilt die in Tabelle 43 beschriebene Faustregel.

Tabelle 43:
h/d-Verhältnisse und ihr Gefährdungspotenzial.

h/d-Verhältnisse	Sturmgefährdung
kleiner als 80	wenig sturmgefährdet
80 – 90	Sturmgefährdung
größer als 90	stark sturmgefährdet

Für Waldbesitzer bietet die Tabelle eine gute Möglichkeit, die Sturmgefährdung ihrer Waldbestände zu überprüfen. Zeigt sich, dass in einem Waldbestand das h/d-Verhältnis sehr hoch ist, sollten durch eine gezielte und mäßige Durchforstung Bäume entnommen werden. Somit nimmt der Zuwachs bei den verbleibenden Bäume zu und das h/d-Verhältnis sinkt. Zu beachten ist aber,

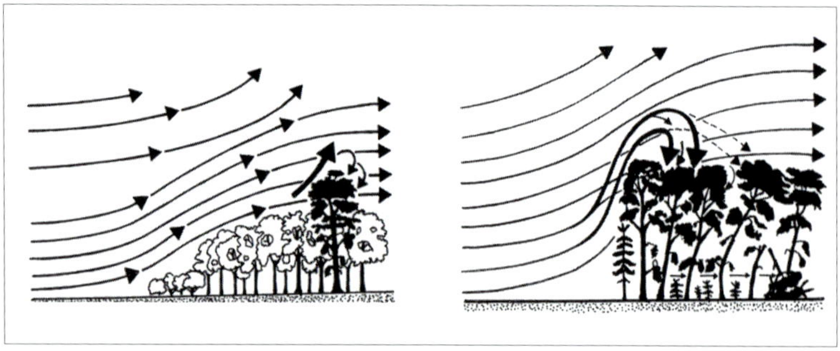

Abbildung 46:
Richtige Gestaltung eines Waldrandes (links) und Windbruch durch einen fehlenden Waldrand (rechts).

dass der Bestand nicht zusätzlich durch eine zu starke Durchforstung destabilisiert wird, so dass er schließlich zusammenbricht. Bemerken Waldbesitzer, dass das h/d-Verhältnis in einem Waldbestand sehr hoch ist, sollten sie unbedingt einen Förster um Rat und Unterstützung fragen.

Ein letzter Aspekt bei der Sturmgefährdung ist der Aufbau des Waldrandes. Ein stufig aufgebauter Waldrand führt dazu, dass der Wind aufsteigen kann und es zu keinem Windwurf kommt. Wird ein vorhandener Waldbestand jedoch aufgeschlagen (z. B. aufgrund eines Straßenbaus), kann es zu Verwirbelungen kommen, so dass Bäume unmittelbar hinter der Waldkante geworfen werden. Ziel des Waldbesitzers sollte deshalb ein mehrstufig aufgebauter Waldrand sein.

10.3 Schäden durch Tiere

10.3.1 Allgemeine Einführung

Wälder in Brandenburg sind nicht nur durch Waldbrände besonders gefährdet, sondern auch durch Forstschädlinge. Diese verbreiten sich periodisch so stark, dass sie aufgrund ihres Auftretens große wirtschaftliche Schäden in den Wäldern anrichten können. Da diese Forstschädlinge in der Regel ausgewählte Baumarten schädigen, werden in den folgenden Abschnitten wichtige Forstschädlinge erläutert. In der Tabelle 44 werden zuvor die Schadflächen bzw. die geschädigten Holzmengen ausgewählter Forstschädlinge gezeigt.

Tabelle 44:
Auftreten wichtiger Schaderreger und Schäden 2003 im Land Brandenburg (Forstschutzmeldedienst der Landesforstanstalt Eberswalde).

Schaderreger	Fläche (ha)	Volumen (m^3)
Buchdrucker	-	2.983
Blauer Kiefernprachtkäfer	-	8.339
Nonne	32.386	-
Kiefernspinner	72	-
Kiefernspanner	1.010	-
Kiefernbuschhornblattwespen	570	-
Eichenwickler	962	-
Frostspanner	663	-
Mäuse	646	-

10.3.2 Nonne *(Lymantria monacha)*

Die Nonne ist ein Schmetterling, der sowohl Nadel- als auch Laubbäume schädigt. Forstlich relevant ist nur die Raupe, die die Blätter und Nadeln der Bäume frisst. So vermag eine Raupe ca. 800 Nadeln zu fressen. Problematisch ist deshalb ihr Auftreten insbesondere dann, wenn sie in großer Populationsdichte vorkommt und dann ganze Waldbestände kahl fressen kann. In diesem Zusammenhang spricht man auch von einer Massenvermehrung oder Kalamität. Ihr Auftreten ist zyklisch, d.h. in manchen Jahren ist ihr Bestand sehr hoch, so dass eine Bekämpfung erforderlich ist, in anderen Jahren hingegen ist ihr geringes Auftreten nicht bestandesgefährdend. Die Raupen fressen zuerst an den diesjährigen

Erklärung:
*Als **Kalamität** wird die Massenvermehrung von Tieren bezeichnet. Spezielle Forstschädlinge neigen dazu, durch regelmäßig wiederkehrende Massenvermehrungen große wirtschaftliche Schäden anzurichten.*

Abbildung 47:
Entwicklung der Nonne (Quelle LFE).

Merke:
Die Nonne verursacht bei hohen Populationsdichten enorme wirtschaftliche Schäden. Finden Waldbesitzer in ihren Waldbeständen im Winter Eispiegel an den Stämmen, sollten sie umgehend den Förster kontaktieren.

Trieben, wobei bei besonders hohen Populationsdichten auch die älteren Nadeln gefressen werden. Durch den starken Fraß der Raupen, der teilweise bis zu einem Kahlfraß reichen kann, können die Bäume u. a. keinen Holzuwachs bilden. Außerdem kann es in stark befressenen Beständen in der Folge zu Schäden durch weitere Forstschädlinge oder sogar zu Hitzeschäden an den nun ungeschützten Stämmen (Fichte) kommen. Ein weiteres Folgeproblem kann ein verstärkter Graswuchs (weil mehr Licht eintritt) sein, was wiederum die Gefahr durch Waldbrände oder Mäuse steigert. Wird der Baum mehrere Jahre hintereinander stark geschädigt, kann dies zum Absterben führen.

Die Entwicklung der Nonne beginnt mit der Eiablage in sog. Eispiegeln im August/September unter Rindenschuppen älterer Bäume. Diese Eier überwintern und sind durch Schmutz oder Algenbewuchs schwer zu entdecken. Der Förster erhält durch Zählung der Eier pro Quadratmeter Rindenoberfläche bereits Hinweise darauf, wie stark die nächstjährige Population sein wird.

In den Monaten März/April/Juni entwickeln sich aus den Eiern Raupen, die in mehreren Entwicklungsstadien heranwachsen. Diese Raupen sind es, die Wälder kahl fressen, die Bäume schwächen und so hohen wirtschaftlichen Schaden verursachen. Im Juni/Juli verpuppen sich die Raupen, wobei die Puppen am Stamm älterer Bäume (z.B. in den Spalten der Kiefernborke) kleben. Aus der Puppe wird schließlich im Juli/August ein Schmetterling, der ebenfalls keine Fraßschäden verursacht. Die Schmetterlinge nehmen keine Nahrung auf, paaren sich und das Weibchen legt die Eier ab. Nach der Eiablage stirbt der Schmetterling ab, der Entwicklungszyklus beginnt von vorne.

Die Überwachung der Nonne stellt einen zentralen Bestandteil des Waldschutzes in Brandenburg dar. Durch ein frühzeitiges Erkennen überhöhter Populationsdichten ist sichergestellt, dass notwendige Abwehrmaßnahmen rechtzeitig getroffen werden können. Als Erkennungs- oder Überwachungsmethode dienen:

- Verstärkter Vogelflug im Kronenbereich und starker Kotfall („es regnet Kot").
- Eisuche: Die Zählung der Eispiegel am Stamm.
- Falterzählung: Die männlichen Schmetterlinge werden mit einem weiblichen Sexuallockstoff (Pheromon) in eine Falle gelockt. Die Anzahl der in einem bestimmten Zeitabschnitt gefangenen Tiere gibt Auskunft über die Populationsdichte. Möglich ist auch die Zählung der Schmetterlinge am Stamm.
- Puppenhülsenzählung: Die Zählung der Puppen gibt nur einen groben Überblick über die Populationsdichte, da die Ablage der Puppen stark von der Populationsdichte abhängt.
- Zählung der fressenden Raupen in den Kronen: Dazu kann man probeweise Bäume so fällen, dass die Krone auf eine möglichst weiße Unterlage zu liegen kommt. Hier können die Raupen abgesammelt und gezählt werden.

Die Methoden der Überwachung sollten möglichst einem Spezialisten überlassen werden. Für die Bekämpfung der Nonne hat der Privatwaldbesitzer nicht viele Möglichkeiten. Grundsätzlich ist der Waldbesitzer aber selbst für die Bekämpfung verantwortlich. Da das aber im öffentlichen Interesse liegt, führt die Forstverwaltung erforderliche Maßnahmen zur Bekämpfung durch. In der Regel werden die betroffenen Waldbestände mit einem speziellen und zugelassenen Insektenbekämpfungsmittel aus der Luft besprüht. Dadurch werden die Raupen unverzüglich abgetötet.

Abbildung 48:
Entwicklung des Kiefernspinners (Quelle LFE).

Waldbesitzer können zur Vermeidung von Massenvermehrungen insbesondere durch eine naturnahe Waldwirtschaft (Mischbestände) und eine aufmerksame Kontrolle ihrer Waldbestände beitragen. Durch die Etablierung von Mischbeständen werden natürliche Feinde der Nonne gefördert, die die Eier oder Raupen schädigen. Durch eine Kontrolle der Waldbestände kann hingegen eine Massenvermehrung frühzeitig erkannt werden.

10.3.3 Kiefernspinner *(Dendrolimus pini)*

Der Kiefernspinner befällt nur Kiefern. Besonders lichte und durch Trockenheit gestresste Bäume sind durch den Fraß der Raupen gefährdet.

Die Entwicklung beginnt im Juli/August mit der Eiablage an den Nadeln am stehenden Baum. Die schlüpfenden Raupen fressen dann von Juli bis Oktober. Mit einsetzendem Frost wandern sie stammabwärts, um in der Streuschicht des Waldbodens als Raupen zu überwintern. Im Frühjahr des folgenden Jahres kriechen die Raupen wieder an den Stämmen empor und fressen in der Baumkrone weiter. Erst im Juni verpuppen sich die Raupen, so dass schließlich die Schmetterlinge entstehen. Für die Bäume ist es besonders schädlich, wenn sie sowohl im Herbst als auch im Frühjahr des Folgejahres befressen werden.

Die Überwachung durch den Waldbesitzer sollte sich auf die Kontrolle der Raupen im Juli bis Oktober konzentrieren. Auch im Rahmen der Winterbodensuche kann man die Raupen finden. Werden dabei oder in den Kronen vermehrt Raupen festgestellt, sollte unverzüglich der Förster informiert werden, damit dieser ggf. Bekämpfungsmaßnahmen einleiten kann. Ein Anzeiger für in der Streuschicht überwinternde Schädlinge kann starke Wühltätigkeit durch Schwarzwild sein, da Wildscheine Raupen und Puppen fressen. Der Waldbesitzer allein kann Bekämpfungsmaßnahmen kaum durchführen.

Erklärung:
*Als **Winterbodensuche** wird die systematische Kontrolle des Winterbodens nach Schadinsekten bezeichnet. Näheres erfahren die Waldbesitzer von ihrem Förster oder Forstsachverständigen.*

10.3.4 Kiefernspanner *(Bupalus piniarius)*

Die vom Kiefernspanner verursachten Schäden sind auf die Kiefer beschränkt. Besonders Kiefernreinbestände auf trockenen Standorten sind gefährdet, wenn eine hohe Populationsdichte auftritt. Der Raupenfraß beginnt an den Nadeln des Vorjahres (Altnadeln), so dass es bei gleichzeitigem Auftreten mit der Nonne (die ja zuerst die diesjährigen Nadeln fressen) zu einen Kahlfraß kommen kann. Der Kiefernspanner frisst in den Monaten nach der Nonne und dem Kiefernspinner.

Die Entwicklung des Kiefernspanners beginnt mit der Eiablage der Schmetterlinge im Mai/Juli. Die Raupen fressen in der Zeit von Juni bis Oktober. Das heißt, in dieser Zeit sind die Waldbestände besonders gefährdet. Mit den ersten einsetzenden Frösten (Oktober/November) baumen die Raupen ab und verpuppen sich in der Bodenstreu. Im Mai des darauf folgenden Jahres schlüpfen die Schmetterlinge aus den Puppen, die dann im Folgemonat mit der Eiablage beginnen, bevor sie absterben.

Die Überwachung des Kiefernspanners erfolgt überwiegend im Rahmen der Puppensuche im Winter. Dabei werden die überwinternden Puppen im Boden gezählt. Dem Waldbesitzer wird empfohlen, den Waldboden nach Puppen zu durchsuchen. Ist eine kritische Zahl (die beim Förster erfragt werden kann) von gefundenen Schädlingen überschritten, sind gegebenenfalls Maßnahmen für das folgende Jahr vorzubereiten.

Abbildung 49:
Entwicklung des Kiefernspanners (Quelle: LFE).

10.3.5 Kleiner Frostspanner *(Operophthera brumata)*

Der kleine Frostspanner schädigt vor allem Laubbäume, insbesondere Eichen und Buchen. Nicht nur Unter- und Voranbauten sind gefährdet, sondern auch Alteichen können durch Kahlfraß beeinträchtigt werden.

Die Entwicklung beginnt mit der Eiablage in den unteren Kronenteilen und am Stamm im Oktober. Diese Eier überwintern. Im April des folgenden Jahres schlüpfen die Raupen, die bis Juni an den Blättern fressen und so einen Kahlfraß verursachen können. Da die Eier im unteren Kronenteil abgelegt wurden, beginnt der Kahlfraß in der Krone von unten nach oben. Spät treibende Eichen bleiben hingegen von einem Kahlfraß verschont, weil die Raupen sich Ende Juni verpuppen. Die Raupen spinnen sich vom Baum ab und verpuppen sich im Oktober im Waldboden. Interessant ist, dass die Weibchen keine Flügel haben und deshalb zur Eiablage den Stamm hinaufklettern müssen.

Abbildung 50: *Entwicklung des Frostspanners (Quelle LFE).*

Zur Überwachung der Frostspanner ist es üblich, die im Oktober den Stamm empor kletternden weiblichen Tiere durch Anlegen eines Leimrings um den Stamm zu fangen. Dazu wird (im Oktober) ein breiter Leimring um den Stamm angebracht, an dem die Weibchen haften bleiben, gezählt werden können und der die Eiablage verhindert. Raupenleim kann aus dem Forstfachgeschäft bezogen werden. Ein 5 kg Eimer Leim kostet ca. 80 Euro, 25 m Raupenleimpapier ca. 5 Euro. Das Papier wird um den Stamm gewickelt und anschließend mit dem Leim bestrichen. Tritt der Frostspanner verstärkt auf, trifft die Forstverwaltung die entsprechenden Gegenmaßnahmen. Der Waldbesitzer sollte sich aber, wenn er Raupen beobachtet, mit dem Förster in Verbindung setzen, damit dieser den Zustand beobachten kann.

Abbildung 51:
Fraßbild des Blauen Kiefernprachtkäfers und Käfer (Quelle: LFE).

Erklärung:
Als ***Stehendbefall*** *wird ein Baum bezeichnet, der durch rindenbrütende Forstschädlinge (z. B. Borkenkäfer und Prachtkäfer) befallen ist und deshalb vollständig eingeschlagen werden muss.*

10.3.6 Blauer Kiefernprachtkäfer *(Phaenops cyanea)*

Der blaue Prachtkäfer ist Wärme liebend und bevorzugt warme, sonnige Waldränder. Wie bei den Schmetterlingen schädigt nur seine Larve. Befallen wird ausschließlich die Kiefer. Die Käfer legen ihre Eier an der Rinde ab. Die schlüpfenden Larven fressen zwischen Rinde und Holz in der Bastschicht. Dadurch wird der Stofffluss zwischen der Wurzel und der Krone behindert oder gar vollständig unterbunden. Im Ergebnis sterben die Krone und schließlich der ganze Baum ab. Als allgemeiner Weiser für das Vorkommen von Rindenbrütern kann eine rege Spechttätigkeit gelten. Große Mengen von abgeschlagenen Rindenstücken unter einem Baum sind immer ein Hinweis auf Rindenschädlinge.

Die Entwicklung des Kiefernprachtkäfers beginnt mit der Eiablage im Juli/August an der Rinde des Baumes. Im August schlüpfen die Raupen, die unter der Rinde fressen und überwintern. Im Mai verpuppen sich diese Raupen dann im Stamm, so dass im Juni bis August die Käfer ausfliegen. Diese wiederum legen dann wieder die Eier.

Das Auftreten des Kiefernprachtkäfers kann an dem fächerförmigen Bohrmehl (bei vorsichtigem Abheben der Rinde mit dem Messer sichtbar) in den Raupengängen erkannt werden (Überwachung). Die Raupen schieben das Bohrmehl in ihren Gängen fächerartig übereinander, so dass dies wolkenartig aussieht. Darüber hinaus ist ein Befall daran zu erkennen, dass die Rinde vom Stamm abblättert, während die Krone noch grün ist (Sprichwort: „nackter Stamm und grüne Krone").

Der Kiefernprachtkäfer ist gefährlich, weil er zur Massenvermehrung neigt und zu großen wirtschaftlichen Schäden in Kiefernbeständen führen kann. Wird das Abplatzen der Rinde bemerkt oder haben die Kronen braune Nadeln oder sind bereits ganz abgestorben, sollte der Baum umgehend aus dem Wald entfernt werden, damit eine Weiterverbreitung des Käfers verhindert wird. Dies wird auch als Entnahme des Stehendbefalls bezeichnet. In der Regel sollte der Stehendbefall bis spätestens Ende April beseitigt werden. Bei der Ernte des Stehendbefalls ist darauf zu achten, dass die Rinde, in und unter der die Raupen sind, am Fällort verbrannt oder eingegraben wird (mindestens 15 cm mit Waldboden bedecken). Wird der befallene Baum gefällt und durch den Bestand gerückt besteht die Gefahr, dass die Raupen im Bestand verteilt werden.

10.3.7 Buchdrucker, Großer Fichten-Borkenkäfer *(Ips typographus)*

Der Fichten-Borkenkäfer (Buchdrucker) ist der wichtigste und gefährlichste Forstschädling in Fichtenbeständen. In der Vergangenheit hat er z. B. im Thüringer Wald, im Harz oder Bayerischen Wald große Katastrophen verursacht, bei denen mehrere Millionen Festmeter Schadholz auftraten. Da in Brandenburg Fichtenreinbestände überwiegend nur kleinflächig vorkommen, ist mit großen Katastrophen nicht zu rechnen.

Die Entwicklung des Buchdruckers beginnt mit der Eiablage unter der Rinde im April/Mai. Der männliche Käfer bohrt sich unter der Rinde ein und paart sich dort mit zwei bis drei Weibchen. Jedes Weibchen frisst dann einen längs gerichteten Gang und legt an der Seite die Eier ab. Die schlüpfenden Larven fressen zwischen Rinde und Holz und zerstören so die Nährstoffbahnen des Baumes. Bei starkem Befall stirbt der Baum ab. Sind die Larven groß genug, verpuppen sie sich und schlüpfen dann im Juli, um mit einem neuen Zyklus zu beginnen. Aufgrund dieser zweiten Generation kann es zu einer extrem starken Erhöhung der Populationsdichte kommen.

Abbildung 52: *Stehendbefall mit Buchdrucker und Fraßbild (Quelle: Setzer und LFE).*

Besonders die Witterung und die Niederschläge im Forstbetrieb üben einen Einfluss auf die Populationsdichte aus. Vor allem ein trockenes Frühjahr schwächt die Fichten, während feuchte Jahre die baumeigene Abwehr der Käfer durch Harzbildung ermöglicht.

Die Überwachung des Stehendbefalls ist außerordentlich wichtig. Erkennbar ist ein Befall mit Buchdrucker an folgenden Spuren:

- nackter Stamm und grüne Krone
- frisches, braunes Bohrmehl an der Rinde und am Stammfuß des Baumes (z. B. in Spinnennetzen zu finden)
- unterhalb der noch grünen Krone platzt die Rinde durch Spechttätigkeit ab (Spechte suchen nach den Käfern und den Larven)
- typische frische Fraßbilder unter der Rinde.

Sind bereits große Rindenteile vom Baum abgeplatzt oder ist die Krone gar schon braun, ist eine Beseitigung des Baumes dringend erforderlich, um ein Ausfliegen der Käferbrut zu verhindern. Die Bekämpfung des Borkenkäfers erfolgt, indem befallene Bäume

Merke:
Der Fichtenborkenkäfer ist der gefährlichste Waldschädling in Europa. Wird ein Befall in Fichtenbeständen festgestellt, ist eine umgehende Beseitigung des befallenen Holzes erforderlich. Sind vorbeugende Maßnahmen (z. B. Pheromonfallen) geplant, sollte der zuständige Förster konsultiert werden.

eingeschlagen und brutfähiges Material beseitigt werden. Folgende Maßnahmen sind zur Bekämpfung der Borkenkäfer geeignet:

a) Entrindung der gefällten Bäume: Sind unter der Rinde die Eier, Larven oder Puppen zu erkennen, werden die gefällten Bäume manuell geschält. Der richtige Zeitpunkt der Entrindung ist dann gegeben, wenn unter der Rinde die weißen Larven („weißes Stadium") zu erkennen sind. Es ist unbedingt erforderlich, die Entrindung vor dem Verpuppen und Schlüpfen des Käfers zu beenden. Sind unter der Rinde Käfer zu sehen, ist eine Entrindung sinnlos. Ebenso ist es nutzlos, Bäume zu entnehmen, an denen die Rinde schon vollständig abgefallen ist. Ist eine Entrindung nicht möglich, müssen die Stämme aus dem Wald (mindestens 500 m) transportiert werden.

b) Fallen: Im Forstfachgeschäft gibt es Fallensysteme, die im Abstand von etwa einer Baumlänge vor dem gefährdeten Waldbestand aufgestellt werden. In die Fallen werden Lockstoffe gehängt (Pheromone), die die Käfer anlocken. Fallen machen nur dort Sinn, wo im Vorjahr Bäume befallen wurden. Eine regelmäßige Leerung der Fallen (mindestens alle zehn Tage) ist entscheidend, da sonst durch die gefangenen Käfer Aasgeruch entsteht, der weitere anfliegende Käfer abschreckt. Aufgrund der erheblichen Bedeutung sollte unbedingt ein Förster oder Forstsachverständiger gefragt werden.

c) Fangbäume: Ziel ist es, die Käfer von dem Waldbestand abzulenken und in ausgewählte Bäume zu lenken. Dieses Verfahren bietet sich gerade für kleinere gefährdete Waldflächen an. Etwa drei Bäume werden gefällt, entastet und entzopft. Der Abstand zum Bestandesrand soll 30 m betragen. Zusätzlich kann an den Stamm ein Lockstoff angeheftet werden. Da der gefällte Baum für die Käfer besonders attraktiv ist, fliegen sie ihn an, so dass durch die Entrindung dieses Baumes eine Beseitigung der Larven vorgenommen werden kann. Um den Fangbaum vor zu starker Austrocknung zu schützen, sollte er locker mit dem Kronenreisig abgedeckt werden.

d) Gepoltertes Holz kann durch Bespritzen mit einem Insektizid vor Borkenkäferbefall geschützt werden. Besser ist jedoch die sofortige Holzabfuhr. Auf jeden Fall sollte frisches, bruttaugliches Holz vor dem Käferflug im April abgefahren oder begiftet werden. Wird begiftet, muss vorher unbedingt geprüft werden, ob damit gegen Grundsätze eines Zertifizierungssystem verstoßen wird, sollte der Waldbesitzer einem System angehören.

10.3.8 Mäuse

Mäuse verursachen Schäden, indem sie bei jungen Bäumen die Rinde um den Stamm oder große Teile der Wurzel benagen. Dadurch ist der Stofffluss zwischen Wurzel und Krone unterbrochen, so dass der Baum abstirbt. Treten Mäuse in hohen Populationsdichten auf, kann es deshalb zu beträchtlichen wirtschaftlichen Schäden kommen. So ist es z. B. möglich, dass eine Eichenkultur in wenigen Tagen bis zu 50 % zerstört wird. Besonders gefährdet sind Erstaufforstungen, Voranbauten in lichten Beständen oder Kulturen auf landwirtschaftlichen Flächen.

Abbildung 53: *Fraßschäden von Mäusen.* (Foto: Bergmann)

Mäuseschäden treten nicht in jedem Jahr auf, sondern ihr vermehrtes Auftreten schwankt zwischen den Jahren (daher der Begriff „Mäusejahre“). Im Gegensatz zu den forstschädlichen Schmetterlingen treten die Mäuse auch nicht großflächig auf, sondern sie sind oft regional begrenzt.

Allerdings sollten Waldbesitzer beachten, dass nicht jede Maus aus Sicht des Waldschutzes schädlich ist. Zu unterscheiden sind:

- Langschwanzmäuse: Bei diesen Mäusen ist der Schwanz länger als der Körper. Die Ohren sind deutlich erkennbar. Die Brandmaus und die Waldmaus können Schäden durch das Verzehren von Samen (Bucheckern und Eicheln bei Naturverjüngung) verursachen. Spitzmäuse sind Insektenfresser und stehen unter Naturschutz!
- Kurzschwanzmäuse oder Wühlmäuse: Bei diesen Mäusen ist der Schwanz kürzer als der Körper. Die Ohren sind meist im Fell versteckt. Zu dieser Familie gehört u. a. die Erdmaus, Feldmaus, Rötelmaus und große Wühlmaus. Diese Mäuse können – wenn sie in hohen Populationsdichten vorkommen – zu großen Schäden führen und werden deshalb als Forstschädlinge angesehen.

Merke:
Die Überwachung von Mäusepopulationen ist jedem Waldbesitzer zu empfehlen, der junge Kulturen im Forstbetrieb hat. Probleme entstehen häufig auf vergrasten Flächen. Hohe Populationsdichten der Mäuse können zu wirtschaftlichen Schäden führen, die die Überwachungs- und Bekämpfungskosten weit übersteigen können. Für die Überwachung und Bekämpfung ist der Waldbesitzer selbst verantwortlich. Es wird empfohlen, bei Mäuseschäden Kontakt zum Förster aufzunehmen, damit Gegenmaßnahmen besprochen werden können. So ist z.B. eine Giftauslegung in Schutzgebieten nicht immer gestattet.

Fördernd wirkt sich für die Mäuse insbesondere eine dichte Vergrasung der Kulturen oder Jungwüchse aus. In Grasdecken finden Mäuse Deckung vor Räubern (Fuchs, Bussard, Wiesel) und Nahrung (Mäuse fressen Samen von Gräsern und Kräutern). Auch ein warmes, trockenes Frühjahr kann die Populationsdichte der Mäuse erhöhen.

Die Überwachung und Prognose der Mäuse ist in voraussichtlichen „Mäusejahren“ wichtig, um Schäden zu vermeiden. Die Prognose sollte September/Oktober vorgenommen werden, indem nach einem speziellen Raster Fallen aufgestellt werden. Waldbesitzern wird zur Absicherung empfohlen, den Förster zu kontaktieren, der die Mäuseprognose fachlich korrekt durchführen kann. Ohne fachliche Unterstützung könnte eine sichere Prognose z.B. bereits an der Auswahl des Köders oder der Anzahl der Fallen pro Quadratmeter scheitern. Bewährt haben sich Apfelstücke.

Die Bekämpfung der Mäuse muss durch den Waldbesitzer selbst organisiert und durchgeführt werden. Es bestehen verschiedene Methoden, die jeweils ihre spezifischen Vor- und Nachteile haben:

a) Das flächige oder punktuelle Ausbringen von Giftködern auf den betroffenen Flächen. Vor allem Erd- und Rötelmaus nehmen diese Köder auf, so dass ihre Population zügig zurückgeht. Der Nachteil besteht aber darin, dass mehr Köder ausgebracht als benötigt werden und ggf. andere Tiere diese Köder finden können.
b) Zu empfehlen sind Köderstationen, die aus dem Forstfachgeschäft bezogen werden können. Eine Köderstation (keine Mausefalle) kostet ca. 20 Euro und sollte, damit sich die Mäuse an die Falle gewöhnen, bereits im Mai auf die betreffende Fläche gestellt werden. Im Juli/August werden dann Kontrollfänge mit Mausefallen (Schlagfallen) durchgeführt, um die Populationsdichte zu bestimmen. Ist eine Reduzierung der Population erforderlich, wird die Köderstation mit Ködern (sog. Rodentiziden) bestückt. Für die 12,5 kg Köder fallen ca. 115 Euro an, die ungefähr für einen Hektar ausreichen.

Als Fangstation dient auch eine Fangwanne, die einem Eimer ähnelt, jedoch mit einem einseitigen Zugang im unteren Teil. Die Wanne wird auch frühzeitig ausgebracht, damit sie ihren typischen Geruch verliert. Die Fangwirkung

Abbildung 54:
Die Fangwanne hat einen einseitigen Zugang – die Mäuse können nicht mehr heraus und sterben an Unterkühlung oder werden von Greifvögeln gefangen. (Foto: Bergmann)

ergibt sich, in dem Mäuse in die Wanne laufen, jedoch nicht wieder hinauskommen. Sie sterben durch Unterkühlung oder dadurch, dass sie von Eulen oder Greifvögeln gefangen werden. Eine Fangwanne kostet ca. 30 Euro, wobei pro Hektar elf Wannen benötigt werden. Köder werden darin nicht gelegt.

c) Möglich ist auch, in Mauselöcher Giftweizen (etwa fünf Körner) zu streuen, so dass die Mäuse die giftigen Körner in ihre Löcher nehmen und so andere Mäuse mit benetzen. Im Forstfachgeschäft gibt es auch „Mäuse-Riegel“, die aussehen wie Schokoriegel und in die Gänge der Schermäuse gesteckt werden. Die Schermaus frisst an diesem Köder und verendet sofort.

d) Es ist wichtig, die natürlichen Feinde der Mäuse zu fördern. Für Greifvögel und Eulen können auf den gefährdeten Flächen so genannte Sitzkrücken aufgestellt werden. Auch der Fuchs (mehr als 80 % der Nahrung), das Wiesel und letztendlich Schwarzwild fressen Mäuse. Sind Kulturflächen mit einem Wildschutzzaun umgeben, sollte für das Schwarzwild ein Zugang (Pendeltore) geschaffen werden. Bei Ackeraufforstungen ist es sinnvoll, Füchse jagdlich zu schonen.

11 Beratung und Unterstützung des Waldbesitzers

11.1 Rat und Anleitung sowie Tätige Mithilfe der Landesforstverwaltung

11.1.1 Überblick

Durch das Landeswaldgesetz (LWaldG) sind Standards festgelegt, die der Waldbesitzer bei der Bewirtschaftung seines Waldes zu beachten hat (Kapitel 3). Besonders der §4 des Landeswaldgesetzes erfordert Fachwissen hinsichtlich der ordnungsgemäßen Forstwirtschaft, über das viele Waldbesitzer nicht verfügen. Um diese gesetzlichen Mindestanforderungen für den Waldbesitzer erfüllbar zu machen, bietet die Landesforstverwaltung eine kostenlose Beratung an, die mit der anderer Verwaltungen vergleichbar ist (z. B. Finanzverwaltung). Im Rahmen der Beratung, in Brandenburg „Rat und Anleitung" genannt, wird ein Grundwissen an alle Waldbesitzer vermittelt, das z. B. die ordnungsgemäße Forstwirtschaft (§4 WaldG) und andere gesetzliche Forderungen realisierbar macht. Im Einzelnen sollen folgende Beratungsinhalte vermittelt werden:

- Allgemeine Informationen
- Aufklärung zu Rechten und Pflichten des Waldbesitzers
- Informationen zu Fördermöglichkeiten
- Beratung zu waldbaulichen Maßnahmen.

Merke:
Die Landesforstverwaltung unterstützt die privaten Waldbesitzer durch Rat und Anleitung und der kostenpflichtigen Tätigen Mithilfe. Rat und Anleitung sind für jedermann zugänglich und kostenlos. Tätige Mithilfe erfolgt gegen Entgelt und steht gegenwärtig Waldbesitzern mit einer Flächengröße bis 200 ha offen. Den genauen Umfang, Ablauf, Form und Inhalt regelt die Entgeltordnung der Landesforstverwaltung.

Ansprechpartner vor Ort ist der Förster oder Forstsachverständige.

Darüber hinaus gewährt die Landesforstverwaltung eine kostenpflichtige Dienstleistung für den Privat- und Körperschaftswald, die in Brandenburg „Tätige Mithilfe" genannt wird. Diese soll vor allem die gute forstfachliche Bewirtschaftung sichern. Die Inhalte der Tätigen Mithilfe sind vorrangig auf die waldbauliche Pflege und die Holzernte abgestellt.

Die Unterstützung der Privatwaldbesitzer in Form von Tätiger Mithilfe ist ebenfalls im §28 LWaldG festgeschrieben. Die Einzelheiten werden durch eine Entgeltordnung genau geregelt.

Grundsätzlich wird die Tätige Mithilfe strukturell benachteiligten Waldbesitzern gewährt, d. h. derzeit, wenn der Forstbetrieb eine Größe von 200 ha nicht übersteigt. Andere Waldbesitzer sollten sich an freiberufliche Forstsachverständige, die dies mit gleicher

Befähigung gewährleisten, wenden (Abschnitt 11.2). Die z. Z. mit der Landesforstverwaltung laufenden Verträge haben Bestandesschutz und bleiben von dieser Flächengrößenregelung unberührt.

Im Vertrag werden die Inhalte der Tätigen Mithilfe geregelt. Im Einzelnen umfasst die Tätige Mithilfe:
- die forsttechnische Betriebsleitung
- den forstlichen Betriebsvollzug
- Einzelleistungen.

Welche Aufgabe diese Inhalte umfassen wird in den folgenden drei Abschnitten dargestellt.

11.1.2 Die forsttechnische Betriebsleitung

Im Wesentlichen sind unter der forsttechnischen Betriebsleitung mit Planung und Kontrolle der Arbeiten im Forstbetrieb, die klassischen Aufgaben der Oberförsterei zu verstehen.

Im Einzelnen umfasst die forsttechnische Betriebsleitung:
- Die Aufstellung des jährlichen Wirtschaftsplanes.
  Jährlich wird für den Waldbesitzer ein Plan erarbeitet. Dieser umfasst die für das Jahr anstehenden waldbaulichen Maßnahmen und die zu erwartenden Kosten und Erlöse.
- Die Leitung, Lenkung und Kontrolle der Arbeiten im Forstbetrieb.
  Diese Tätigkeiten umfassen die Gesamtkoordination aller Arbeiten im Forstbetrieb, die durch den forstlichen Betriebsvollzug abgedeckt werden.
- Die Mitwirkung bei der Erstellung des Betriebswerkes.
  Erteilt der Waldbesitzer einem freien Forstsachverständigen den Auftrag zur Forsteinrichtung (→Kapitel 7), unterstützt die Oberförsterei die Vorbereitung mit Beschaffung von Materialien oder der Markierung der Grenzen.

Merke:
Die forsttechnische Betriebsleitung umfasst Planungs- und Kontrollaufgaben im Forstbetrieb.

Allerdings sollte sich der Waldbesitzer die Entscheidungsgewalt nicht aus der Hand nehmen lassen und den Revierförster oder forstlichen Sachverständigen als Berater und Ausführenden verstehen. Die Kosten für diese Dienstleistung belaufen sich derzeit auf 5,30 Euro/ha für die ersten 100 ha. Darüber hinaus werden je Hektar weitere 3,50 Euro fällig.

11.1.3 Der Forstliche Betriebsvollzug

Der forstliche Betriebsvollzug umfasst im Wesentlichen die klassischen Revierförstertätigkeiten. Im Einzelnen gehören dazu:

- Unterstützung bei der Aufstellung der jährlichen Wirtschaftspläne
- Unterstützung bei der Auftragsvergabe von Forstbetriebsarbeiten (z. B. Verjüngung, Pflege und Holzernte von Waldbeständen, Waldschutzmaßnahmen, Wegebau)
- Vorbereitung der Verträge (z. B. mit forstlichen Lohnunternehmern)
- Organisation und Kontrolle bei der Ausführung der Forstbetriebsarbeiten
- Auszeichnen von Waldbeständen
- Sortierung und Aufnahme des Holzes
- Betriebsbuchführung.

Merke:
Der forstliche Betriebsvollzug umfasst die eigentlichen Bewirtschaftungsmaßnahmen im Forstbetrieb, die durch die forsttechnische Betriebsleitung vorbereitet und gesteuert wird.

Die Kosten für den forsttechnischen Betriebsvollzug belaufen sich auf 12,30 Euro/ha im Jahr. Forstwirtschaftliche Zusammenschlüsse zahlen ein um 20 % reduziertes Entgelt, wenn sie eine Geschäftsführung gegen Entlohnung eingesetzt haben.
Leistungen wie

- die Holzverkaufshilfe,
- die Hilfe bei der Beantragung von Wildschadensersatz oder
- die Überwachung der Verkehrssicherheit

müssen in jedem Fall gesondert bezahlt werden.

11.1.4 Die Einzelleistungen

Neben den Komplettangeboten von forsttechnischer Betriebsleitung und forstlichem Betriebsvollzug, werden von der Landesforstverwaltung auch Einzelleistungen angeboten, die je nach Bedarf genutzt werden können. Sinnvoll ist dieses Angebot vor allem für Waldbesitzer mit kleinen Flächen, die ihren Wald im aussetzenden Betrieb bewirtschaften und auf die Zusammenarbeit mit der Landesforstverwaltung nur in großen zeitlichen Abständen angewiesen sind. Einzelaufgaben umfassen einzelne Tätigkeiten der forsttechnischen Betriebsleitung und des forstlichen Betriebsvollzuges. Es werden allerdings auch Leistungen

Erklärung:
Besonders kleine Forstbetriebe, die einen kontinuierlichen Arbeitsanfall nicht gewährleisten, werden nicht jährlich, sondern periodisch (aussetzend) bewirtschaftet.

angeboten, die weder durch die forsttechnische Betriebsleitung noch durch den forstlichen Betriebsvollzug abgedeckt werden. Die Einzelaufgaben umfassen u. a.:

- Planung der verschiedenen Bewirtschaftungsmaßnahmen
- Organisation und Kontrolle der Bewirtschaftungsmaßnahmen
- Holzerntehilfe
- Holzverkaufshilfe
- Erstellung der Holzlisten
- Auszeichnen der Bestände
- Erstellung jährlicher Wirtschaftspläne
- Durchführung von Ausschreibungen.

Merke:
Mit Hilfe des Angebots der Einzelleistungen kann der Waldbesitzer spezielle Tätigkeiten auswählen, ohne Komplettangebote nutzen zu müssen.

Da dies nur ein kurzer Auszug aus dem Angebot der Landesforstverwaltung ist, sollten Details, einschließlich der Preise, in der Entgeltordnung nachgelesen werden.

Bei der Nutzung der Einzelleistungen besteht für den Waldbesitzer oder forstwirtschaftlichen Zusammenschluss die Möglichkeit, eine „WaldCard“ für 200 Euro zu erwerben. Damit verringern sich alle Entgelte um 50 %.

11.2 Betreuung der Waldbesitzer durch freie Forstsachverständige

Neben der Landesforstverwaltung stehen auch freiberufliche Forstsachverständige für die Unterstützung der Waldbesitzer bereit. Dabei gibt es sowohl größere Unternehmen als auch einzeln arbeitende Berater. Die Ausbildung der freiberuflichen Forstsachverständigen ist in der Regel die gleiche wie die der staatlichen Forstbediensteten. Je nach Angebot können die freiberuflichen Forstsachverständigen gegenüber der Landesforstverwaltung folgende Vorteile bieten:

- Größere Flexibilität bei
  - Preisverhandlungen
  - Beratungsinhalten
  - der Vertragsgestaltung
  - dem Angebotsumfang, da diese inhaltlich nicht an die Entgeltverordnung gebunden sind.
- Eine komplette Betreuung, die auch andere Bereiche des Betriebs umfassen kann (z. B. Landwirtschaft oder die Jagd).

- Übernahme der Forsteinrichtung. Damit können alle forstlichen Tätigkeiten in einer Hand liegen (die Forsteinrichtung wird von der Landesforstverwaltung nicht angeboten).
- Aktueller und unabhängiger Kenntnisstand durch hohes Reaktionsvermögen auf kurzfristige Änderungen des Marktes.

Merke:
Auch auf dem freien Beratermarkt kann sich der Waldbesitzer forstlichen Sachverstand einkaufen. Bei gleichem Preis- und Ausbildungsniveau haben beide Angebote Vor- und Nachteile.

Demgegenüber hält die Landesforstverwaltung mit dem flächendeckenden Netz an Revierförstern Personal vor, das bei Abschluss eines Vertrages für den entsprechenden Forstbetrieb ständig vor Ort ist. Das bedeutet im Umkehrschluss, dass der Waldbesitzer in der Regel keine Wahlmöglichkeit bei der Person des Försters hat. Während die Kosten für die Tätige Mithilfe durch die Landesforstverwaltung genau geregelt sind, sind die mit freien Sachverständigen verhandelbar. Grundsätzlich unterscheiden sich diese aber nicht erheblich.

Der Waldbesitzer muss letztendlich entscheiden, welche der beiden Möglichkeiten er bevorzugt.

12 Die forstliche Förderung

12.1 Allgemeines zur forstlichen Förderung

Allgemein ist bekannt, dass Landwirte umfangreiche Fördermöglichkeiten haben. Aber auch Waldbesitzer können zur Bewirtschaftung ihres Waldes finanzielle Förderung erhalten. Land- und Forstwirtschaft haben gemeinsam, dass sie einen wesentlichen Beitrag zur Entwicklung des ländlichen Raumes, also der Erhaltung unserer Kulturlandschaft, leisten. Auch wenn Teile von Brandenburg dicht besiedelt sind, so gibt es weite Gebiete, in denen Land- und Forstwirtschaft die bestimmenden Landnutzungsformen sind.

Merke:
Die Forstliche Förderung in Brandenburg basiert auf zwei Landesförderprogrammen. Diese bündeln die Förderung der EU, des Bundes und des Landes.

Die Europäische Union, die Bundesrepublik Deutschland und das Land Brandenburg unterstützen die Waldbesitzer mit Fördermitteln. Im Gegensatz zur Förderung in der Landwirtschaft werden in der Forstwirtschaft jedoch keine Flächenprämien gezahlt, sondern projektbezogene Zuschüsse. Das heißt, Waldbesitzer bekommen Fördermittel, wenn sie eine konkrete, förderfähige Maßnahme durchführen.

Die Kommission der Europäischen Union (EU-KOM) fördert die Forstwirtschaft nicht durch direkte Zahlungen an die Waldbesitzer, sondern beteiligt sich an bestehenden Förderprogrammen in Brandenburg, wenn sie zum Förderschwerpunkt der EU-KOM passen. Das heißt, Waldbesitzer können nicht direkt bei der EU-KOM Fördermittel beantragen, und es werden nur für solche Maßnahmen Gelder freigegeben, die den Förderschwerpunkten der EU entsprechen. Grundlage dafür sind zahlreiche EU-Verordnungen, die nicht nur sehr umfangreich sind, sondern auch jährlich modifiziert werden. Für den Waldbesitzer ist eine Beteiligung der EU an einer Fördermaßnahme daran zu erkennen, dass auf den entsprechenden Förderanträgen das Kürzel EAGFL steht, das für Europäischen Ausgleichs- und Garantiefonds Landwirtschaft steht. Für den Waldbesitzer ist an dieser Stelle sicherlich nur interessant, dass die EU der Förderung der Forstwirtschaft einen großen Stellenwert einräumt (und in Zukunft in ihren Richtlinien wahrscheinlich noch mehr einräumen wird), so dass eine Beantragung von Fördermitteln für Maßnahmen im Wald dringend empfohlen wird.

Die Bundesrepublik Deutschland beteiligt sich an der Förderung in Brandenburg über die Verpflichtungen aus dem Grundgesetz (Art. 91a). Auf dieser Grundlage wird durch die „Gemeinschaftsaufgabe zur Verbesserung der Agrarstruktur und des Küstenschutzes“ (GAK) die forstliche Förderung geregelt. Die GAK ist auch – wie die EU-Verordnung – nur ein Rahmenplan, der durch Landesförderprogramme ausgefüllt werden muss. Deshalb kann der Waldbesitzer forstliche Förderung nicht direkt beim Bund beantragen, sondern nur aufgrund der Landesförderprogramme beim Land Brandenburg.

Das Land Brandenburg greift die durch die EU vorgegebene Verordnung und den durch den Bund erlassenen Rahmenplan für die forstliche Förderung auf und bietet darauf basierend derzeit zwei Landesförderrichtlinien an:

1. die Landesförderrichtlinie „GAK“ und
2. die Landesförderrichtlinie „EAGFL“

Hat ein Waldbesitzer Interesse an einer Förderung, sollte er sich frühzeitig an einen Förster wenden. Dieser kennt die aktuellen Regelungen und das Antragsverfahren, um finanzielle Mittel zu bekommen.

12.2 Fördermöglichkeiten

Der folgende Abschnitt muss sich darauf beschränken, allgemeine Hinweise zu den beiden Landesförderrichtlinien zu geben. Grund dafür ist die Tatsache, dass sich die maßgeblichen Richtlinien oft ändern, neue hinzukommen und andere auslaufen.

Über die Landesförderrichtlinie „GAK“ werden die vom Bund eröffneten Möglichkeiten der Förderung aufgegriffen. Folgende Maßnahmen können derzeit nach dieser Richtlinie u. a. gefördert werden:

I. Maßnahmen, die im Zusammenhang mit der Waldmehrung stehen:
   - Erstaufforstungen einschließlich Waldrandgestaltung bisher landwirtschaftlich genutzter Böden
   - Pflege der Erstaufforstungen
   - Erstaufforstungsprämie
   - Sukzession.

II. Umstellung auf naturnahe Waldbewirtschaftung
   - Standortserkundung

- Verjüngungsmaßnahmen durch Naturverjüngung, Saat oder Pflanzung für langfristige Überführung von Nadelreinbeständen in Mischbestände, Umbau nicht standortgerechter Laubholzbestände bzw. Umbau der durch Wurf, Bruch, Waldbrand oder anderen Naturereignissen geschädigten Waldbeständen
- Anlage eines Waldrandes
- Einsatz von Rückepferden.

III. Maßnahmen in Jungbeständen
- Waldpflege (Jungwuchspflege und Jungbestandespflege).

IV. Förderung forstwirtschaftlicher Zusammenschlüsse.

Abbildung 55:
Der Einsatz von Rückpferden kann im Zusammenhang mit der naturnahen Waldwirtschaft gefördert werden.
(Foto: Bergmann)

Gefördert wird jeweils ein Teil der Ausgaben, der bei den Maßnahmen angefallen ist. Die Höhe des Anteils (Fördersatz) schwankt zwischen den Maßnahmen (zwischen 60 und 90 %, Stand 2005) sehr stark und kann sich ändern.

Interessant ist, dass eine Förderung auch beantragt werden kann, wenn der Waldbesitzer oder seine Familienangehörigen beabsichtigen, die Maßnahmen in Eigenleistung zu erbringen. Da in diesem Fall oft keine Belege für Ausgaben existieren, erhält der Waldbesitzer einen prozentualen Anteil an den Kosten, die sich ergeben hätten, wenn Waldarbeiter des Landes die Maßnahme realisiert hätten. Insofern wird deutlich, dass der Waldbesitzer dadurch ein zusätzliches Einkommen erzielen kann.

Merke:
Dem Waldbesitzer stehen eine Vielzahl von Möglichkeiten zur Verfügung, forstwirtschaftliche Maßnahmen gefördert zu bekommen. Die Höhe der Förderung ist stark maßnahmenabhängig. Da auch die Eigenleistung von Waldbesitzern gefördert wird, kann der Waldbesitzer ein zusätzliches Einkommen erzielen. Um die aktuellen Fördersätze zu erfahren, sollte der Waldbesitzer sich auf den Internetseiten des Ministeriums für Ländliche Entwicklung, Umwelt und Verbraucherschutz (MLUV) informieren oder einen Förster bzw. Forstsachverständigen kontaktieren (siehe im Anhang die Adressen).

Die Landesförderrichtlinie „EAGFL" bietet dem Waldbesitzer Förderung u. a. für folgende Maßnahmen:

I. Maßnahmen zum vorbeugenden Waldbrandschutz
- Anlage und Pflege von Waldbrandriegeln
- Ausbau von Waldwegen
- Anlage und Unterhaltung von Löschwasserentnahmestellen.

II. Maßnahmen zur Lebensraumverbesserung im Wald
- Voruntersuchungen für Lebensraum verbessernde Maßnahmen
- Biotoppflegemaßnahmen für die besonders geschützte Biotope (→Abschnitt 15.2)
- Maßnahmen nach Artenschutzprogrammen
- Pflege von Naturdenkmalen und historischen Waldnutzungsformen.

III. Maßnahmen zur Erhaltung von Totholz.

IV. Maßnahmen zur Erhaltung von Alt-/und Biotopbäumen.

Abbildung 56:
Maßnahmen zur Erhaltung von Totholz sind förderungswürdig.
(Foto: Bergmann)

Im Allgemeinen kann aber davon ausgegangen werden, dass Maßnahmen, die zur Verbesserung des Lebensraums und zur Erhöhung der natürlichen Vielfalt beitragen, sehr stark gefördert werden.

Waldbesitzer können auch Förderung aus dem Naturschutzfonds erhalten, wenn sie u. a. die Maßnahmen durchführen und von keiner weiteren Förderung profitieren:

- Maßnahmen zum Schutz, Pflege und Entwicklung der Landschaft
- Erwerb von Grundstücken zum Zwecke des Naturschutzes
- Forschungen auf dem Gebiet des Naturschutzes und der Landschaftspflege.

12.3 Ablauf der Förderung/Beantragung

In allen diesen Fällen ist es erforderlich, dass der Waldbesitzer vor Beginn einer Maßnahme eine Förderung beantragt. Der Verfahrensablauf aus Sicht des Waldbesitzers ist dann wie in Abbildung 57 dargestellt.

Das Prozedere sieht auf den ersten Blick sehr kompliziert aus, was sich aber bei wiederholter Beantragung relativiert. Im Amt für Forstwirtschaft sind Förster, die umfangreiche praktische Erfahrungen haben und so die geplante Maßnahme sehr gut einschätzen können. Bisher sind in Brandenburg nur sehr wenige Fälle bekannt, bei denen dem Waldbesitzer ein Antrag nicht bewilligt wurde. Werden die Fördervoraussetzungen eingehalten, die Unterlagen vollständig eingereicht und sind Haushaltsmittel vorhanden, wird der Antrag bewilligt! Es gehört zu den Aufgaben eines Försters, den Waldbesitzer bei der Beantragung der Fördermittel zu unterstützen.

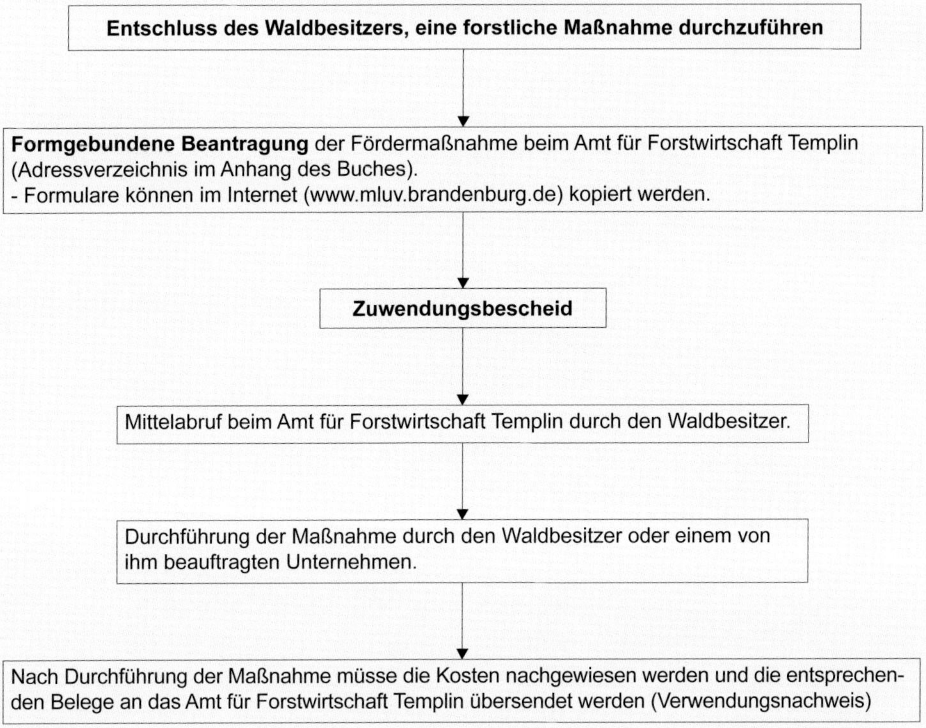

Abbildung 57: *Verfahrensablauf der forstlichen Förderung.*

12.4 Aussicht zur forstlichen Förderung

Derzeit zeichnet sich ab, dass die EU ihre forstliche Förderung neu akzentuieren wird. Nicht mehr eine pauschale, auf die Stärkung der ökologischen, ökonomischen und sozialen Werte des Waldes hinwirkende Förderung wird favorisiert, sondern eine Stärkung der Wettbewerbsfähigkeit der Forstbetriebe und die Entwicklung des Landmanagements.

Ein Schwerpunkt der forstlichen Förderung ab 2007 wird das Landmanagement sein. Waldbesitzer werden künftig vor allem eine Förderung für ihre freiwilligen Leistungen für den Natur- und Umweltschutz bekommen können (sog. Wald-Umweltleistungen).

13 Waldverkauf und Waldbewertung

13.1 Waldverkauf und Waldkauf

Wald kann wie jede andere Immobilie gekauft oder verkauft werden. Für den Waldbesitzer ergeben sich durch den Kauf von Wald u. a. folgende Vorteile:

- effizientere Bewirtschaftung des vorhandenen Forstbetriebs möglich
- vorhandene Betriebsteile können miteinander verbunden werden
- die Baumarten- und Altersstruktur im Forstbetrieb kann verbessert werden
- durch Zukauf kann die Größe eines Eigenjagdbezirkes erlangt werden
- Fixkosten je Hektar werden gesenkt.

Der Verkauf von Wald sollte geprüft werden, wenn folgende Gründe vorliegen:

- kleinflächiger Waldbesitz, der bisher nur schwer oder gar nicht bewirtschaftet wurde und ein Zukauf weiterer Flächen nicht beabsichtigt ist
- aufgrund des Alters des Waldbesitzers ist zukünftig keine Bewirtschaftung geplant, und es ist zu erwarten, dass auch die Erben keine Bewirtschaftung beabsichtigen
- der Waldbesitzer hat kein Interesse an einer Waldbewirtschaftung
- weite Wege zum Wald.

Der Ablauf eines Waldkaufs kann wie in Abbildung 58 skizziert werden.

Zunächst müssen sich der Käufer und der Verkäufer über den Kaufpreis einigen. Im Abschnitt 13.2 werden über die Höhe eines möglichen Kaufpreises Hinweise gegeben. Da Wald eine Immobilie ist, muss entsprechend den Regelungen des BGB ein Kaufvertrag immer vor einem Notar geschlossen werden. Die Notarkosten betragen – als Faustregel – ca. 1,5 % vom Grundstückspreis, der zwischen den Vertragspartner ausgehandelt wurde.

Der beim Notar geschlossene Kaufvertrag über Wald mit einer Fläche größer als ein Hektar (AGGrdstVG vom 18.03.04) ist jedoch solange schwebend unwirksam, bis eine Genehmigung nach dem Grundstücksverkehrsgesetz (GrdstVG) vorliegt. Dieses Gesetz in Verbindung mit dcm Landesrecht regelt, dass der Notar bei dem Landkreis oder den kreisfreien Städten die Genehmigung beantragt. Im Rahmen dieser Genehmigung wird u. a. geprüft, ob ein grobes Missverhältnis zwischen dem Kaufpreis und dem Verkehrswert besteht oder ob durch den Verkauf zu kleine Einheiten entstehen, für die eine ordnungsgemäße Bewirtschaftung nicht mehr gewährleistet ist (GrdstVG § 9 Abs. 3 3.). In diesem Genehmigungsprozess ist die Forstverwaltung mit eingebunden. Die Kosten für diese Genehmigung belaufen sich zwischen 25 Euro bis zu 1 % des Grundstückspreises.

Nachdem die Genehmigung erteilt wurde, kann die Grundbucheintragung erfolgen. Der Verkauf und Kauf des Waldes ist abgeschlossen.

Abbildung 58: *Ablauf des Waldkaufes.*

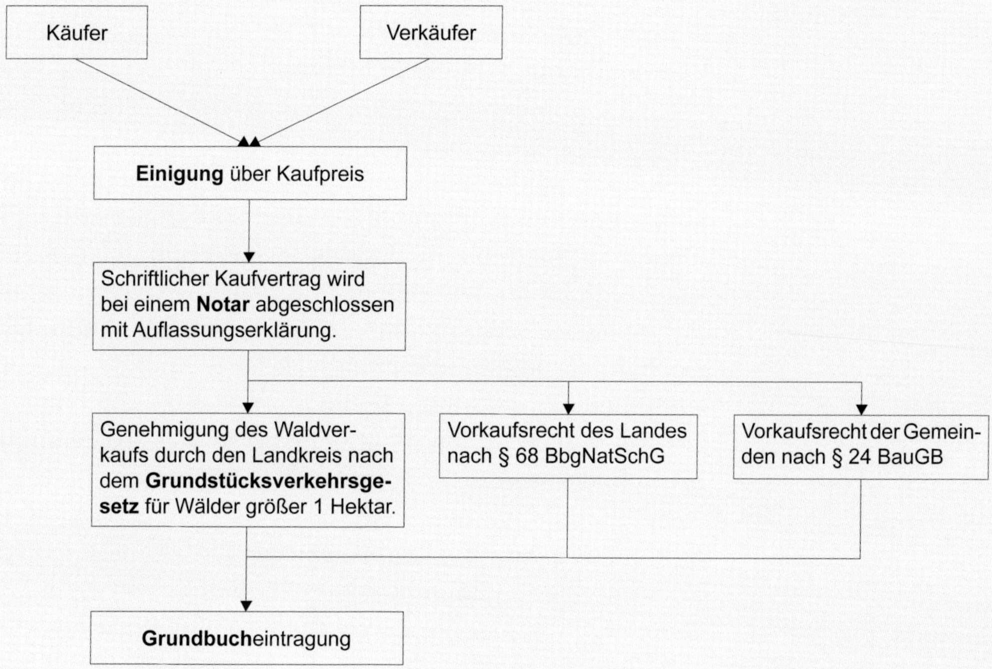

13.2 Die Waldbewertung

Eine Bewertung des Waldes ist in der forstlichen Praxis oft erforderlich. In einem Forstbetrieb gibt es verschiedene Anlässe für eine Waldbewertung. Maßgeblich für die Waldbewertung ist immer der Bewertungsanlass! So werden für die Schätzung der Schäden teilweise andere Methoden angewendet, als bei der Herleitung des Waldwertes für den Waldverkauf zwischen zwei Privatpersonen. Deshalb wird jedem Waldbesitzer empfohlen, für die Waldbewertung einen Forstsachverständigen zu kontaktieren.

Wesentliche Faktoren, die den Wert des Waldgrundstücks (sog. Waldwert) beeinflussen sind:

- die Baumarten, Alter und Qualität der Bäume
- die Wuchsbedingungen (Ertragsklasse)
- Größe, Zuschnitt und Lage des Waldobjektes
- Bestockungsgrad des Waldbestandes.

Der Waldwert setzt sich immer aus dem Wert des Waldbodens und dem Wert des darauf stehenden Waldbestandes (den Bäumen) zusammen. Während bei Entschädigungen, z. B. nach einem Waldbrand, der Waldbodenwert unverändert ist und deshalb nicht bestimmt werden muss, spielt er beim Verkauf des Waldes eine Rolle und darf nicht vergessen werden. Es gilt:
Waldwert = Waldbodenwert + Wert des aufstockenden Holzes (Bestandeswert)

Für die Bestimmung des Waldbodenwertes wird sich meist an den Preisen orientiert, die bei vergleichbaren Waldverkäufen erzielt wurden. Doch der Waldbesitzer wird nur sehr schwer derartige Preise von den Vertragspartnern erfahren. Deshalb werden häufig die Preise für landwirtschaftlichen Boden (Ackerland oder Grünland) verglichen. Als Faustregel gilt:
Der Waldbodenwert entspricht ca. 30 bis 80 % des landwirtschaftlichen Bodenwertes.

Problematisch ist, dass der Waldbodenwert regional sehr stark schwanken kann. Im Allgemeinen bewegen sich die Waldbodenwerte, in Abhängigkeit von der Baumart, zwischen 500 bis 1500 Euro/ha. Waldbesitzer haben darüber hinaus die Möglichkeit, beim Gutachterausschuss des Landkreises, bei forstlichen

Sachverständigen oder beim Grundbesitzerverband Informationen über den Waldbodenwert zu bekommen.

Die Ermittlung des Wertes des auf dem Waldboden stockenden Waldbestandes ist hingegen komplizierter. Mit Hilfe spezieller Verfahren ist es möglich, einen konkreten, genau auf den betreffenden Waldbestand zutreffenden Bestandeswert zu bestimmen, der dem Bewertungszweck vollständig Rechnung trägt.

Die Verfahren (und damit das Ergebnis) der Waldwertermittlung hängen aber nicht nur vom Bewertungszweck, sondern auch vom Alter des zu bewertenden Waldbestandes ab. Kulturen und Waldbestände bis etwa zehn Jahre werden meistens mit ihren Kulturkosten (Verjüngungskosten) bewertet, weshalb der Waldwert für diese Bestände auch als Bestandeskostenwert bezeichnet wird. Der Bestandeskostenwert entspricht den Kosten – stark vereinfacht ausgedrückt – die die Kultur dem Waldbesitzer bisher gekostet hat. Enthalten ist z. B.

- Bestandesbegründungskosten
- Zaunkosten
- Kulturpflegekosten.

Diese Kosten, die in der Regel in den ersten zwei bis vier Jahren nach der Bestandesbegründung auftreten, werden bis auf das aktuelle Datum verzinst.

Pauschale Angaben über die Höhe von Bestandeskostenwerten sind wenig aussagekräftig, da sie den wahren Waldwert häufig nicht widerspiegeln. Als grobe Faustregel können aber Bestandeskostenwerte zwischen 1000 und 4000 Euro/ha angenommen werden.

Die Bewertung von Waldbeständen, die älter als zehn Jahre sind, ist allerdings nicht mehr mit dem Bestandeskostenwert möglich. In diesem Fall berechnet der Forstsachverständige sog. Bestandeswerte und Abtriebswerte.

Merke:
Mit der Waldbewertung werden Waldwerte ermittelt, die für Entschädigungsfälle oder Waldverkäufe benötigt werden. Welchen Wert ein Waldbestand hat, hängt entscheidend von der Baumart, dem Alter, der Qualität und der Ertragsklasse des Bestandes ab. Da der Waldwert stark schwanken kann, wird empfohlen, die Waldbewertung von einem forstlichen Sachverständigen durchführen zu lassen. Dies gilt vor allem auch deshalb, weil der Marktpreis deutlich geringer ist als der ermittelte Wert.

Beispiel 26:
Ein Brandstifter zündelt in Antons 5-jähriger Kiefernkultur, die daraufhin vollständig abbrennt. Anton hatte für die Kiefernkultur folgende Ausgaben:
Bestandesbegründungskosten: 1100,- Euro/ha im Jahr der Bestandesbegründung (also vor fünf Jahren);
Kulturpflegekosten: 250,- Euro/ha im ersten Jahr nach der Bestandesbegründung (also vor vier Jahren);
Zinssatz (gesetzlich vorgegeben): 4 %

Anton fasst den Täter und ermittelt folgenden Bestandeskostenwert, den der Brandstifter bezahlen soll:

$$1100 \cdot 1{,}04^{5} + 250 \cdot 1{,}04^{(5-1)} = 1631 \text{ €/ha}$$

Der Schaden der abgebrannten Kiefernkultur beträgt also ca. 1631 Euro.

Der Bestandeswert wird für Waldbestände berechnet, die älter als zehn Jahre sind, aber ihre Umtriebszeit noch nicht erreicht haben. Bei der Herleitung des Bestandeswertes wird – stark vereinfacht ausgedrückt – der Wert des Holzes ermittelt. Je älter der Wald ist, desto wertvoller ist der Waldbestand, weil mehr verkaufsfähiges Holz stockt. Da der auf einem Hektar stockende Holzvorrat nun sehr stark von den Wuchsbedingungen (Ertragsklasse), vom Alter und der Qualität des Holzvorrates abhängt, ist eine pauschale Angabe des Bestandeswertes wenig sinnvoll. Dennoch zeigt Tabelle 45 Größenordnungen für durchschnittliche Bestandeswerte.

Tabelle 45:
Bestandeswerte bei durchschnittlicher Holzqualität (WZ 4) und Ertragsklasse (II. Ekl.) (EUR/ha).

	Alter des Waldbestandes (Jahre)			
	30	**60**	**90**	**120**
Buche	5.200	9.200	13.800	18.000
Eiche	10.500	15.000	19.700	25.500
Fichte	6.200	11.800	18.100	
Kiefer	6.000	8.100	11.000	13.100
Lärche	6.000	8.000	10.500	13.200

Wie aus der Tabelle ersichtlich wird, unterscheiden sich die Bestandeswerte zwischen den Baumarten und dem Alter der Bäume. Soll ein Wald aus bestimmten Gründen bewertet werden ist es deshalb ratsam, einen Forstsachverständigen mit der genauen Kalkulation zu beauftragen.

Hinzugefügt werden muss an dieser Stelle ein wichtiger Hinweis: Die in der Tabelle 45 angegebenen Bestandeswerte sind das Ergebnis einer bestimmten Formel, die im gesamten Bundesgebiet angewendet wird. Derzeit verkauft die BVVG aber großflächig Wald zu deutlich geringen Preisen, die die o. g. Bestandeswerte deutlich unterschreiten. Bedingt durch die hohe Anzahl der Waldverkäufe und den geringeren Preisen, haben die BVVG-Waldverkäufe derzeit in Brandenburg einen erheblichen Einfluss auf den Waldgrundstücksmarkt. Die Bestandeswerte in der Tabelle 45

Beispiel 27:
Anton möchte an Bert einen Hektar 60-jährigen Kiefernwald verkaufen, weil dieser Wald nicht an Antons bestehenden Betrieb, sondern unmittelbar an Berts angrenzt. Der Kiefernwald hat, so stellt der Forstsachverständige fest, eine durchschnittliche Qualität und eine II. Ertragklasse. Der theoretische Bestandeswert beträgt 8100,- Euro (siehe Tabelle 45). Allerdings wird Bert diesen theoretischen Wert nie bezahlen, da die Preise aufgrund der BVVG-Verkäufe deutlich geringer sind (ca. 2500 Euro/ha).

stellen deshalb eher theoretische Werte dar, die Preise in der Praxis dürften teilweise erheblich darunter liegen.

Hat der Waldbestand sein Umtriebsalter erreicht, resultiert der Waldwert aus dem Abtriebswert. Der Abtriebswert entspricht dem holzerntekostenfreien Erlös, der in Abschnitt 5.9.2 berechnet wurde. Der Abtriebswert ergibt sich demnach, indem von den Holzerlösen die Holzerntekosten und ggf. die Rückekosten abgezogen werden.

Die Höhe des Abtriebswertes ist vor allem von der Qualität des Holzvorrates abhängig. In Tabelle 46 werden Abtriebswerte für gute Holzqualitäten dargestellt.

	unterstellte Umtriebszeit (Jahre)	**Abtriebswert im Umtriebsalter (EUR/ha)**
Buche	140	25.300
Eiche	180	42.800
Fichte	80	15.800
Kiefer	120	13.500

Tabelle 46:
Abtriebswerte bei guten Holzqualitäten (WZ 3) und Ertragsklasse (II. Ekl.) in Euro/ha.

13.3 Typische Bewertungsfälle in Forstbetrieben

In Forstbetrieben können zahlreiche verschiedene Situationen auftreten, für die eine Waldbewertung notwendig wird (→Abschnitt 13.2) oder – allgemeiner – ein Wert für eine Nutzungseinschränkung gefunden werden muss. Im Folgenden soll es darum gehen, weitere ausgewählte typische Bewertungsprobleme in Forstbetrieben zu zeigen. Folgenden Situationen könnte sich ein Waldbesitzer ausgesetzt sehen:

1. Ein Energieunternehmen betreibt eine Freileitung quer durch den Forstbetrieb. Das Unternehmen gestattet keine Bewaldung unterhalb der Leitung.

   Bewertung: Da ein Bewuchs mit Bäumen nicht gestattet ist, entsteht dem Waldbesitzer ein Schaden durch die entgangenen Holzerträge. Diesen (eventuell ewig) entgangenen Holzertrag kann der Waldbesitzer vom Energieunternehmen als Entschädigung verlangen. Dies gilt auch für bestehende Leitungstrassen, die vor 1990 errichtet wurden (Grundbuchbereinigungsgesetz).

2. Durch eine Straßenverbreiterung müssen vom Wald, entlang dieser Straße, ca. 50 m gerodet werden.

   Bewertung: Dem Waldbesitzer entgehen dauerhaft die Holzerträge der betreffenden Fläche, da dort – aufgrund des Straßenbaus – keine Bäume mehr wachsen können. Zusätzlich ist der Waldboden verloren. Dies beides (Waldboden + Wert des Holzes) muss der Straßeneigentümer dem Waldbesitzer entschädigen.

   Durch den Abtrieb des 50 m breiten Saumes entsteht eine neue Waldkante mit Bäumen, die bisher im Bestand gestanden haben. Aufgrund der plötzlichen Freistellung werden diese Bäume eventuell geschädigt, z. B. durch Sonneneinstrahlung oder Windwurf. Diese sog. Randschäden müssen ebenfalls entschädigt werden.

Merke:
Wie hoch die jeweilige Entschädigung ist, lässt sich nur im Einzelfall beurteilen. Da eine Entschädigung oft nur einmalig bezahlt wird, sollte sich jeder Waldbesitzer vor einem Vertrag Klarheit über die Höhe der Entschädigung verschaffen. Oftmals haben Unternehmen ein Interesse, schnell eine Lösung für Entschädigungssituationen zu bekommen.

3. Ein Industrieunternehmen betreibt seit Jahrzehnten Grundwasserbrunnen in dem Forstbetrieb eines Waldbesitzers. Die regelmäßige Kontrolle der Brunnen erfolgt durch Befahren mit einem PKW.

   Bewertung: Auf der Fläche der Brunnenanlage kann kein Wald wachsen. Folglich entgehen dem Waldbesitzer die Holzerträge, auf die er einen Anspruch hat. Darüber hinaus nutzt das Unternehmen auch die Waldwege des Waldbesitzers, die über das öffentliche Betretungsrecht nach LWaldG hinausgeht. Folglich kann der Waldbesitzer eine jährliche Entschädigung für die Nutzung der Waldwege verlangen.
4. Ein Versorgungsunternehmen möchte entlang eines Waldweges unterirdisch ein Telefonkabel verlegen. Diese sog. Grunddienstbarkeit wird voraussichtlich dauerhaft bestehen.

   Bewertung: Während der Bauphase sind mögliche Schäden zu ersetzen, wie z. B. Schäden durch Schürf- oder Schleifspuren an Einzelbäumen aufgrund von Unachtsamkeit, Nutzung des Waldbodens für die Zwischenlagerung von Erdaushub, aber auch Jagdwertminderung aufgrund von Baulärm. Zusätzlich sollte der Waldbesitzer auch eine Entschädigung für die Duldung dieser Grunddienstbarkeit (und der Wertminderung, da Grunddienstbarkeiten in der Regel in das Grundbuch eingetragen oder über Gestattungsverträge vertraglich geregelt werden) verlangen.

14 Waldwegebau

14.1 Zweck und Planung der Walderschließung

Der forstliche Wegebau und die Wegeinstandhaltung sind wichtige Maßnahmen, um die Erschließung des Waldes als Voraussetzung für die Holznutzung zu gewährleisten. Die Walderschließung dient dabei:

1. dem Anschluss an das öffentliche Verkehrsnetz
2. der Groberschließung des Waldes und der einzelnen Waldteile
3. dem Feinaufschluss der Bestände.

Um die Walderschließung bedarfsgerecht zu planen, müssen die genannten Aufgaben der verschiedenen Wege klar festgelegt werden. Dabei ist z. B. die Frage zu klären, ob der betreffende Weg zukünftig dem Transport von Gütern und Personen oder der Erschließung einzelner Waldbestände und damit der Befahrung von Forstmaschinen (Rücketraktoren, Harvester, Forwarder usw.) dienen soll. Die Beantwortung der Frage entscheidet über die zu erwartende Belastung der Wege und somit auch über den Aufwand, der für den Wegebau bzw. die Instandhaltungsmaßnahme zu veranschlagen ist. Die Wege werden nach dem Zweck in:

1. Abfuhrwege
2. Rückewege und
3. Rückegassen gegliedert.

Merke:
Der Waldaufschluss ist unerlässlich für die ordnungsgemäße Bewirtschaftung der Wälder und eine nachhaltige Holznutzung im Forstbetrieb.

Die Wegearten, die anschließend ausführlich beschrieben werden, müssen bei der Planung einer Erschließung miteinander verzahnt werden, um ein schlüssiges Gesamtkonzept für größere zusammenhängende Komplexe zu finden. Dabei sollte nach Möglichkeit auch von dem Waldbesitzer übergreifende Lösungen angestrebt werden.

Bei der Planung der Erschließung spielen viele verschiedene Faktoren eine entscheidende Rolle. Dazu gehören:

- Intensität der Bewirtschaftung
- Menge und Dimension des Holzes
- Größe des Forstbetriebes
- Topographie
- Bodenbeschaffenheit.

Allerdings sollte sich der Waldbesitzer bei der Planung auch darüber im Klaren sein, dass mit der Erschließung seines Waldes auch andere Interessentengruppen vom Wald angezogen werden. Einerseits verbessern sich mit einem hohen Erschließungsgrad die Möglichkeiten der Holznutzung im Forstbetrieb, andererseits erhöht ein gutes Wegenetz auch die Besucherfrequenz, die dann verstärkte Freizeitaktivitäten nach sich ziehen kann. Dies kann unter Umständen für den Forstbetrieb unbeabsichtigte Konsequenzen mit sich bringen. Die folgende Aufzählung zeigt mögliche Folgen einer Walderschließung auf:

1. Besucherdruck und Besucherströme
2. Art der Freizeitaktivitäten
3. Attraktivität für den Durchgangsverkehr.

Die Walderschließung ist damit immer ein Kompromiss zwischen den Notwendigkeiten des Forstbetriebes und den Konsequenzen durch die Bedürfnisse der Gesellschaft an den Wald.

Es bleibt aber festzuhalten, dass eine im Waldgesetz nach §4 geforderte ordnungsgemäße Forstwirtschaft einer Grunderschließung mit einer Mindestwegedichte bedarf, um deren Grundsätze erfüllen zu können. Diesen Anforderungen wird in weiten Teilen Brandenburgs bereits Rechnung getragen. Dort wo in Einzelfällen Nachholbedarf besteht, stehen z. Z. noch staatliche Fördermittel zur Unterstützung dieser Maßnahmen zur Verfügung. Voraussetzung für die Förderung des Wegebaus ist aber eine hohe Bedeutung für den Waldbrandschutz (Kapitel 12).

14.2 Wegearten der Walderschließung

Erklärung:
Während beim Neubau eine völlig neue Trasse durch den Bestand angelegt wird, beschränkt man sich bei der grundhaften Instandsetzung auf den Ausbau vorhandener Wege.

Abfuhrwege (Forststraßen) verfügen zunehmend über einen festen Oberbau und sind in der Regel durch relativ hohe Investitionskosten gekennzeichnet. Sie sind sowohl zur Nutzung mit hohen Lasten durch die Holzabfuhr ausgelegt, als auch mit PKW befahrbar. Sie sind meist durch eine stabile Tragschicht und eine wassergebundene Deckschicht aufgebaut. Die Investitionskosten liegen mit ca. 25 Euro je lfm für die grundhafte Instandsetzung allerdings hoch. Ein kompletter Neubau von Abfuhrwegen ist sowohl wegen der fehlenden Notwendigkeit, als auch wegen der hohen Kosten in der Praxis eher selten.

Maßnahme	Erläuterung	Kosten EUR/lfm
Grundhafte Instandsetzung	Ausbau mit Trag- und Deckschicht	25
Wegeausbesserung	Profilierung, Fräsen der Bankette, Ausbessern der Löcher	10
Wegepflege	Begradigen, Abschieben der Deckschicht	1

Tabelle 47: *Kostenübersicht für gebräuchliche Wegebaumaßnahmen.*

Da es sich bei den Wegebaumaßnahmen um kostspielige Investitionen handelt, sollten zur Vermeidung von Schäden die folgenden Ursachen bekannt sein:

- Überbelastung (besonders bei ungünstiger Witterung)
- unzureichende Entwässerung
- ungenügende Profilierung
- zu hohe regelmäßige Befahrungsgeschwindigkeit
- Schleifen von Holz.

Die häufigsten Schäden sind:

- Schlaglöcher
- Spur- und Erosionsrinnen
- hoch gewachsene Seitenstreifen.

In Brandenburg geht man von einer Abfuhrwegedichte von ca. 20 lfm je ha aus, die in der Regel für eine Bewirtschaftung völlig ausreichend sind. Vielmehr ist oft der Ausbauzustand verbesserungswürdig. Daraus resultierende Instandhaltungsmaßnahmen bieten sich meist im Zusammenhang mit konkreten Holzerntemaßnahmen an. Wird in einer Teilfläche eine Hiebsmaßnahme durchgeführt, sollte genau geprüft werden, wie hoch der Holzanfall ist, ob es Alternativen zum Wegeneubau gibt und ob für die Zeit nach der Hiebsmaßnahme der neue Weg weitere sinnvolle logistische Aufgaben erfüllen kann. Erst dann sollte die Entscheidung über die grundhafte Instandhaltung des Weges getroffen werden. Im folgenden vereinfachten Beispiel 28 soll verdeutlicht werden, welche Alternative sich zum Wegebau stellt.

Die Tabelle im Beispiel zeigt, dass der Wegebau kurzfristig die erheblich teurere Lösung ist. Beachtet man allerdings, dass ein Weg größere Waldkomplexe erschließt, womit auch größere Holzmengen transportiert werden können und der Weg bei guter Pflege

Abbildung 59 und 60: *Massive Befahrungsschäden an einem übernutzten Abfuhrweg.* (Fotos: Bergmann)

Beispiel 28:
Waldbesitzer Anton führt einen Holzeinschlag in einem relativ schlecht erschlossenen Waldkomplex am Rand seines Betriebes durch. Dabei fallen rund 300 fm Holz an. Wegen des schlechten Bestandesaufschlusses liegt die durchschnittliche Rückeentfernung bei dieser Maßnahme allerdings bei 800 m, so dass die Rückekosten 12,- Euro/fm betragen. Damit kostet die Rückung ca. 3600,- Euro. Antons Nachbar, der Waldbesitzer Bert, hat ähnliche Bestände im angrenzenden Forstbetrieb und führt die gleiche Maßnahme durch. Er entschließt sich jedoch, einen vorhandenen Weg auszubauen, der die durchschnittliche Rückeentfernung auf 100 m verkürzt. Damit sinken die Kosten der Rückung auf 8,- Euro/fm. Außerdem ist der Komplex für spätere Nutzungen bereits erschlossen, so dass der Waldkomplex besser erreicht werden kann. Der grundhafte Ausbau des Weges kostet allerdings auch 25,- Euro/lfm. Bei einer Gesamtlänge von 400 m sind das 10 000 EUR.

Zeile			Anton	Bert
1	Holzmenge	fm	300	300
2	Rückeentfernung	m	800	100
3	Rückekosten	EUR/fm	12	8
4	**Rückekosten**	**EUR**	**3.600**	**2.400**
5	Wegebau	lfm		400
6	Wegebaukosten	EUR/m		25
7	Wegebaukosten	EUR		10.000
8	**Gesamtkosten**		**3.600**	**12.400**

Merke:
Die verschiedenen Wegearten sind eine wichtige Voraussetzung für die bedarfsgerechte Erschließung des Forstbetriebes. Erst mit einem an die örtlichen Gegebenheiten angepassten Wegenetz ist der reibungslose Ablauf in der Transportkette vom Bestand zum öffentlichen Straßennetz und damit zum Abnehmer gewährleistet.

eine Lebensdauer von mehreren Jahrzehnten haben kann, ist der Wegebau durchaus eine sinnvolle Investition. Im vorliegenden Beispiel rentiert sich die Investition, wenn mindestens 2200 fm weiteres Holz in diesem Komplex geerntet und verkauft werden können (Investitionskosten von 10 000 EUR dividiert durch die Differenz für günstigere Rückekosten von 4 Euro/fm abzüglich der bereits eingeschlagenen 300 fm). Bei dieser Berechnung sind allerdings Zinsen oder Preis- und Kostenentwicklungen wegen der Veranschaulichung nicht berücksichtigt.

Darüber hinaus finden in diesem Rechenbeispiel auch weitere Vorteile, wie bessere Erreichbarkeit für andere betriebliche Aufgaben (z. B. Jagd, Pflegemaßnahmen, Forstschutzüberwachung usw.) keine Honoration. Dies sind Kriterien, die jeder Waldbesitzer selbst bewerten muss.

Allerdings muss darauf hingewiesen werden, dass auch Nachteile für den Lebensraum Wald mit dem Bau von Abfuhrwegen verbunden sind. So werden Ruhezonen von Tieren für Besucher unfreiwillig zugänglich gemacht und Habitate werden zerschnitten. Auch der Weg kann durch zunehmenden Verkehr (meist illegal) schneller verschlissen werden.

Rückewege sind meist einfach gebaute Erdwege mit einem Querprofil. Der wichtigste Vorteil von Rückewegen liegt in den erheblich geringeren Investitionskosten und in den geringeren

Auswirkungen auf das Ökosystem Wald. Außerdem ist eine Wegepflege nach starker Inanspruchnahme mit einfachen Mitteln durch den Rückeunternehmer möglich. Sie sind vorrangig zur Nutzung durch Forstmaschinen gebaut und können bei gutem Zustand und günstiger (trockener) Witterung auch von Abfuhrfahrzeugen und PKW genutzt werden.

An der Nahtstelle von Rücke- und Abfuhrwegen kommt es zu einer Unterbrechung des Transportes. Dort muss das Holz nach der Rückung für die Abfuhr zwischengelagert werden. Gleichzeitig wird es dort aufgenommen und an den Holzkäufer übergeben. Der Holzlagerplatz muss zu jeder Zeit an einem Abfuhrweg mit dem LKW erreichbar sein. Ferner sollte bei der Anlage von Holzlagerplätzen darauf geachtet werden, dass die Kapazität für die zu erwartenden Mengen ausreicht und durch das Stapeln und Verladen des Holzes keine Schäden an den benachbarten Beständen entstehen.

Abbildung 61: *Rückegassen dienen der Erschließung des Bestandes.* (Foto: Bergmann)

Rückegassen dienen der Erschließung der Bestände (Feinerschließung). Es sind bestockungsfreie Trassen ohne Querprofil, mit einer Breite von 4 bis 5 m. Auf diesem Netz bewegen sich ausschließlich die Holzerntemaschinen (z. B. Forwarder, Harvester, Rücketraktoren) bei der Arbeit in den Beständen. Dies ist wichtig, um Schäden am verbleibenden Bestand und Bodenschäden (Bodenverdichtung, Verhinderung des Gasaustauschs) durch ganzflächige Befahrung zu vermeiden. Von diesen Gassen aus können moderne Holzerntemaschinen die Bäume fällen, einschneiden, auf der Gasse ablegen (Harvester) und anschließend

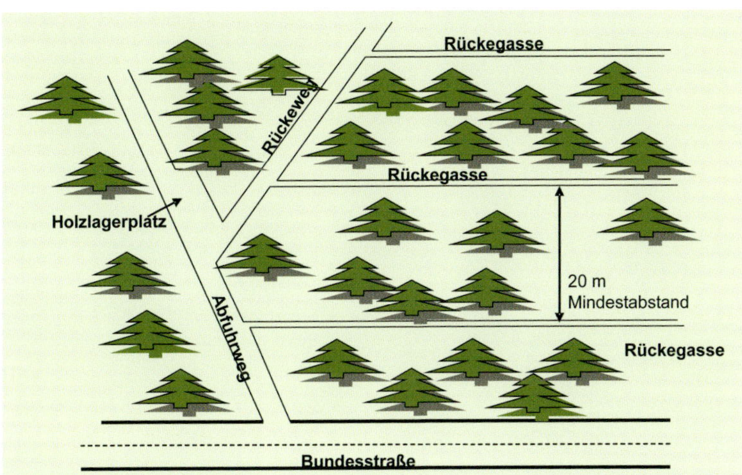

Abbildung 62: *Schematische Darstellung eines Waldaufschlusses.*

das Holz abtransportieren (Forwarder). Durch die Durchführung eines Großteils der Arbeiten außerhalb der bestockten Flächen, kann die Gefahr für den Bestand und die Belastung für den Boden verringert werden. Die Wirksamkeit dieser Maßnahme setzt allerdings voraus, dass die Gassen mit den entsprechenden Fahrzeugen nicht verlassen werden.

Die Rückegassen sollten fischgrätenartig (siehe Abbildung 62) auf den Rücke- oder Abfuhrweg laufen und nicht weniger als 20 m Abstand zueinander haben. Moderne Holzerntemaschinen können mit ihren Auslegern bis 10 m in die Bestände greifen, was einen geringeren Gassenabstand unnötig macht.

Der günstigste Zeitpunkt zur Anlage der Rückegassen zur Erschließung der Bestände ist im Rahmen der Bestandeserziehung gegeben (→Abschnitt 5.3.5).

15 Schutzgebiet Wald

15.1 Allgemeine Schutzgebiete

In Deutschland gibt es verschiedene Schutzgebiete, die jeweils ein spezifisches Schutzziel verfolgen. Für Waldbesitzer in Brandenburg ist es wichtig zu wissen, dass die Ausweisung eines Schutzgebietes im Forstbetrieb nicht gleichbedeutend mit einer Nutzungsbeschränkung ist. Die jeweilige Rechtsverordnung gibt Aufschluss über eventuelle Beschränkung und sollte deshalb in jedem Fall berücksichtigt werden.

Viele rechtliche Grundlagen im Zusammenhang mit dem Naturschutz werden durch aktuelle europäische Richtlinien, durch das Bundesnaturschutzgesetz (BNatSchG) vom 25.03.2002 und durch das Brandenburger Naturschutzgesetz (BbgNatSchG) vom 26.05.2004 geregelt. Im Folgenden werden ausgewählte Schutzgebietskategorien vorgestellt.

Merke:
Es gibt verschiedene Schutzgebietskategorien. Wald kann zu einer oder mehreren Schutzkategorien gehören. Welche konkreten Konsequenzen sich dadurch für den Waldbesitzer ergeben, kann nur im Einzelfall festgestellt werden.

NATURA 2000

Mit NATURA 2000 verfolgt die Europäische Union das Ziel, in ihren Mitgliedsstaaten ein zusammenhängendes Netz ökologisch wertvoller Gebiete zu erhalten und zu schützen. Es soll sichergestellt werden, dass insbesondere naturnahe oder von Menschen wenig beeinflusste Gebiete nachhaltig geschützt, entwickelt und für die nächsten Generationen erhalten bleiben. Dazu wurden bis 2004 durch die Landesregierung über das zuständige Bundesministerium der Europäischen Kommission Gebiete gemeldet, die bestimmte Bedingungen erfüllen.

Die für NATURA 2000 gemeldeten Gebiete umfassen sog. FFH-Gebiete sowie Vogelschutzgebiete. Die Abkürzung FFH steht dabei für Fauna-Flora-Habitat und kennzeichnet Gebiete, die zum Schutz von Lebensräumen oder Tier- bzw. Pflanzenarten im Auftrag der Europäischen Kommission ausgewiesen wurden. Zusammen mit den Vogelschutzgebieten haben die FFH-Gebiete eine gemeinschaftliche Bedeutung und sind deshalb in das europäische Schutzgebietssystem integriert. Für Brandenburg wurden 620 FFH-Gebiete und 31 Vogelschutzgebiete gemeldet. Ein großer Teil davon umfasst Waldgebiete.

Maßgeblich für NATURA 2000 sind die beiden europäischen Richtlinien 92/43/EWG (FFH-Richtlinie, Liste der Gebiete von besonderer Bedeutung) und 79/409/EWG (Vogelschutzrichtlinie). Insbesondere die Richtlinie 92/43/EWG ist für Waldbesitzer wichtig, weil sie die für Waldbesitzer relevanten Ge- und Verbote sowie Pflege- und Entwicklungsmaßnahmen beschreibt. Damit das Schutzziel erfüllt wird, gibt es verschiedene Instrumente, wobei im Land Brandenburg das Instrument des Bewirtschaftungserlasses bevorzugt angewendet wird.

Der Bewirtschaftungserlass ist das mildeste Sicherungsinstrument, das die erforderlichen Erhaltungsmaßnahmen und Entwicklungsziele festschreibt. Der Waldbesitzer hat bei der Erarbeitung des Bewirtschaftungserlasses die Möglichkeit, Einfluss auf den Inhalt des Bewirtschaftungserlasses zu nehmen. Zur Abstimmung der geplanten Maßnahmen lädt die Fachbehörde deshalb den Waldbesitzer ein, damit dieser seine Interessen und Vorschläge einbringen kann.

Werden die Inhalte des dann festgesetzten Erlasses vom Waldbesitzer nicht eingehalten, können durch die Behörden strengere Maßnahmen zum Schutz des Gebietes ergriffen werden. Eine dieser strengeren Maßnahmen könnte z. B. eine Naturschutzgebietsverordnung sein.

Die Konsequenzen für die Waldbewirtschaftung kann nur im Einzelfall festgestellt werden. Einerseits ist festzustellen, dass die nunmehr geschützten Gebiete das Ergebnis der land- und forstwirtschaftlichen Landnutzung sind und deshalb vorwiegend durch eine Weiterführung dieser Nutzungsformen geschützt werden können.

Anderseits bedeutet die Ausweisung auch, dass alle die Maßnahmen zukünftig verboten sind, die dem Schutzzweck zuwiderlaufen, eine Gefährdung der ökologischen Wertigkeit oder eine Störung des Gebietes verursachen können. In diesem Zusammenhang spricht man auch vom „Verschlechterungsverbot“. Danach sind alle Vorhaben, Maßnahmen, Veränderungen und Störungen, die zu einer erheblichen Beeinträchtigung des Gebietes, in seine für die Erhaltungsziele maßgeblichen Bestandteile führen, verboten. Für den Waldbesitzer heißt dies z. B. konkret:

- In einem Waldbestand, der aufgrund seines Laubholzbestandes (z. B. Buchenbestand) geschützt wurde, ist die Verjüngung mit Nadelholz oder gar fremdländischen Baumarten, verboten.

- Die Verbreiterung eines Waldweges ist nur soweit erlaubt, als dadurch der ursprüngliche Charakter des Waldbestandes nicht verfälscht wird. Das Wegebaumaterial sollte darüber hinaus aus örtlichem Material bestehen, da anderenfalls eine Verfälschung der Natur nicht ausgeschlossen werden kann.
- Wurde ein FFH-Gebiet z. B. aufgrund des Vorkommens einer bestimmten Tier- oder Pflanzenart ausgewiesen, hat der Waldbesitzer alle Maßnahmen zu unterlassen, die diese Art in ihrer Existenz bedroht. So gibt es z. B. Käferarten (z. B. der Eremit), die besonders alte Höhlenbäume für ihre Entwicklung benötigen. Dadurch könnte der Waldbesitzer gezwungen sein, auf die Nutzung einer gewissen Menge derartiger Bäume (z. B. als Brennholz) zu verzichten.

Diese drei Beispiele verdeutlichen bereits, wie differenziert die Nutzungsbeschränkungen für Waldbesitzer auftreten können. Zum Ausgleich eventuell auftretender Nutzungsbeschränkungen plant die Europäische Kommission, den Waldbesitzern eine Beihilfe pro Hektar zu zahlen.

Nationalparke

Nationalparke sind nach § 24 BNatSchG (2002) und § 20 BbgNatSchG rechtsverbindlich durch Gesetz festgesetzte einheitlich zu schützende Gebiete, die

1. großräumig und von besonderer Eigenart sind,
2. in einem überwiegenden Teil ihres Gebietes die Voraussetzungen eines Naturschutzgebietes erfüllen und
3. sich in einem überwiegenden Teil ihres Gebietes in einem vom Menschen nicht oder wenig beeinflussten Zustand befinden oder geeignet sind, sich in einen Zustand zu entwickeln oder in einen Zustand entwickelt zu werden, der einen möglichst ungestörten Ablauf der Naturvorgänge in ihrer natürlichen Dynamik gewährleistet.

Aufgrund dieser Bedingungen kommen nur sehr wenig Flächen überhaupt in Frage, als Nationalpark ausgewiesen zu werden. Bis zur rechtsverbindlichen Festschreibung ist ein mehrjähriges Verwaltungsverfahren erforderlich, in dem zahlreiche

Interessengruppen und alle betroffenen Grundeigentümer eingebunden sind.

In Deutschland gibt es derzeit 14 Nationalparke. Der einzige Nationalpark in Brandenburg ist der Nationalpark „Unteres Odertal“, der 1995 gegründet wurde. Er erstreckt sich auf deutscher Seite vom Oderbruch (Hohensaaten) entlang der Oder bis Mescherin/Staffelde und reicht bis nach Stettin in Polen.

Für Privatwaldbesitzer ist diese Schutzgebietskategorie nicht bedeutend, da Nationalparke überwiegend auf landeseigenen Flächen etabliert werden.

Biosphärenreservate

Biosphärenreservate sind nach §25 BNatSchG (2002) und BbgNatSchG rechtsverbindlich festgesetzte, einheitlich zu schützende und zu entwickelnde Gebiete, die

1. großräumig und für bestimmte Landschaftstypen charakteristisch sind,
2. in wesentlichen Teilen ihres Gebietes die Voraussetzungen eines Naturschutzgebietes, im Übrigen überwiegend eines Landschaftsschutzgebietes erfüllen,
3. vornehmlich der Erhaltung, Entwicklung oder Wiederherstellung einer durch hergebrachte vielfältige Nutzung geprägter Landschaft [...] und
4. beispielhaft der Entwicklung und Erprobung von Naturgütern in besonders schonender Wirtschaftsweise dienen.

Das Ziel bei der Ausweisung von Biosphärenreservaten besteht also darin, einen Teil der Natur durch Nutzungsbeschränkungen zu schützen (in der Kernzone), anderseits aber auch aktiv Bewirtschaftung zu erhalten und zu entwickeln.

In Deutschland gibt es derzeit 14 Biosphärenreservate, wobei drei Biosphärenreservate ausschließlich oder teilweise in Brandenburg liegen:

- Biosphärenreservat „Schorfheide-Chorin“
- Biosphärenreservat „Spreewald“ und
- Biosphärenreservat „Flusslandschaft Elbe“.

Aufgrund der Größe und der Einteilung eines Biosphärenreservates in verschiedene Zonen (Kernzone, Pflegezone, Entwicklungszone) ist es möglich, dass Privatwald innerhalb eines Biosphärenreservates liegt. In diesem Fall hängen die ggf. auftretenden Nutzungseinschränkungen von der Schutzgebietsverordnung und der Lage des Waldes in einer der Zonen ab. Die Nutzungsbeschränkungen hängen immer vom Einzelfall ab. Waldbesitzer, die in der Nähe eines der oben genannten Biosphärenreservate ihren Wald haben wird empfohlen, sich an die jeweilige Verwaltungsstelle des Biosphärenreservates zu wenden (Adressen siehe Anhang).

Naturschutzgebiete

Nach § 23 BNatSchG (2002) und § 21 BbgNatSchG sind Naturschutzgebiete (NSG) rechtsverbindlich festgesetzte Gebiete, in denen ein besonderer Schutz von Natur und Landschaft in ihrer Ganzheit oder in einzelnen Teilen

1. zur Erhaltung, Entwicklung oder Wiederherstellung von Biotopen oder Lebensgemeinschaften bestimmter wild lebender Tier- und Pflanzenarten,
2. aus wissenschaftlichen, naturgeschichtlichen oder landeskulturellen Gründen oder
3. wegen ihrer Seltenheit, besonderen Eigenart oder hervorragenden Schönheit erforderlich ist.

Als Naturschutzgebiete werden überwiegend Lebensräume seltener und gefährdeter Arten ausgewiesen, für deren Schutz mehr als 5 ha Fläche erforderlich ist. Die Existenz oder Ausweisung eines Naturschutzgebietes im Forstbetrieb eines Waldbesitzers muss nicht zwangsläufig mit Nutzungsbeschränkungen verbunden sein. Da das Ziel der Ausweisung in der Erhaltung, Entwicklung oder Wiederherstellung von Biotopen oder in der Erhaltung von Arten besteht, ist eine weiterführende Bewirtschaftung der Fläche häufig sogar erforderlich und geboten. Nach § 21 Abs. 2 BbgNatSchG sind aber „[…] alle Handlungen verboten, die das Gebiet, seinen Naturhaushalt oder einzelne seiner Bestandteile zerstören, beschädigen, verändern oder nachhaltig stören können“. Wurde bisher in einem Wald, der als NSG ausgewiesen ist, forstlich gewirtschaftet ohne verbotene Handlungen zu unternehmen, ist dies auch in

Zukunft möglich. Hingegen sind alle die forstlichen Handlungen verboten, die dem Schutzzweck zuwiderlaufen. Dazu zählt beispielsweise die Düngung der Böden, die Einbringung fremdländischer Baumarten oder Veränderungen an Gräben, so dass sich der Wasserhaushalt im Wald verändert.

Hat ein Waldbesitzer Zweifel, ob eine forstliche Maßnahme zu den verbotenen Handlungen im Sinne des BbgNatSchG gehört, sollte er sich an die untere Naturschutzbehörde wenden, die in die Gemeindeverwaltung oder bei kreisfreien Städten in die Stadtverwaltung eingegliedert ist.

Landschaftsschutzgebiete

Landschaftsschutzgebiete (LSG) sind nach § 25 BNatSchG (2002) und § 22 BbgNatSchG rechtsverbindlich festgesetzte Gebiete, in denen ein besonderer Schutz von Natur und Landschaft

1. zur Erhaltung, Entwicklung oder Wiederherstellung der Leistungs- und Funktionsfähigkeit des Naturhaushalts oder der Regenerationsfähigkeit und nachhaltige Nutzungsfähigkeit der Naturgüter,
2. wegen der Vielfalt, Eigenart und Schönheit oder der besonderen kulturhistorischen Bedeutung der Landschaft oder
3. wegen ihrer besonderen Bedeutung für die Erholung erforderlich ist.

Mit der Ausweisung von Landschaftsschutzgebieten wird also das Ziel verfolgt, eine Landschaft zu schützen, die eine besondere Bedeutung für die Menschen hat.

In Brandenburg gibt es derzeit 112 LSG, die einen Anteil von 32,5 % an der Landesfläche haben. Für Waldbesitzer ergeben sich in der Regel keine besonderen Nutzungseinschränkungen, weil die bisherige Landnutzung weiterhin möglich ist. Allerdings ist bei baulichen Maßnahmen zu beachten, dass der Charakter der Landschaft nicht negativ beeinflusst wird, sondern Bauten sich, soweit sie überhaupt zulässig sind, in das Landschaftsbild einpassen.

Geschützte Landschaftsbestandteile

Nach § 29 BNatSchG (2002) und § 24 BbgNatSchG sind Geschützte Landschaftsbestandteile rechtsverbindlich festgesetzte Teile von Natur und Landschaft, deren besonderer Schutz

1. zur Erhaltung, Entwicklung oder Wiederherstellung der Leistungs- und Funktionsfähigkeit des Naturhaushalts,
2. zur Belebung, Gliederung oder Pflege des Ort- oder Landschaftsbildes,
3. zur Abwehr schädlicher Einwirkungen oder
4. wegen ihrer Bedeutung als Lebensstätte bestimmter lebender Tier- und Pflanzenarten erforderlich ist.

Geschütze Landschaftsbestanteile werden also – wie der Name schon verrät – dort ausgewiesen, wo besondere Landschaftsbestandteile geschützt werden sollen und nicht – wie bei einem Landschaftsschutzgebiet – eine großflächige Landschaft. So werden zuweilen Alleen, einzelne Baumgruppen oder Hecken als geschützte Landschaftsbestandteile ausgewiesen. In Brandenburg gibt es zahlreiche geschützte Landschaftsbestandteile.

Für Waldbesitzer sind geschützte Landschaftsbestandteile in der Regel ohne Nutzungseinschränkungen. Lediglich in den Fällen, in denen eine Baumgruppe Bestandteil des Schutzgebiets ist, könnte es zu Einschränkungen kommen.

Geschützte Waldgebiete

Nach § 12 LWaldG kann Wald als Schutz- oder Erholungswald ausgewiesen werden. Schutzwald dient insbesondere

1. dem Schutz des Grundwassers oder der Oberflächengewässer,
2. dem Schutz von Siedlungen, Gebäuden, land- und forstwirtschaftlichen Grundflächen, Verkehrsanlagen und sonstigen Anlagen vor Erosion durch Wasser und Wind, vor Austrocknung und schädlichem Abfließen von Niederschlagswasser, dem Sicht- und Lärmschutz,
3. dem Waldbrandschutz in Form bestockter Waldbrandriegel,
4. dem Klima- und Immissionsschutz und
5. der Sicherung und Durchsetzung des Naturschutzes.

„Erholungswald ist demgegenüber Wald in Ballungsräumen, in der Nähe von Städten sowie größeren Siedlungen als Teil von Gemeinden und in Erholungsgebieten um Kurorte, der zum Zwecke der Erholung besonders zu schützen, zu pflegen und zu gestalten ist“ (§ 12 LWaldG).

Bei Ausweisung derartiger Waldschutzgebiete hat der Waldbesitzer alle Handlungen zu unterlassen, die dem Schutzzweck zuwiderlaufen oder die das Gebiet nachhaltig stören, zerstören oder anders negativ beeinflussen. Welche Konsequenzen sich für den Waldbesitzer ergeben, ist vom konkreten Waldschutzgebiet und der Rechtsverordnung abhängig, nach der das Waldschutzgebiet ausgewiesen wurde.

15.2 Besondere Schutzgebiete und ihre forstliche und jagdliche Behandlung

Im § 32 BbgNatSchG werden bestimmte Biotope erwähnt, deren Schutz eine besondere Bedeutung hat. Sie werden in der Praxis deshalb häufig auch als § 32-Biotope bezeichnet. Im Folgenden werden einige dieser Sonderbiotope ausgewählt und erläutert, wie der Waldbesitzer diese Biotope erhalten kann bzw. worauf er bei seinen forstlichen Maßnahmen Rücksicht nehmen sollte.

Erklärung:
*Ein **Biotop** ist ein Lebensraum oder eine Lebensstätte wild lebender Tiere und Pflanzen (§ 2a Abs. 1 (2.)BbgNatSchG). (Deshalb ist ein Biotop nicht zwangsläufig ein Schutzgebiet).*

Naturnahe (unverbaute) Bach- und Flussabschnitte entstehen an natürlichen Fließgewässern, die Lebensraum vieler Pflanzen und Tiere sind. Die ökologische Bedeutung dieser Biotope ist besonders hoch, da sie durch Ablagerungen Bedingungen schaffen, die zahlreiche Pflanzen für ihre Entwicklung benötigen. Sie dienen auch der Wanderbewegung einiger Pflanzen und Tiere. Besonders wertvoll sind die nicht begradigten Bach- und Flussläufe, da sie aufgrund ihres natürlichen Verlaufs eine an das Ökosystem angepasste Fließgeschwindigkeit ermöglichen.

Hat ein Waldbesitzer in seinem Wald einen natürlichen Bachlauf, sollte er darauf achten, dass zur Ufersicherung nur örtliches Gestein verwendet wird. Darüber hinaus sollten die Bäume (häufig Erlen oder Weiden) nicht vollständig beseitigt, sondern einzelstammweise geerntet werden. Ferner ist darauf zu achten, dass keine Düngemittel in den Bach gelangen und die Überfahrten möglichst minimiert und, wenn überhaupt, nur quer zur Fließrichtung erfolgen.

Entlang von Gewässern entwickeln sich in Abhängigkeit davon, ob es sich um Fließ- oder Staugewässer handelt, häufig natürliche Bruch-, Sumpf- oder Auewälder. Die besondere Bedeutung dieser Biotope liegt darin, dass sie wesentlich zur Wasserspeicherung und Abflussregulation beitragen. Sie mildern die Extreme sowohl des Hoch- als auch Flachwassers, so dass Überschwemmungen in der Landschaft verringert werden. Darüber hinaus haben sie eine große Bedeutung zum Schutz und zur Neubildung von Trinkwasser aufgrund ihrer Filter- und Speicherwirkung.

Waldbesitzern mit derartigen Sonderbiotopen wird dringend empfohlen, auf einen Maschineneinsatz möglichst zu verzichten, da die Böden anderenfalls nachhaltig geschädigt werden können. Die Waldverjüngung sollte hauptsächlich in Form der Naturverjüngung erfolgen, weil sich dann die natürliche Vegetation des Biotops durchsetzt. Künstliche Pflanzungen sollten vermieden werden! Klar ist, dass Dünge- und Meliorationsmaßnahmen generell in diesen Biotopen zu unterlassen sind.

Für die Personen, die in Zukunft eine Erstaufforstung planen, könnte auch das Sonderbiotop Halbtrockenrasen relevant sein. Halbtrockenrasen sind durch die intensive Beweidung von Gräsern und Kräutern entstanden, so dass sich seltene Pflanzenarten durchsetzen konnten. So könnte sich eine scheinbar „normale“ Dauergrünlandfläche bei genauerer Prüfung als Halbtrockenrasen herausstellen.

Aufgrund der Seltenheit ist es verboten, derartige Flächen aufzuforsten, auf dem Rasen Holz zu lagern oder anderweitig zu schädigen.

Besonders ist von den Waldbesitzern der § 33 BbgNatSchG zu beachten. Der Paragraph verbietet es, Horststandorte von Adler, Wandelfalke, Korn- und Wiesenweihe, Schwarzstörche, Kraniche, Sumpfohreule und Uhu

1. im Umkreis von 100 m um den Horststandort die Bestockung abzutreiben oder den Charakter des Gebietes zu verändern,
2. im Umkreis von 300 m um den Horststandort in der Zeit vom 1. Februar bis zum 31. August (bei Vorkommen des Seeadlers vom 1. Januar bis zum 31. August)
   a. land- und forstwirtschaftliche Maßnahmen unter Maschineneinsatz durchzuführen oder
   b. die Jagd auszuüben, mit Ausnahme der Nachsuche,
3. im Umkreis von 300 m um den Horststandort jagdliche Einrichtungen zu bauen.

In diesem Paragraphen sind auch Ausnahmen für spezielle Arten in Bezug auf den Umkreis der Bestockung und den Zeiten nach Punkt 2 erwähnt. Inwieweit sich für den Waldbesitzer dadurch Nutzungseinschränkungen ergeben, kann nur im Einzelfall geprüft werden. Besonders beachtet werden sollte aber die Ruhezone um einen Horst, da anderenfalls rechtliche Schritte gegen den Waldbesitzer eingeleitet werden können.

16 Die Jagd

16.1 Zielkonflikte zwischen der jagd- und forstwirtschaftlichen Nutzung

Zweck der Wildbewirtschaftung ist es, einen artenreichen und gesunden Wildbestand in einem ausgewogenen Verhältnis zu seinen natürlichen Lebensgrundlagen zu erhalten (§ 1 Abs. 2 (1.) BbgJagdG). Das heißt, die forstwirtschaftliche Nutzung darf durch die Jagdbewirtschaftung nicht gefährdet sein, es gilt „Wald vor Wild". Diese gemeinsame Bewirtschaftung ist solange problemlos möglich, wie der eine Teil nicht durch den anderen negativ beeinflusst wird. Eine ordnungsgemäße Bewirtschaftung des Waldes ist aber nur schwer möglich, wenn überhöhte Wildbestände hohe wirtschaftliche Schäden bewirken. Insbesondere führt eine überhöhte Wilddichte dazu, dass das natürliche Potenzial des Standorts nicht sichtbar wird, weil durch hohen Verbissdruck die aufkommende Verjüngung sofort geäst wird. Da dann nichts da ist, kann auch nichts verbissen werden, so dass subjektiv weniger Wildschäden wahrgenommen werden als eigentlich vorhanden wären. Es handelt sich hier also um ein Wahrnehmungsproblem. Dazu führt § 1 Abs. 2 (3.) BbgJagdG aus:

> *„Dieses Gesetz dient dazu, [...] die von jagdbaren Tieren verursachten Schäden am Wald und auf landwirtschaftlichen Kulturen auf ein wirtschaftlich tragbares Maß zu begrenzen."*

Es ist aber oft zu beobachten, dass die Wilddichte so hoch ist, dass die Verjüngung eines artenreichen Waldbestandes nicht mehr zu gewährleisten ist. Jeder Waldbesitzer sollte sich darüber Klarheit verschaffen, dass eine zu hohe Wilddichte eine ordnungsgemäße Forstwirtschaft verhindert oder stark beeinträchtigt. Daraus kann ein Zielkonflikt entstehen. Der Waldbesitzer könnte sich theoretisch entscheiden, ob er Erlöse aus der Jagdwirtschaft *oder* aus der Forstwirtschaft maximieren möchte. Es geht also darum, den Wildbestand und die Wilddichte an die örtlichen Gegebenheiten anzupassen, so dass keine gegenseitige negative Beeinflussung auftritt.

16.2 Möglichkeiten zur Ausübung des Jagdrechtes

Waldbesitzer haben in Bezug auf das Jagdrecht die gleichen Rechte und Pflichten wie die Eigentümer landwirtschaftlicher Flächen, weil das Jagdrecht auch an das Eigentum von Grund und Boden gekoppelt ist. Das heißt, derjenige, der Eigentümer des Waldes (der forstlich genutzten Fläche) ist, hat gleichzeitig das Jagdrecht. Allerdings erlaubt das Jagdrecht noch keine Jagdausübung! Für die Jagdausübung auf eigenen Flächen sind Bedingungen zu erfüllen, die insbesondere durch das Brandenburgische Landesjagdgesetz (BbgJagdG) vom 09.10.2003 vorgegeben sind. Die beiden wichtigsten Bedingungen sind:

1. Besitz eines gültigen Jagdscheines
2. Mindestgröße der bejagbaren Fläche (sog. Jagdbezirke).

Die erste Bedingung wird nicht vertieft, da sie nachvollziehbar und bekannt ist. Interessierte Personen, die eine Jägerprüfung absolvieren möchten, sollten sich an die untere Jagdbehörde wenden (Adressen siehe Anhang).

Die Mindestgröße der zu bejagenden Fläche ist hingegen für den Waldbesitzer erörterungswürdig: Nach dem BbgJagdG können grundsätzlich zwei verschiedene Formen der Jagdbezirke unterschieden werden:

- Eigenjagdbezirke und
- gemeinschaftliche Jagdbezirke.

Beispiel 29:
Anton hat 95 ha Wald erworben, der an andere Waldbesitzer und an einen Acker angrenzt. Als Grundeigentümer kann er damit einen Eigenjagdbezirk bilden, wenn seinem Antrag bei der unteren Jagdbehörde auf Herabsetzung der Mindestfläche stattgegeben wird.

Eigenjagdbezirke sind nach § 7 BbgJagdG Flächen, die zusammenhängend mindestens 150 ha groß sind und einem Grundeigentümer gehören. Auf Antrag des Grundeigentümers bei der unteren Jagdbehörde kann diese Mindestgröße auf 75 ha reduziert werden, wenn dem keine wesentlichen Belange entgegenstehen.

Der Vorteil einer Ausweisung eines Eigenjagdbezirkes besteht aus Sicht des Waldbesitzers (= Grundeigentümers) darin, dass er ohne vorherige Abstimmung mit anderen Grundeigentümern selbstständig entscheiden darf, wer in seinem Wald die Jagd ausübt. Ist der Waldbesitzer selbst Jäger, kann er die Jagd in seinem Wald ausüben. Anderenfalls kann er eigenständig einem Jäger die Jagd erlauben. In welcher Form er die Jagdausübung an eine andere Person übertragen kann, wird in dem folgenden Abschnitt 16.3 näher erläutert.

Häufig besitzt ein Waldbesitzer nicht soviel zusammenhängenden Wald, dass die Mindestgröße für die Ausweisung eines Eigenjagdbezirkes erreicht wird. Da der Waldbesitzer aber trotzdem das Jagdrecht hat, ist er verpflichtet, seine Fläche in einen gemeinschaftlichen Jagdbezirk einzubringen (§ 8 BbgJagdG). Das heißt, der Grundeigentümer mit einer Waldfläche unter 75 ha ist mit seinem Wald automatisch Bestandteil eines gemeinschaftlichen Jagdbezirkes. Der so – Kraft Gesetz – entstehende Zusammenschluss von Grundeigentümern wird als Jagdgenossenschaft bezeichnet. In der Jagdgenossenschaft sind alle Grundeigentümer versammelt, deren (bejagbare) Flächen nicht die Größe eines Eigenjagdbezirkes haben (Waldbesitzer mit einem Eigenjagdbezirk können auf Antrag aber ebenfalls Mitglied einer Jagdgenossenschaft werden).

Merke:
Waldbesitzer mit einer Waldfläche von mindestens 75 ha können auf Antrag bei der unteren Jagdbehörde einen Eigenjagdbezirk bilden. Waldbesitzer mit weniger Wald hingegen sind (fast) immer Mitglied in einer Jagdgenossenschaft, die für die Durchführung des Jagdrechts im gemeinschaftlichen Jagdbezirk verantwortlich ist. Waldbesitzer haben in einer Jagdgenossenschaft ein umfangreiches Mitspracherecht, das sie in ihrem Interesse nutzen sollten.

Eine Ausnahme bilden u. a. die Waldbesitzer, deren Wald kleinflächig und vollständig von Landeswald oder Eigenjagdbesitzern umgeben ist. Da in diesem Fall der Wald kein Bestandteil eines zusammenhängenden gemeinschaftlichen Jagdbezirkes werden kann, wird er jagdrechtlich dem benachbarten Landeswald oder dem Eigenjagdbezirk angegliedert. Der Waldbesitzer erhält dafür eine ortsübliche Jagdpacht von dem Grundeigentümer, an dessen Grundstück der Wald jagdrechtlich angegliedert wurde. Er ist nicht Mitglied in einer Jagdgenossenschaft.

Zu beachten ist aber, dass der Wald nur zur Jagdausübung angegliedert wurde. Der Waldbesitzer bleibt weiterhin Eigentümer seines Waldes und hat die vollen Verfügungsrechte (außer der Jagdausübung) über seinen Wald.

Die Mindestgröße eines gemeinschaftlichen Jagdbezirkes beträgt mindestens 500 ha zusammenhängende Fläche, wobei nach § 9 BbgJagdG diese Größe auf Antrag bei der unteren Jagdbehörde auf 250 ha verringert werden kann.

Beispiel 30:
Waldbesitzer Müller besitzt 3 ha Wald. Kraft Gesetz ist Müller Mitglied in der Jagdgenossenschaft und bringt seinen Wald in den gemeinschaftlichen Jagdbezirk ein.

Waldbesitzer bekommen über die untere Jagdbehörde Kontakt zu der zuständigen Jagdgenossenschaft. Die untere Jagdbehörde befindet sich im Landratsamt (häufig Teil des Ordnungsamtes). Die Ämter für Forstwirtschaft sind in diesem Zusammenhang keine unteren Jagdbehörden! Im Übrigen achtet die untere Jagdbehörde streng darauf, dass alle betreffenden Grundeigentümer (d.h. der Waldeigentümer!) auch Mitglieder in einer Jagdgenossenschaft sind. Grundlage für ihr Handeln ist § 1 des BbgJagdG, der die ordnungsgemäße Wildbewirtschaftung sichert.

Merke:
Jeder Waldbesitzer, dessen Wald kleiner als 75 ha ist, ist mit seinem Wald kraft Gesetz Mitglied in einer Jagdgenossenschaft. Die von den Waldbesitzern in die Jagdgenossenschaft eingebrachten Waldflächen bilden einen gemeinschaftlichen Jagdbezirk.

Die Jagdgenossenschaft ist eine Körperschaft des öffentlichen Rechtes, die sich aus den Grundeigentümern zusammensetzt, deren Flächen zu einem gemeinschaftlichen Jagdbezirk gehören. Nach BbgJagdG muss die Jagdgenossenschaft eine Satzung verabschieden, in der auch der Jagdvorstand geregelt ist. Aus dieser Satzung ergibt sich, wer die Jagd auf der durch die Jagdgenossenschaft repräsentierten Fläche ausüben darf. Die Jagdgenossen – also die Grundeigentümer – entscheiden, welche Jäger die Jagd ausüben darf. So ist es z. B. möglich, dass die Jagdgenossen aus ihrem Kreis einen oder mehrere Jagdausübungsberechtigte(n) bestimmen oder andere Jäger berücksichtigen. Häufig werden die Flächen des gemeinschaftlichen Jagdbezirkes verpachtet, so dass Jäger einen Pachtpreis bieten und für die Jagdausübung an die Jagdgenossenschaft jährlich eine Jagdpacht überweisen (die Verpachtung wird in Abschnitt 16.3 gesondert erläutert). Abbildung 63 verdeutlicht diesen Zusammenhang, wenn die Jagdgenossenschaft die Jagd verpachtet.

Für den Waldbesitzer ergibt sich durch die Mitgliedschaft in der Jagdgenossenschaft eine gute Möglichkeit, selbst aktiv Einfluss auf die Jagdbewirtschaftung in seinem Wald zu nehmen.

Abbildung 63:
Zusammenhang zwischen Waldbesitzer, Jagdgenossenschaft und Jagdausübungsberechtigten, wenn die Jagdgenossenschaft ihre Jagdfläche verpachtet.

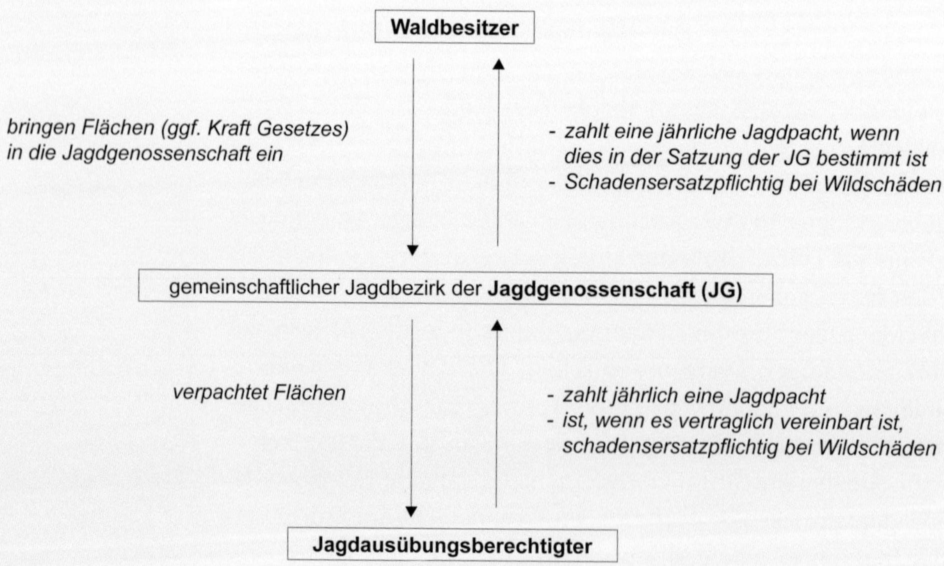

So hat er ein Mitspracherecht bei der Auswahl der Jäger und wie viel diese mindestens an Jagdpacht zu zahlen haben.

16.3 Begehungsscheine und Jagdverpachtung

Die Jagdverpachtung ist eine häufig praktizierte Form, die Jagdausübung an einen anderen Jäger als den Grundeigentümer zu übertragen. Dieses wird z. B. unter folgenden Bedingungen notwendig:

- Ein Waldbesitzer erfüllt mit seinem Wald zwar die Anforderungen für die Ausweisung eines Eigenjagdbezirkes, möchte oder kann aber nicht selbst auf diesen Flächen jagen.
- Die Jagdgenossen (also die Grundeigentümer) möchten selbst nicht auf den Flächen des gemeinschaftlichen Jagdbezirks jagen.

Merke:
Grundsätzlich besteht die Möglichkeit, die Jagd durch die Vergabe von Begehungsscheinen oder durch Verpachtung zu gewährleisten. Welches Verfahren der Waldbesitzer wählen kann, hängt u. a. von der Größe seinen Waldes ab.

In der Praxis haben sich zur Lösung derartiger Probleme zwei Verfahren etabliert, die jeweils ihre spezifischen Vor- und Nachteile haben: Die Vergabe von Begehungsscheinen oder die Verpachtung der Fläche.

Bei der Vergabe eines Begehungsscheines (im Landesjagdgesetz als Jagderlaubnisscheine bezeichnet), die vor allem von Eigenjagdbesitzern und nicht von Jagdgenossenschaften praktiziert wird, erhält der Inhaber das Recht, innerhalb eines Jahres einen vereinbarten Abschussplan selbstständig zu erbringen. Dem Jäger kann ein festes Gebiet (sog. Pirschbezirk) zugewiesen werden (mindestens 75 ha), innerhalb dessen er frei jagen darf, wann und so oft er möchte. Die Obergrenze des Abschusses ist durch den Abschussplan gegeben. Es gibt unentgeltliche und entgeltliche Begehungsscheine. Für letztere zahlt der Jagdausübungsberechtigte einen Begehungsscheinpreis (ca. 300 bis 1000 Euro pro Jahr für den Pirschbezirk). Das geschossene Wild (Wildbret) gehört nicht dem Jäger, sondern dem Eigenjagdbesitzer. Diesem fließt dadurch der aus dem Verkauf des Wildbrets erzielte Erlös zu.

Die Bejagung einer Fläche kann auch durch Verpachtung sichergestellt werden. In einer mündlichen Versteigerung oder einer schriftlichen Submission werden interessierte Jäger aufgefordert, eine Jagdpacht zu bieten, die sie jährlich bereit sind zu zahlen. Verpachtet ein Eigenjagdbesitzer seine Flächen (= Verpächter), kann er selbst festlegen, welcher Jäger den Zuschlag erhalten soll. Verpachtet hingegen die Jagdgenossenschaft die Flächen, entscheiden die Jagdgenossen nach dem in der Satzung vorgeschriebenen Modus, wer den Zuschlag für die Jagdausübung bekommt.

Durch die Verpachtung der Jagd erhält der Eigenjagdbesitzer bzw. die Jagdgenossenschaft oft mehr Einnahmen als durch die Vergabe von Begehungsscheinen. Allerdings geht mit der Verpachtung auch gleichzeitig das Recht an den Jagdpächter über, das Wildbret selbst zu vermarkten. Das heißt, bei der Verpachtung der Jagd erhält der Verpächter nur die Pacht, nicht aber die Erlöse aus dem Wildbretverkauf. Deshalb sollte jeder Waldbesitzer eine höhere Jagdpacht fordern, da die Jagdausübungsberechtigten durch den Verkauf des Wildes zusätzliche Einnahmen erzielen können. So kann der Jagdausübungsberechtigte, wenn er das Wild an einen Wildhändler verkauft, durchschnittlich die in Tabelle 48 dargestellten Preise erzielen:

Tabelle 48: *Durchschnittliche Erlöse aus dem Verkauf des Wildbrets (Stand 2004).*

Wildart	ø EUR/kg	ø kg/Stück	EUR/Stück
Rotwild	2,00	50,00	100,00
Damwild	2,00	40,00	80,00
Schwarzwild	1,50	30,00	45,00
Rehwild	5,00	13,00	65,00

Die Tabelle zeigt u. a. die durchschnittlichen Erlöse pro Stück Wild, die regional aber sehr stark schwanken können. Da Waldbesitzer einen Überblick über den jährlichen Abschussplan haben, können sie die Einnahmen des Jagdausübungsberechtigten kalkulieren. Die Höhe der Jagdpacht sollte sich an diesen Wildbreteinnahmen orientieren und um einen angemessenen, ortüblichen Aufschlag (mind. 20 %) versehen werden.

Tabelle 49 zeigt einige Vor- und Nachteile beider Verfahren. Hieraus wird deutlich, dass der Waldbesitzer mit einer Eigenjagd

Beispiel 31:
Waldbesitzer Bert bringt seine 2 ha große Waldfläche in die Jagdgenossenschaft ein, die dadurch eine zusammenhängende Fläche von 600 ha hat. Im Abschussplan ist vorgesehen, ein Stück Rotwild, zehn Stücke Rehwild und zehn Stücke Schwarzwild zu erlegen. Dadurch wird der Jagdpächter ca. 1200,- Euro im Jahr aus dem Verkauf des Wildbrets erhalten. Zuzüglich eines Zuschlages von z. B. 20 % errechnet sich damit eine Jagdpacht von 1560,- Euro, was ca. 2,6 Euro/ha entspricht. Bert sollte deshalb in der Jagdgenossenschaft darauf achten, dass dieser Betrag als Mindestpacht angegeben wird, der nur überboten werden kann.

Kriterium	Begehungsscheinvergabe	Verpachtung
Mögliche jährliche Einnahmen aus der Vergabe des Jagdausübungsrechts	Ca. 500 EUR pro Pirschbezirk (ca. 100 ha); Begehungsscheinpreis ist stark abhängig von den auftretenden Wildarten und der Ausstattung des Reviers.	Ca. 1-40 EUR/ha; Jagdpacht ist stark abhängig von den auftretenden Wildarten und der Ausstattung des Reviers.
Einnahmen aus dem Verkauf des Wildbrets	1-6 EUR/kg in Abhängigkeit von der Wildart.	Nicht möglich
Mindestlaufzeit für die Vergabe der Jagd	Selten: Tagesbegehungsscheine; Oft: Vergabe für ein Jahr	Niederwildreviere oder Reviere mit ausschließlich Rehwild: 9 Jahre Hochwildereviere 12 Jahre
Vorteile	Jedes Jahr kann neu über die Jagdausübungsberechtigten und den Preis des Begehungsscheines entschieden werden.	Gleich bleibende Pachteinnahme für die Dauer der Pachtperiode.
Nachteil	Der Gesamterlös aus der Jagd ist häufig geringer als bei der Verpachtung.	Der Waldbesitzer hat wenig Einfluss auf die Wilddichte.

Tabelle 49: *Gegenüberstellung der Begehungsscheinvergabe und der Verpachtung bei einem Eigenjagdbesitzer.*

in der Regel deutlich höhere Erlöse aus der Jagdpacht erhält, als er durch die Vergabe von Begehungsscheinen bekommen würde.

Ist der Waldbesitzer hingegen Mitglied in einer Jagdgenossenschaft, bekommt er die Einnahmen aus der Vergabe des Begehungsscheines oder der Verpachtung nicht direkt, da sämtliche Zahlungen über die Jagdgenossenschaft laufen. Häufig wird aber in der Satzung der Jagdgenossenschaft vereinbart, dass der Waldbesitzer entsprechend seiner eingebrachten Waldfläche Zahlungen erhält. Meistens wird aber nicht alles ausgeschüttet, weil in der Satzung eine entsprechende Begrenzung enthalten ist.

16.4 Wildschäden

16.4.1 Allgemeines

Ziel des BbgJagdG ist es offenbar, Schäden, die von Wild verursacht werden, nicht generell auszuschließen, sondern auf ein „wirtschaftlich tragbares Maß" zu begrenzen. In der Praxis kommt es deshalb häufig zu Diskussionen, was ein „wirtschaftlich tragbares Maß" ist, das durch jagdbare Tiere akzeptiert werden muss, also welches Ausmaß an Wildschäden tragbar ist. Erschwerend kommt hinzu, dass das wirtschaftlich tragbare Maß nicht allgemein angegeben werden kann, da es von den naturalen Bedingungen im Forstbetrieb und den angrenzenden Forstbetrieben abhängt:

- In einem 3 ha großen Wald, der von Acker umgeben ist, kann die Wilddichte sehr hoch sein, da sich das Wild in diesem Wald sammelt. Deshalb ist dort tendenziell mit größeren Wildschäden zu rechnen, ohne dass dies auf eine überhöhte Wilddichte in der Region hinweist.
- 1 ha Eichenkultur in einem Forstbetrieb mit 90 % Kiefer ist gegenüber Wildschäden stark gefährdet, da die Eiche eine Rarität im Forstbetrieb ist und das Wild diese Kultur deshalb zielgerichtet aufsucht. Deshalb kann auch eine geringe Wilddichte schon hohe Schäden anrichten.
- 1 ha Eichenkultur in einem Revier mit einem Baumartenanteil von 60 % Eiche, 10 % Hainbuche und anderen Laubhölzern sollte hingegen weniger gefährdet gegenüber Wildschäden sein, da das Wild bereits genügend Laubholz für die Äsung zur Verfügung hat. Kommt es hingegen in dieser ungezäunten Eichenkultur zu Wildschäden, ist dies ein Zeichen, dass die Wilddichte zu hoch ist. Diese Wildschäden sollten nicht akzeptiert werden.

Generell können verschiedene Wildschäden in einem Forstbetrieb auftreten:

Verbissschäden

Verbissschäden entstehen dadurch, dass Wild an den Trieben der jungen Bäume äst und dadurch das Wachstum des Baumes stört. Verbeißt z. B. das Wild den Leittrieb (sog. Terminaltrieb) eines Baumes, kommt es zu Wuchsstörungen. Oft werden auch mehrere Zweige eines Baumes abgeäst, so dass weniger Blätter für die Photosynthese zur Verfügung stehen und es dadurch ebenfalls zu Wuchsstörungen kommt. Durch wiederholtes Verbeißen kann es passieren, dass ein Baum buschig und kaum größer als kniehoch wächst oder sich der Wuchs stark verlangsamt.

Abbildung 64: *Verbissschaden bei Buche.* (Foto: Hennig)

Die Verbissschäden entstehen in Brandenburg überwiegend durch das Rot-, Dam-, Muffel- und Rehwild und sind zusammen mit den Schälschäden die wichtigsten Wildschäden. Es gibt Sommer- und Winterverbiss.

Schälschäden

Schälschäden entstehen dadurch, dass das Wild die Rinde des Baumes abschält. Durch das Schälen der Rinde können Pilze in den Splint des Baumes gelangen, die eine Entwertung des Holzes zur Folge haben und bis hin zum Brechen oder Absterben des Baumes führen können. Die Pilze treten in die offenen Wunden ein, so dass der Baum später genau an dieser Stelle bricht oder im Inneren angefault ist. Es gibt Sommer- und Winterschäle, wobei besonders im Sommer, wenn der Baum im Saft steht, große Rindenstücke vom Baum abgezogen werden, so dass ein erheblicher Schaden entstehen kann. Schälschäden sind häufig daran zu erkennen, dass der Stamm in Äserhöhe stark verharzt ist. Gefährdet gegenüber Schälschäden sind insbesondere die Kiefer, Fichte, Buche und Eiche. Die Schälschäden entstehen in Brandenburg überwiegend durch das Rot- und Damwild.

Abbildung 65: *Schälschaden.* (Foto Hennig)

Fege- und Schlagschäden

Fegeschäden entstehen dadurch, dass Hirsche mit ihren Geweihen oder Rehböcke mit ihren Gehörnen im Frühsommer und Sommer gegen junge Bäume schlagen, um den bei der Geweihentwicklung entstehenden Bast abzustreifen. Dabei wird die Rinde der jungen Bäume verletzt, Zweige abgebrochen oder gar der ganze Baum umgeknickt. Erkennbar sind Fegeschäden an den am Stamm hängenden Rindenfetzen oder den abgeknickten Zweigen.

Schäden entstehen insbesondere durch die Verletzung des Stammes, so dass – wie bei den Schälschäden – Pilze in den Baum eindringen können und zum Faulen des Holzes und im weiteren Verlauf zum Abknicken des Baumes führen.

Zur Feststellung, ob die Wilddichte im Forstbetrieb zu hoch ist, wird Waldbesitzern empfohlen, Weisergatter zu errichten. Diese ca. 12 m großen Gatter werden an einer repräsentativen Stelle im Wald errichtet, um auf dieser Fläche den Wildverbiss zu verhindern. Es sollte eine Rolle Wildschutzzaun reichen.

Abbildung 66: *Fegeschaden.* (Foto: Bergmann)

In der Regel läuft bereits im Folgejahr im Weisergatter eine Verjüngung auf, die deutlich dichter und eventuell mit mehr Baumarten als außerhalb des Gatters bestockt ist. Dies ist ein Indiz dafür, welche Bestockung sich ohne Wild etablieren würde. Der Waldbesitzer kann daran erkennen, dass die Wilddichte hoch ist

Abbildung 67: *Vergleich der Verjüngung innerhalb und außerhalb eines Weisergatters.* (Foto: Bergmann)

und maßgeblichen Einfluss auf die Verjüngung hat. Wäre die Wilddichte geringer, würde eine dichtere Verjüngung oder verschiedene Baumarten im Wald auflaufen. An dieser Stelle kann jeder Waldbesitzer selbst entscheiden, ob die Wilddichte zu hoch ist und deshalb reduziert werden sollte.

16.4.2 Schätzung von Wildschäden

Die Ermittlung der Schadenshöhe bei Wildschäden ist häufig Anlass zu kontroversen Diskussionen. Zur Ermittlung der Wildschäden sollte ein Forstsachverständiger beauftragt werden, der mit aktuellen Methoden eine objektive Schadenshöhe ermittelt. Problematisch ist, dass es in Deutschland kein allgemein verbindliches Verfahren gibt, mit dem Wildschäden hergeleitet werden können (im Gegensatz zur Waldbewertung [Abschnitt 13.2]). Die folgenden Überlegungen sollen für sehr kleine Schadflächen, für die sich die Beauftragung eines Wildschadensschätzers noch nicht lohnt, einen Hinweis auf die Kalkulation der Schäden geben. Für größere Schadflächen wird aber dringend empfohlen, einen Forstsachverständigen zu beauftragen.

Verbissschäden

Da Verbissschäden überwiegend in jungen Beständen auftreten, kann die Anzahl der geschädigten Pflanzen durch Auszählen ermittelt werden. Häufig werden nach einem festen Raster in Stichproben Bäume auf Wildschäden untersucht und die Schwere der Schädigung festgestellt.

Sind nur wenige Pflanzen geschädigt und der Fortbestand der Kultur nicht gefährdet, dürfte kein ersatzpflichtiger Wildschaden vorliegen. Anders ist die Situation hingegen dann, wenn der Verbiss so stark ist, dass eine Nachpflanzung erforderlich ist. In diesem Fall ergibt sich der Schaden aus dem Schädigungsanteil und den gesamten ehemaligen Kulturkosten, den bisher angefallenen Pflegekosten und einem angemessenen Zinssatz.

Es ist darauf zu achten, dass nicht ein zu geringer Schaden kalkuliert wird, der lediglich die Wiederherstellung der geschädigten Kultur oder Teile von ihr beinhaltet. Zu bedenken ist auch, dass der Waldbesitzer durch die Neupflanzung alle zukünftig zu erwartenden Erlöse später bekommt.

Beispiel 32:
Im Rahmen der Stichprobe wird festgestellt, dass 15 % der 1 ha großen, 7-jährigen Eichenkultur stark verbissen ist. Die Kulturkosten betrugen 4200 Euro / ha. Zusätzlich wurde im zweiten Jahr eine Kulturpflege mit 200,- Euro/ha durchgeführt. Der Schaden errechnet sich dann, bei einem unterstellten Zinssatz von 4 %, wie folgt:

$$(4200 \cdot 0{,}15)\,(1 + 0{,}04)^7 + (200 \cdot 0{,}15)\,(1 + 0{,}04)^5 = 865\ €$$

Wurde der Schaden richtig kalkuliert, reichen diese 865 Euro aus, um den geschädigten Anteil nachzubessern. Sind die realen Kosten der Nachbesserung aber höher, (weil sich z. B. die naturalen Bedingungen, die Pflanzenpreise oder Lohnkosten geändert haben), müssen diese voraussichtlich anfallenden Kosten möglichst genau kalkuliert werden.

Schälschäden

Schälschäden bewirken hauptsächlich Zuwachsverluste, Wertminderungen oder gegebenenfalls einen vorzeitigen Bestandesverlust bei Sturm bzw. Absterben des Baumes. Die Wildschadensschätzung ist deshalb so schwierig, weil insbesondere die Zuwachsverluste und Wertminderungen erst viele Jahre nach der Schäle auftreten. So kann die Schäle einer 10-jährigen Kiefer dazu führen, dass das untere Stammstück später nur als C-Qualität verkauft werden kann. Da die Höhe des Holzerlöses aber von dem Durchmesser des Baumes abhängt, lässt sich zum heutigen Zeitpunkt nur sehr schwer voraussagen, wie groß die Wertminderung für diese Kiefer sein wird. Erschwerend kommt hinzu, dass ein Baum häufig mehrmals geschädigt wird und sich so die Schädigungen überlagern.

In Folge dessen gibt es bisher in Deutschland kein einheitliches Verfahren, mit dem Schälschäden kalkuliert werden können. Stellt ein Waldbesitzer an einzelnen, wenigen Bäumen im Revier Schälschäden fest, sollte mit dem Schadenersatzpflichtigen eine Entschädigung vereinbart werden, die sich, je nach Schwere der Schädigung, an dem diskontierten Wert eines hiebsreifen Baumes orientieren sollte. Damit wird zwar ein Totalausfall bzw. eine extreme Schädigung des Baumes unterstellt, aber beide Partner haben eine einvernehmliche Lösung gefunden. Als Faustgröße kann für eine Kiefer ein Betrag von ca. 1,5 Euro angenommen werden (75 Euro für den Baum, der mit 100 Jahren hiebsreif ist, bei einem Zinssatz von 4 %).

In Fällen, in denen ein Bestand sehr stark geschält wurde, sollte ein Forstsachverständiger mit der Wildschadensschätzung beauftragt werden, da dieser eine angemessene Methode anwendet, die sich nach Art und Umfang des Schadens richtet.

Abbildung 68:
Nur Zäune in ausreichender Höhe schützen die Kulturen vor Wildschäden.
(Foto: Bergmann)

Abbildung 69:
Die Wildwiese fügt sich schön in das Landschaftsbild und bietet dem Wild ein größeres Äsungsangebot.
(Foto: Bergmann)

16.4.3 Vermeidung von Wildschäden

Zunächst wird empfohlen, dass Waldbesitzer und Jäger gemeinsam alles versuchen sollten, Wildschäden zu vermeiden, weil beide Seiten ein Interesse an einer Vermeidung haben dürften. Zur Vermeidung von Wildschäden gibt es zahlreiche Verfahren, die bei den Jagdverbänden, beim Förster oder bei Forstsachverständigen erfragt werden können. Die drei wichtigsten Methoden sind:

- Wilddichte reduzieren: Da überhöhte Wildbestände die häufigste Ursache für Wildschäden sind, sollten Jäger überhöhte Wilddichten durch stärkeren Abschuss begegnen. Ist bei der Bestockung im Weisergatter im Vergleich zur umliegenden Bestockung ein Unterschied festzustellen, deutet dies auf eine überhöhte Wilddichte hin, so dass der Abschuss erhöht werden muss.
- Schutzvorrichtungen: Kulturen können durch Wildschutzzäune vor Wildschäden geschützt werden. Eine Möglichkeit ist z. B., dass der Waldbesitzer das Material für den Wildschutzzaun kauft, der Jäger diesen dann errichtet. Unbedingt erforderlich ist eine ausreichende Höhe des Wildschutzzaunes, damit das Wild den Zaun nicht überspringt: Für Forstbetriebe mit Rotwild (auch als Wechselwild) ist eine Zaunhöhe von 1,8 m erforderlich, mit Dam- und Rehwild 1,5 m und bei Vorkommen von Muffelwild 2 m.
- Schutzmittel: Im Forstfachmarkt gibt es chemische Substanzen, die gegen Verbiss- oder Schälschäden eingesetzt werden können. Auf verbissgefährdeten Pflanzen wird mit einem Pinsel ein spezielles Mittel an den Trieb bestrichen, das das Wild aufgrund des Geruchs vergrämt. Zum Schutz vor Schälschäden werden die Mittel an gefährdete Bäume gestrichen.
- Anlage von Wildäckern: Damit steht dem Wild ein größeres Äsungsangebot zur Verfügung. Im Fachhandel gibt es verschiedene, mehrjährige Klee-, Gräser- oder Fruchtmischungen, die beispielsweise unter Leitungstrassen oder auf Gastrassen ausgesät werden können. Dadurch bekommt das Wild Äsung, die gerade in den artenarmen Kiefernbeständen sehr gut angenommen wird. Für einen Hektar belaufen sich die Kosten auf ca. 100 Euro.

16.4.4 Schadenersatzansprüche bei Wildschäden

Nur Schäden von Schalenwild (z. B. Rot-, Dam-, Muffel-, Reh- und Schwarzwild) sowie von Wildkaninchen und Fasanen sind schadenersatzpflichtig (= Wildschäden). Schadenersatzansprüche entstehen in der Regel dann, wenn im Wald des Waldbesitzers Wildschäden auftreten und der Waldbesitzer selbst nicht in seinem Wald die Jagd ausübt. Von wem der Waldbesitzer Schadenersatz erhält ist davon abhängig, ob der Wald eine Eigenjagd oder Bestandteil eines gemeinschaftlichen Jagdbezirks ist.

Hat der Grundbesitzer eines Eigenjagdbezirkes einem Jagdausübungsberechtigten einen Begehungsschein vergeben, müssen vorher zwischen beiden Parteien vertragliche Regelungen getroffen worden sein. Anderenfalls hat der Waldbesitzer keine Möglichkeit, Schadenersatz von dem Begehungsscheininhaber zu erlangen.

Bei Verpachtung der Eigenjagd regelt hingegen das Bundesjagdgesetz (BJagdG) den Schadenersatzanspruch. Nach § 29 Abs. 3 BJagdG, ist der Jagdausübungsberechtigte (also der Jagdpächter) dann zum Schadenersatz verpflichtet, wenn er durch unzureichenden Abschuss den Wildschaden verursacht hat. Häufig vereinbaren die Waldbesitzer in den Jagdpachtverträgen aber, dass der Jagdpächter generell den vollen Wildschaden zu ersetzen hat. Hier kommt es auf die individuelle Vertragsgestaltung zwischen dem Waldbesitzer und dem Jagdpächter an.

Bei gemeinschaftlichen Jagdbezirken ist die Schadenersatzpflicht ebenfalls im Bundesjagdgesetz geregelt. Nach § 29 Abs. 1 BJagdG ist die Jagdgenossenschaft für den Ersatz von Wildschäden für die vom Waldbesitzer eingebrachten Flächen verantwortlich, wobei alle Jagdgenossen entsprechend dem Anteil ihrer eingebrachten Flächen haftbar sind. Das heißt, entsteht in dem Wald, den der Waldbesitzer in die Jagdgenossenschaft eingebracht hat, Wildschaden, kann er von der Jagdgenossenschaft Schadenersatz verlangen. In der Praxis hat es sich deshalb durchgesetzt, dass die Jagdgenossenschaft diese Schadenersatzpflicht generell auf die Jagdausübungsberechtigten anwendet.

Merke:
Im Jagdpachtvertrag sollte geregelt sein, dass bei Auftreten von Wildschäden immer der Jagdausübungsberechtigte (Jagdpächter) schadenersatzpflichtig ist.

Jeder Jagdgenossenschaft wird deshalb dringend empfohlen, sich vor Abschluss eines Jagdverpachtungsvertrages mit einem Sachverständigen aus den jagdlichen Vereinigungen oder einem Forstsachverständigen in Verbindung zu setzen. Wird ein derartiger Absatz im Pachtvertrag vergessen, kann dies hohe

Beispiel 33:
Anton stellt am 15. Juni einen Wildschaden (z. B. Verbissschaden) auf seiner Eichenkultur fest. Da Anton seinen 12 ha großen Forstbetrieb (als Teil eines gemeinschaftlichen Jagdbezirks) an den Jäger Walter verpachtet hat, sichert Anton seinen Schadenersatzanspruch gegenüber Walter, wenn er den Wildschaden bis zum 1. Oktober bei der örtlichen Ordnungsbehörde anmeldet. Versäumt Anton hingegen die Meldung bei der Behörde, hat er keinen Anspruch auf Schadenersatz durch Walter.

Merke:
Wildschäden in einem Forstbetrieb treten auf, weil die Wilddichte zu hoch ist! Eine zu hohe Wilddichte kann unter anderem dadurch erkannt werden, dass in einem Weisergatter eine dichtere Bestockung aufläuft als außerhalb. Wildschäden können zu erheblichen finanziellen Einbußen für den Waldbesitzer führen, weshalb dieser stets prüfen sollte, ob die Wilddichte an die ökologischen Bedingungen im Forstbetrieb angepasst ist.

Schadenersatzforderungen gegenüber allen (!) Jagdgenossen bewirken.

Bemerkt ein Waldbesitzer, dass in seinem Forstbetrieb Wildschäden entstanden sind, muss er den Schaden bei der örtlichen Ordnungsbehörde (in der Regel das örtliche Ordnungsamt der Gemeinden oder kreisfreien Städte) anmelden. Bei forstlich genutzten Grundstücken ist die Frist jeweils der 1. Mai und der 1. Oktober, nachdem der Schaden erkannt oder bei üblicher Sorgfalt hätte beobachtet werden können. Für alle anderen Grundstücke (z. B. Ackerflächen) gilt für die Anmeldung eine Frist von einer Woche.

17 Die Landesforstverwaltung sowie die Interessenverbände für private Waldbesitzer

17.1 Die Landesforstverwaltung

In diesem Abschnitt soll die Landesforstverwaltung als wichtiger Partner des privaten Waldbesitzers vorgestellt werden. Auch wenn der Privatwaldbesitzer nicht unmittelbar mit der Landesforstverwaltung und ihren Institutionen zu tun haben muss, gibt es doch diverse Berührungspunkte zwischen beiden. Dies resultiert aus der Einheitsforstverwaltung, wie sie in Brandenburg existiert.

Merke:
Die Landesforstverwaltung bearbeitet vielfältige Aufgaben, die den privaten Waldbesitzer mittelbar oder unmittelbar betreffen können. Der Waldbesitzer sollte seine zuständige Forstbehörde kennen, da sie ein wichtiger Ansprechpartner sein kann.

Die Landesforstverwaltung hat im Wesentlichen drei Aufgabenkomplexe zu erbringen:

1. Im Rahmen der Vermögensverwaltung wird der Landeswald bewirtschaftet. Es handelt sich also um einen Staatsforstbetrieb, der am Holzmarkt auch als Konkurrent des Privatwaldbesitzes auftritt, da er wie dieser auch an der Gewinnmaximierung interessiert ist. Als Teilnehmer am Holzmarkt ist der Staatsforstbetrieb genau wie jeder Waldbesitzer privatrechtlich tätig.
2. Darüber hinaus stellt die Landesforstverwaltung eine klassische Hoheitsverwaltung dar, die die Forstaufsicht gegenüber allen Waldbesitzern hat. Hier tritt die Landesforstverwaltung dem Bürger als Träger von Hoheitsrechten gegenüber. Im Rahmen dieser Tätigkeit werden auch der Rat und die Anleitung angeboten.
3. Außerdem wird die Landesforstverwaltung als Leistungsverwaltung tätig. Diese Art der Leistungserstellung umschließt vor allem Verträge über Tätige Mithilfe gegenüber den Privat- und Körperschaftswaldbesitzern ein. Zwischen beiden Vertragspartnern werden öffentlich-rechtliche Verträge geschlossen.

In anderen Bundesländern wird zunehmend die Trennung von hoheitlicher Aufgabe und der Vermögensverwaltung forciert, was dazu führt, dass die oben beschriebenen Tätigkeiten nicht mehr in einer Hand liegen. Dies führt zu den unterschiedlichsten rechtlichen Konstellationen, die hier nicht weiter vertieft werden sollen.

Abbildung 70:
Zuständigkeitsbereiche und Sitz der Ämter für Forstwirtschaft in Brandenburg.

Abbildung 71:
Organigramm der Landesforstverwaltung (siehe Tätigkeitsbericht 2002).

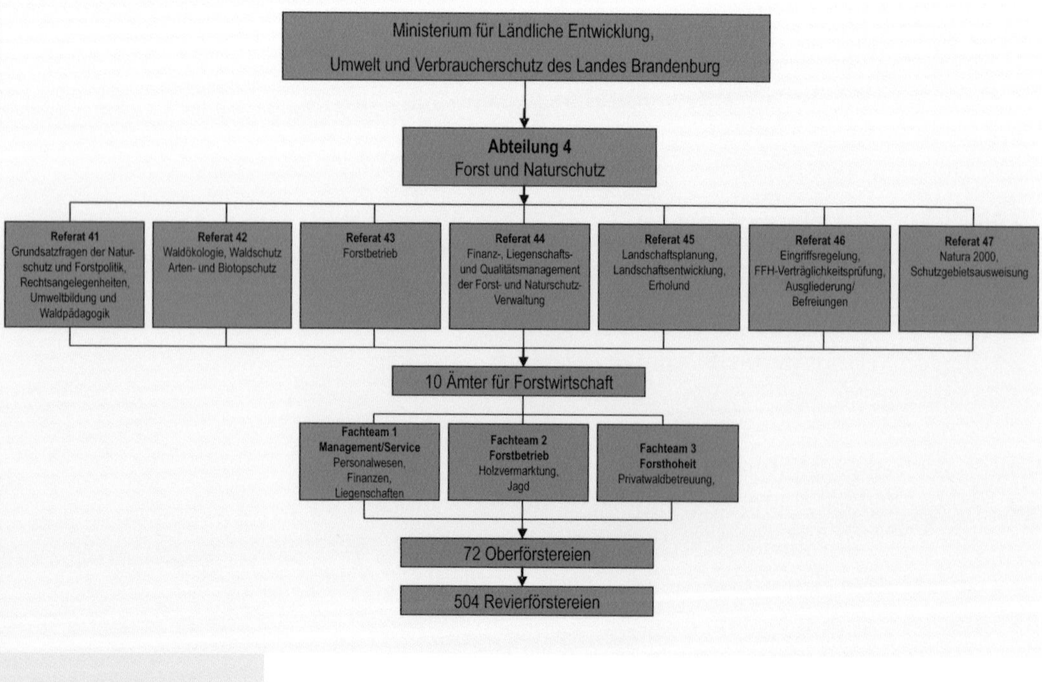

Die Landesforstverwaltung in Brandenburg ist entsprechend dem Landesorganisationsgesetz zweistufig aufgebaut. Oberste Behörde ist die Forstabteilung am Ministerium für Ländliche Entwicklung, Umwelt und Verbraucherschutz. Diese beinhaltet vier Fachreferate mit forstlichem Inhalt. Nachgeordnet sind zehn Ämter für Forstwirtschaft (ÄfF) als untere Forstbehörden. Diese Ämter gliedern sich wiederum in drei Fachteams und Oberförstereien mit ihren Revieren.

Im Jahre 2004 existierten in den zehn ÄfF 72 Oberförstereien mit 504 Revieren. Das bedeutet, dass jedem Amt für Forstwirtschaft durchschnittlich ca. sieben Oberförstereien mit ca. 50 Revieren unterstehen. Aus der oben beschriebenen Vielfalt der Aufgaben wird ersichtlich, dass die Landesforstverwaltung ein wichtiger Ansprechpartner bei vielen Fragen der Bewirtschaftung des Privatwaldes sein kann. Für den Privatwaldbesitzer ist „sein“ Amt für Forstwirtschaft maßgeblich.

17.2 Die Verbände

In Brandenburg gibt es derzeit ca. 100000 Waldbesitzer. Diese Gruppe hat verschiedene Interessen, die es zu kanalisieren und zu verdeutlichen gilt. Zu diesem Zweck haben sich in Brandenburg drei Verbände gegründet.

Diese Verbände können Waldbesitzer beraten oder Kontakte zu Fachberatern wie Steuerberatern und Rechtanwälten herstellen, die sich auf die Belange der Waldbesitzer spezialisiert haben. Außerdem dienen die Waldbesitzerverbände als Sprachrohr ihrer Mitglieder gegenüber den politischen Institutionen. In parlamentarischen Verfahren, wie Gesetzgebungsverfahren, werden die Vereinsspitzen regelmäßig eingebunden, um die Interessen ihrer Mitglieder, den Waldbesitzern, zu vertreten.

Merke:
In Brandenburg existieren verschiedene Interessenverbände, die die Rechte der privaten Waldbesitzer in der Öffentlichkeit vertreten. Jeder Waldbesitzer sollte die Mitgliedschaft als Chance verstehen, die Interessen des privaten Waldbesitzes im Allgemeinen und seine eigenen im Besonderen auf diesem Wege zu stärken.

Der **Waldbesitzerverband Brandenburg** gründete sich 1990. Er ist eine Vereinigung aller nichtstaatlichen Waldbesitzer und Waldbesitzervereinigungen des Landes Brandenburg und hat das Ziel, Waldvermögen zu stärken und die Ertragsfähigkeit des Waldes in der Hand nichtstaatlicher Eigentümer zu steigern. Das geschieht vor allem durch die Vertretung der Interessen aller Waldbesitzer und insbesondere seiner Mitglieder gegenüber den gesetzgebenden Körperschaften, politischen Parteien, Behörden der Wirtschaft und der Öffentlichkeit. Auf dieser Grundlage strebt er gleichzeitig die Erhaltung und Förderung der Nutz-, Schutz- und Erholungsfunktion des Waldes an. Er versucht damit, die Existenz aller Privatforstbetriebe in Brandenburg zu sichern.

Der **Waldbauernverband** wurde 2004 gegründet und versteht sich besonders als Interessenvertreter des Kleinprivatwaldes. Zu diesem Zweck sollen vor allem die Kleinprivatwaldbesitzer und ihre Familien bei ihrer Arbeit unterstützt werden, um das wirtschaftliche, soziale und ökologische Potenzial des Kleinprivatwaldbesitzes auszuschöpfen. Hauptaufgabe des Verbandes ist die Bildung und Information der Mitglieder und die Vertretung ihrer Interessen gegenüber Politik und Verwaltung. Damit soll das Kleinprivatwaldeigentum erhalten und die forstwirtschaftlichen Zusammenschlüsse gestärkt werden.

Darüber hinaus existiert die **Arbeitsgemeinschaft land- und forstwirtschaftlicher Betriebe** in Brandenburg. Diese kann ebenfalls als Interessenvertretung privater Waldbesitzer verstanden werden, auch wenn hier alle Grundeigentümer der Land- und Forstwirtschaft vertreten sind. Während der Waldbesitzerverband bzw. der Waldbauernverband seine Arbeit konkret auf die Bedürfnisse der Waldbesitzer abstellt, hat sich die Arbeitsgemeinschaft land- und forstwirtschaftlicher Betriebe grundsätzlich den Schutz des Eigentums im ländlichen Raum zur Aufgabe gemacht. Vor allem die Eigentümerrechte sollen ganz allgemein gegenüber dem Gesetzgeber und anderen Interessengruppen gestärkt werden.

Unabhängig davon, für welchen Verband man sich entscheidet, ist eine Mitgliedschaft wichtig, um den privaten Waldbesitz im öffentlichen Diskurs gegenüber anderen Interessen und bei Gesetzgebungsverfahren zu stärken.

17.3 Forstliche Zusammenschlüsse

Forstliche Zusammenschlüsse entsprechen in der Form von Forstbetriebsgemeinschaften dem Bundeswaldgesetz. Es handelt sich dabei um freiwillige, privatrechtliche Zusammenschlüsse mit dem Ziel, die Nachteile bei der Bewirtschaftung kleinflächigen Waldeigentums zu verbessern. Diese Nachteile äußern sich in Form der defizitären Ertragslage vieler, vor allem kleiner, Forstbetriebe. Anhand forstlicher Zusammenschlüsse können Kosteneinsparungen realisiert werden, durch:

- Abstimmung der Betriebs- und Wirtschaftspläne
- koordinierte Organisation und Durchführung der Bewirtschaftung
- gemeinsame Vermarktung des Holzes
- flächenübergreifende Unterhaltung und Bau von Wegen
- Bündelung der Beschaffung von Material, Geräten und Maschinen
- Bündelung bei Abschluss von Waldbrandversicherung
- Interessenvertretungen in der Öffentlichkeit
- Zusammenarbeit mit Behörden und berufsständigen Organisationen.

Merke:
Forstbetriebsgemeinschaften können ein sehr wirkungsvolles Mittel sein, Kleinprivatwald effizient zu bewirtschaften. Der Staat unterstützt und fördert die Bildung von Forstbetriebsgemeinschaften, die Initiative muss aber von den Waldbesitzern ausgehen. Welche Form der Bewirtschaftung durch die FBG letztendlich in der Satzung festgeschrieben wird, hängt ausschließlich von den Zielen der Waldbesitzer ab.

Bei den Forstbetriebsgemeinschaften handelt es sich um Zusammenschlüsse zur Selbsthilfe, die auf der Erkenntnis beruht, dass mehrer Personen in partnerschaftlicher Zusammenarbeit gemeinsam Probleme lösen können, deren Bewältigung dem Einzelnen schwerer fallen. Damit zeigt sich, dass vor allem den Besitzern kleinerer Waldflächen geholfen werden soll, ohne größere Waldbesitzer auszuschließen. Dabei muss die Initiative immer von den Waldbesitzern ausgehen. Die Strukturverbesserungen sollen vor allem mit der Bündelung der Bewirtschaftung und mit der Nutzung von Synergieeffekten erreicht werden. Grundsätzlich kann davon ausgegangen werden, dass mit steigender Größe auch die Wirtschaftlichkeit steigt.

Forstbetriebsgemeinschaften helfen auch institutionelle Vorteile zu sichern. So müssen die Forstbehörden die Waldbesitzer bei der Bildung forstwirtschaftlicher Zusammenschlüsse und bei deren Geschäftsführung unterstützen (LWaldG § 29 (3)). Damit sind die Personal- und Verwaltungskosten der Forstbetriebsgemeinschaft förderfähig, wenn sie von der Landesforstverwaltung anerkannt ist. Die Forstbetriebsgemeinschaft wird auf Antrag anerkannt, wenn sie im Wesentlichen folgende Voraussetzungen (BWaldG § 16 bis § 20) erfüllt:

- sie muss eine juristische Person des Privatrechts sein (in der Regel ein wirtschaftlicher Verein)
- sie muss nach Lage, Größe und Zusammenhang aller angeschlossenen Grundstücke eine wesentliche Verbesserung der Bewirtschaftung ermöglichen
- die Satzung muss die Aufgabe der FBG und deren Finanzierung regeln sowie die Rechte und Pflichten der Mitglieder bestimmen
- sie muss mindestens sieben Mitglieder umfassen
- sie darf aufgrund ihrer Größe den Wettbewerb auf dem Holzmarkt nicht beschränken.

Die Mitglieder wählen aus ihrem Kreis einen Vorstand, der sich konstituiert und die entsprechenden Aufgaben ehrenamtlich wahrnimmt. Die wenigsten Forstbetriebsgemeinschaften haben die Wirtschaftskraft, hauptamtliche Geschäftsführer zu finanzieren.

Grundsätzlich existieren in Brandenburg zwei Arten forstwirtschaftlicher Zusammenschlüsse, die immer Forstbetriebsgemeinschaften im Sinne des §16 BWaldG sind. Getrennt nach Zielen und Aufgaben werden Waldverein und Waldgemeinschaft unterschieden. In der Praxis sind aufgrund unterschiedlicher Satzungsformen allerdings häufig „Mischformen“ gebräuchlich.

1. Die „klassische Forstbetriebsgemeinschaft“ wird in Brandenburg als Waldverein bezeichnet. Charakteristisch ist für den Waldverein die parzellenscharfe Bewirtschaftung. Der Waldverein bietet sich für Waldeigentümer an, deren Flurstücke klar abgrenzbar sind. Maßnahmen werden eigentumsübergreifend durchgeführt, aber anschließend eigentumsscharf abgerechnet. Das bedeutet, dass sowohl die Kosten als auch die Erlöse direkt über die Kasse des Waldbesitzers laufen, was in der Regel viele Einzelabrechnungen notwendig macht.
2. Alternativ besteht die Möglichkeit eine Waldgemeinschaft zu gründen. Diese hat den Charakter altrechtlicher Waldgenossenschaften, die z. B. in Thüringen verbreitet sind. Für einen Zusammenschluss dieser Form eignen sich besonders

Waldbesitzer mit dem Eigentum unversteinter Parzellen in Gebieten mit extrem kleinflächiger Eigentumsstruktur. Die konkreten eigenen Flurstücke verlieren an Bedeutung. Die Bewirtschaftung wird ausschließlich von der FBG organisiert. Nach Abschluss eines Wirtschaftsjahres wird der Gewinn/Verlust auf die Waldbesitzer entsprechend ihrer in der Satzung geregelten Anteile (meist Flächenanteile) aufgeschlüsselt. Damit verringert sich der Verwaltungsaufwand für den Waldbesitzer, bei einer in der Regel verbesserten Ertragssituation.

Welche Form der Bewirtschaftung die Günstigste ist, muss jeder Waldbesitzer respektive jede FBG selbst entscheiden. Maßgeblich dürften dabei das eigene Engagement und damit auch die Kontrolle des Waldbesitzers in seinem Wald sein.

Seit der politischen Wende hat sich die Forstbetriebsgemeinschaft zu einem Instrument entwickelt, das die Bewirtschaftung des Kleinprivatwaldes verbessert hat. Tabelle 50 soll diesen Umstand verdeutlichen.

Tabelle 50: *Entwicklung der Forstbetriebsgemeinschaften in Brandenburg.*

Jahr	**Mitglieds-fläche** ha	**Anzahl**	**Mitglieder**	**Durchschnitts-größe** ha
1993	62.732	260	11.489	211
1994	84.930	318	14.923	241
1995	96.265	363	17.025	267
1996	106.061	397	18.743	265
1997	113.707	400	19.655	267
1998	125.928	425	20.769	284
1999	134.474	417	21.850	296
2000	141.410	405	19.395	322
2001	142.572	407	21.705	349
2002	152.623	397	21.658	384
2003	173.928	396	21.927	439
2004	**179.830**	**393**	**21.978**	457

Anschriftenverzeichnis

		Straße und Hausnummer	Ort
Amt für Forstwirtschaft Alt Ruppin		Friedrich-Engels-Str. 33	16827 Alt Ruppin
Amt für Forstwirtschaft Belzig		Forstweg 8	14806 Belzig
Amt für Forstwirtschaft Doberlug-Kirchhain		Lindenaer Str. 5	03253 Doberlug-Kirchhain
Amt für Forstwirtschaft Eberswalde		Alfred-Dengler-Str. 6	16225 Eberswalde
Amt für Forstwirtschaft Kyritz		Karnzow Nr. 4	16866 Kyritz
Amt für Forstwirtschaft Lübben		Bergstr. 25	15907 Lübben
Amt für Forstwirtschaft Müllrose		Bahnhofstr. 57	15299 Müllrose
Amt für Forstwirtschaft Peitz		August-Bebel-Str. 27	03185 Peitz
Amt für Forstwirtschaft Templin		Vietmannsdorfer Str. 17	17268 Templin
Amt für Forstwirtschaft Templin	Bewilligungsstelle	Waldstr. 2	16798 Fürstenberg an der Havel
Amt für Forstwirtschaft Wünsdorf		Steinplatz 1	15838 Waldstadt
Brandenburgischer Forstverein e. V.	Vors.: Prof. Dr. Klaus Höppner; GF: Carsten Leßner	Alfred-Möller-Str. 1	16225 Eberwalde
Bund für Umwelt und Naturschutz Deutschland e. V.	Landesgeschäftsstelle Brandenburg	Friedrich-Ebert-Str. 114A	14467 Potsdam
Bundesverband Freiberuflicher Forstsachverständiger e. V.			
Deutscher Holzwirtschaftsrat		Bahnhofstr. 4	65205 Wiesbaden
Forstwirtschaftliche Vereinigung Brandenburg e. V.	Frau Petra Gammelin	Alt Ruppiner Allee 40	16816 Neuruppin
Holzabsatzfonds, Absatzförderungsfonds der deutschen Forst- und Holzwirtschaft		Godesberger Allee 142-148	53175 Bonn
Kuratorium für Waldarbeit und Forsttechnik		Spremberger Str. 1	64820 Groß Umstadt
Landesbaumschule Lübbesee	Amt für Forstwirtschaft Templin	Waldstr. 2	16798 Fürstenberg an der Havel
Landesforstanstalt Eberswalde		Alfred-Möller-Str. 1	16225 Eberwalde
Landesjagdverband Brandenburg	GF: Dr. Bernd Möller	Saarmunder Str. 35	14552 Michendorf
Landeswasserverbandstag Brandenburg e. V.		Behlerstr. 33a	14467 Potsdam
Ministerium für Ländliche Entwicklung, Umwelt und Verbraucherschutz		Heinrich-Mann-Allee 103	14473 Potsdam
Naturschutzbund Brandenburg		Lindenstr. 34	14467 Potsdam
Oberster Forstausschuss	Vors.: Herr Dr. Zoch; GF: Herr Hardt	Heinrich-Mann-Allee 103	14473 Potsdam
Schutzgemeinschaft Deutscher Wald im Haus der Deutschen Wirtschaft		Breite Str. 29	10178 Berlin
Unfallkasse Brandenburg		Postfach 1 10	15201 Frankfurt/Oder
Waldbauerverband Brandenburg e. V.	Enno Rosenthal	Georg-Hermann-Allee 21	14469 Potsdam
Waldbesitzerverband Brandenburg e. V.	Frau Krause	Alfred-Nobel-Str. 1 (Haus 26)	16225 Eberswalde
Zentrale Markt- und Preisberichtsstelle		Rochusstr. 2	53123 Bonn

Tel.-Nr.	Fax	e-mail	Internet
03391 / 4000-0	03391 / 4000-130	forst.altruppin@affrup.brandenburg.de	www.wald-online.de
033841 / 625-0	033841 / 625-60	forst.belzig@affbel.brandenburg.de	www.wald-online.de
035322 / 2592	035322 / 4867	doberlug-kirchhain@affdob.brandenburg.de	www.wald-online.de
03334 / 5801-0	03334 / 22864	forst.eberwalde@affew.brandenburg.de	www.wald-online.de
033971 / 882-0	033971 / 45014	forst.kyritz@affkyr.brandenburg.de	www.wald-online.de
03546 / 2705-0	03546 / 7330	forst.luebben@affln.brandenburg.de	www.wald-online.de
033606 / 870-0	033606 / 870-141	forst.muellrose@affmul.brandenburg.de	www.wald-online.de
035601 / 37130	035601 / 37133	forst.peitz@affpei.brandenburg.de	www.wald-online.de
03987 / 2075-0	03987 / 2075-49	forst.templin@afftp.brandenburg.de	www.wald-online.de
033093 / 408-0	033093 / 408-55	forst.fuerstenberg@afffbg.brandenburg.de	www.wald-online.de
033702 / 732-00	033702 / 732-49	forst.wuensdorf@affwu.brandenburg.de	www.wald-online.de
0551 / 3919663	0551 / 393415	carsten.lessner@lfe-e.brandenburg.de	
0331 / 23700-141	0331 / 23700-145	bund.brandenburg@bund.net	
			www.bvff-ev.de
0611 / 97706-0	0611 / 97706-22		
03391 / 446243			
0228 / 30838-0	0228 / 30838-30	info@holzabsatzfonds.de	www.holzabsatzfonds.de
06078 / 785-0	06078 / 785-50 oder 39	info@kwf-online.de	
033093 / 408-0	033093 / 408-55	forst.fuerstenberg@afffbg.brandenburg.de	www.wald-online.de
03334 / 65-0	03334 / 65-206	lfe.eberswalde.lfeeb@lfe-e.brandenburg.de	
033205 / 2109-0	033205 / 2109-11	ljvb.ev@t-online.de	www.ljv-brandenburg.de
0331 / 74743-10	0331 / 74743-33	lwt@pencereci.de	www.lwt-brandenburg.de
0331 / 866-0	0331 / 866-7070 oder 71	poststelle@mlur-brandenburg.de	www.mlur.brandenburg.de
0311 / 20155-70	0311 / 20155-77	nabu-brandenburg@t-online.de	
0331 / 8667714			
030 / 2033-1540	030 / 2033-1555	sdw@sdw.org	
0335 / 5216-0	0335 / 547339		
0331 / 6014883		waldbauern@t-online.de	www.waldbauernverband-wbv.de
03334 / 59270	03334 / 594640	krause@brandenburgwald.de	www.brandenburgwald.de
0228 / 9777-0	0228 / 9777-300	info@zmp.de	

Sachregister